国家电网公司
电力科技著作出版项目

电力物联网智能感知技术与应用

蒲天骄　主编

中国电力出版社
CHINA ELECTRIC POWER PRESS

内 容 提 要

电力物联网是构建新型电力系统的数字化基础设施，全面、精准、在线的状态感知是提升电力系统可观、可测、可调、可控的重要手段。本书系统阐述了电力物联网智能感知的基础理论、核心技术与应用实践。全书共 7 章，第 1 章概述了电力物联网的发展及智能感知的意义；第 2 章论述了电力物联网智能感知的需求及面临的挑战；第 3 章介绍了电力物联网感知的基础理论；第 4 章阐述了电力物联网智能感知关键技术；第 5 章给出了电力物联网智能感知应用场景；第 6 章梳理了电力物联网智能感知技术标准；第 7 章提出了电力物联网智能感知的发展路径。

本书涵盖了当前电力物联网智能感知领域的主要技术方向和应用布局，可供电力感知方面的研发人员、高校师生和工程技术人员学习参考。

图书在版编目（CIP）数据

电力物联网智能感知技术与应用 / 蒲天骄主编. —北京：中国电力出版社，2024.12
ISBN 978-7-5198-5753-0

Ⅰ．①电… Ⅱ．①蒲… Ⅲ．①电力系统–物联网–智能技术–研究 Ⅳ．①TM7

中国国家版本馆 CIP 数据核字（2023）第 178844 号

出版发行：中国电力出版社
地　　址：北京市东城区北京站西街 19 号（邮政编码 100005）
网　　址：http://www.cepp.sgcc.com.cn
责任编辑：赵　杨（010-63412287）
责任校对：黄　蓓　常燕昆
装帧设计：张俊霞
责任印制：石　雷

印　　刷：三河市万龙印装有限公司
版　　次：2024 年 12 月第一版
印　　次：2024 年 12 月北京第一次印刷
开　　本：710 毫米×1000 毫米　16 开本
印　　张：17
字　　数：268 千字
定　　价：108.00 元

序 言
Foreword

当前，随着我国"碳达峰、碳中和"目标的推进，电力系统正在向以新能源为主体的新型电力系统方向演进，呈现数字化、智能化为动能的发展趋势。电力物联网是新型电力系统的数字底座与平台，其通过充分应用传感、网络、平台及人工智能等技术，使得当前电力系统各环节的网架、设备、环境、行为等实现了互通互联，支撑电力系统的高效智慧运行及设备人员精益管理，提升了能源整体利用效率。

电力智能感知技术是电力物联网建设与实践的基石，伴随着信息感知的深度、广度、密度、频度和精度的多层次、高要求发展，需要开展对电气量、状态量、物理量、环境量、空间量、行为量等感知对象的多维度全面监控。智能传感技术是实现源网荷储协同互动的"神经末梢"，是电力物联网建设与发展的基础数字引擎，智能感知技术在电力系统底层基础设施建设中的作用尤为重要。

随着智能感知技术功能不断丰富、性能不断增强，电力行业已经针对不同测量需求，形成多种系列化感知终端，包括微型传感器、量测装置、采集终端、监测装置、电子标签等，可实现电力物联网的状态感知、量值传递、环境监测、行为追踪等，不断提高电网的智能化水平。全面感知已成为电力物联网建设的目标，智能感知技术正面临向高性能、高可靠、低功耗、低成本，以及微型化、集成化、网络化及智能化方向演进的总体趋势。

目前，智能感知技术的进一步发展仍然面临诸多挑战：在感知点布局方面，物理采集点的广度和深度逐渐拓展，海量数据获取的同时也要求精细化监测与柔性监测并行；在传感器高质量研发方面，高精度、高可靠、长续航、长寿命等应用需求对新型感知机理、材料、取能等技术提出了新的要求；在感知数据传输方面，海量数据的同步并发，要求各类传感设备能够实现高频次、多终端实时同步传输；在感知数据智能化处理方面，海量数据传输压力的增大，使得就地处理与智能分析业务需要进一步发展，以提高数据分析效率；在感知终端标准化安全接入方面，当前感知终端的统一部署实施、端到端访问尚无统一标准，亟须开展感知技术标准的进一步探索。

为适应以上技术发展趋势和应对上述技术挑战，《电力物联网智能感知技术与应用》一书通过总结和展望电力感知技术发展现状、研发重点和未来趋势，结合电力行业全环节应用场景，介绍了当前发展背景下电力物联网智能感知业务的需求与挑战，结合科学问题与电力物联网体系架构介绍了传感及感知技术基础理论，并且面向实际应用介绍了感知关键技术及通用应用技术，在应用阶段面向电力"源—网—荷—储—资"典型场景开展介绍，并对基础共性、终端技术、边缘技术和通信组网相关技术标准进行简要介绍，最后，该书从行业发展需求角度展望了智能感知技术的发展路径。

本书期望让更多相关从业人员了解电力智能感知关键技术、典型场景与应用情况，同时促进智能感知相关行业深入研究与探讨，不断提高我国在该领域的研究及工程应用水平。该书与实际生产和工程应用紧密结合，希望能为科研人员、高校师生和工程技术人员的学习、实践提供有益的帮助。

蒲天骄

2024 年 9 月

前言
Preface

　　随着能源革命与数字革命的融合发展，电网处于向电力物联网演化发展的过程中，智能感知技术成为电力物联网建设和实践的重要基础。"十三五"期间，电力企业在传感领域研发体系布局、关键技术攻关、核心装置研制、成果推广应用等方面都取得了重要进展。但在电力应用场景下面临的强电磁干扰、复杂工况条件及极端气候环境等问题依然存在，对部署传感器及终端的可靠性、稳定性、低功耗等提出了更高的要求，基于新机理、新方法、新工艺的传感器技术和与智能感知实现相关的边缘计算、微源取能和安全连接等核心技术亟待实现突破。

　　中国电力科学研究院有限公司（简称中国电科院）项目团队依托国家重点研发计划、国家自然基金委面上项目、国家电网有限公司基础前瞻性项目，已经开展大量研究工作。本书结合项目团队完成的 2020 年国家重点专项"电力物联网关键技术"等重大科研项目，充分分析当前电力物联网建设的现状与发展需求，详细阐述电力物联网感知业务的需求与挑战、感知基础理论、智能感知关键技术、智能感知应用、感知技术标准、智能感知发展路径与展望等方面相关内容。全书共 7 章，第 1 章阐述电力物联网的发展背景和发展感知技术的重要性；第 2 章介绍电力物联网智能感知技术在电力系统中的业务需求、应用现状、面临的挑战；第 3 章论述感知技术基础及发展趋势，介绍传感技术从"测量"到"感知"的发展趋势；第 4 章重点论述电力物联网智能感知关键技术，介绍当前智能感知关键技术涉及的先进传感、边缘计算、安全连接、微源取能和数据处理等主流技术，构成智能感知技术的核心框架；第 5 章深入、全面分析包括电源、电网、负荷、储能、资产侧五大环节的电力感知应用，阐述各环节感知终端类型与应用布局导则；第 6 章阐述保障电力物联网智能感知技术研究和应用落地的标准，提出基础共性、传感终端、边缘设备与通信组网方面的技术标准；第 7 章结合当前电力物联网传感器建设发展现状，提出电力物联网感知层建设路径的建议，并对智能感知技术的未来发展方向进行展望。

本书首次系统性阐述智能感知技术理论、应用现状与存在问题，对感知核心技术与标准体系进行梳理总结，并对电力感知技术进行应用布局，填补该技术领域书目空白。本书重点描述了智能感知技术在电力领域的应用，强调理论与实践密切结合，并结合电力系统实际给出了典型应用场景，对专业研究和工程技术人员都有较强的吸引力。希望本书的出版，不仅可以让相关技术从业者了解国内外最先进的智能感知技术发展现状与趋势，而且能指导电力行业从业者开展智能感知技术在电力系统"源—网—荷—储—资"全环节的研究与应用，在基于状态检修理论研究和解决实际运行维护问题的同时，拓展智能感知业务应用。本书的出版能够促进智能感知技术的深入研究与探讨，不断提高我国在该方向的研究和工程应用水平。

在本书的编写过程中，得到了中国电科院人工智能研究所、储能研究所等多个研究所的支持，展现出中国电科院多专业学科综合性技术优势和实力，在此表示感谢。

鉴于作者水平和时间有限，书中疏漏之处在所难免，敬请广大专家和读者批评指正。

编　者
2024 年 10 月

目 录
Contents

序言
前言

1 概　　述

为顺应能源革命和数字革命融合发展趋势，电网加速向电力物联网演进。电力物联网是电力系统数字化、网络化、智能化的基础和载体，其充分利用传感、网络、平台和人工智能等现代信息技术，实现电力系统各个环节网架、设备、人员的万物互联、人机交互，促进电网全面感知、泛在互联、信息融合和智能应用。本章简要介绍电力物联网的产生背景、演进过程及基本概念，并重点介绍其体系架构。信息感知是电力物联网高效信息获取的首要环节，是电力物联网的实现基础和关键支柱。因此，本章同时简述了感知技术在电力物联网建设与发展中的重大意义，并介绍了智能感知理念及其在电力物联网中发挥的重要作用。

1.1　电力物联网的发展

随着全球资源紧缺、环境污染、气候变化、发展不均匀等问题的凸显，以化石能源为主的传统能源供给体系面临巨大的挑战，大力发展清洁能源以代替化石能源已成为必然趋势。与此同时，随着可再生能源技术与互联网信息技术的快速发展，以可持续发展能源供应系统为发展目标的能源革命已经爆发，推动能源转型、重构能源体系已成为迫切需求。在这场能源革命中，互联网技术作为能源供应系统的信息载体与技术支撑，发挥着广泛而基础的作用。构建融合可再生能源技术和互联网信息技术的电力物联网将成为应对能源危机与挑战的关键突破点，这将从根本上减少对传统能源的过度依赖，打破当前传统能源供需界限，改善能源利用模式并提升能源使用效率，进而拓展可再生能源与互联网信息技术支撑的能源新格局。

现代电力系统最重要的特征是自动化装置的使用，通常以指令计划辅以程

1

序控制为实现方式，调控的对象多为电气量，针对电气量的监测旨在保证供电可靠性、电能质量和供电服务。

20 世纪 60 年代，计算机被用于在电力系统中实现经济安全调度，这一时期出现的数据采集与监控系统（supervisory control and data acquisition，SCADA），就是电网调度自动化系统形成的一个标志，通过 SCADA 采集电力系统的实时信息，对系统的扰动进行在线快速分析计算，以实现电网运行方式的在线研究与事故跳闸影响的预测。这一时期，针对电力系统的状态监测主要通过获取潮流电气量，以分析电网运行方式，其目的在于防止由于扰动而产生的电网故障。SCADA 的成功应用表明，针对电力系统实时信息的采集已经能够满足电力系统扰动分析的需要。

从 20 世纪 70 年代开始，随着硬件系统的升级及数据处理软件的开发，SCADA 采集到的数据得到了更深层次的应用，在各种电力系统优化软件的协同下，为电网的运行管理提供了极大的便利。这一时期出现的能量管理系统（energy management system，EMS）就是将数据库系统与多种应用软件结合起来，实现对电网的实时数据收集与分析，提高电力系统安全与经济运行水平。相比于 SCADA 系统，EMS 将电力系统中硬件与软件充分结合并配置支持软件的管理系统。这一时期 EMS 的主要特点是针对自动监测系统所获取的电气量进行了面向实时应用的计算与开发，对诸如潮流计算等的电力系统算法进行了改进与优化。

随着电力系统的发展，电网的辐射面积与电力设备的数量急剧增加，电力系统的规划、建设及运行对数据信息的采集、存储、分析及快速处理提出了更高的要求。从 20 世纪 90 年代开始，我国各高校及科研单位陆续开展了输电线路在线监测技术研究，相关技术在雷电、覆冰等气象灾害监控系统中发挥了极其重要的作用。其中，移动通信网络与电力地理信息系统（geographic information system，GIS）结合，促进了输电线路在线监测技术的迅速发展。同一时期，GIS 也开始广泛与配网管理系统（distribution management system，DMS）相结合，通过将地理空间数据与电网物理属性相结合建立电力系统连接空间与属性信息的数据库系统，根据电力系统的实际运行要求对属性库进行设计与分析。在 2010 年前后，国际上诸多发达国家积极实施兴建的"数字电网"计划，也将 GIS 作为有力的技术手段。如基于 GIS 技术的数据采集与监视控制系统，集自动设施管理和地理信息监控功能于一体。近年来，为提升线路巡检效率与设备管理水平，信息钮、信息螺栓、条形码、智能移动终端等新型生产管理手段开始被使用，在电力系统自动化建设中发挥着重要作用。这标志着对电力系统的监控已不仅局限于对电气量的监控，对电力系统进行多参量、多维度的状态监测已逐渐成为发展趋势。

2009 年，我国提出建设"坚强智能电网"的发展战略。智能电网是以电网为基础，将现代先进的传感测量技术、通信技术、信息技术、计算机技术和控制技术与物理电网高度集成而形成的新型电网。在智能电网中，发电、输电、变电、配电、用电、调度六大业务领域及信息通信平台的应用以信息化、数字化、自动化和互动化为主要特征，通过在电网规划、设计、建设、运行、调度和维护等各个环节进行以电气为主的信号采集，监控电网生产运行、经营与管理的各个环节。在智能电网中，对各环节运行参数的在线监测与实时信息掌控是实现智能电网的重要前提，通过对重要运行参数的采集，利用电网与通信和信息网的高度融合，使得电网中各环节能够以"物联网"的形态实现电力设备状态监测、智能巡检、用电信息采集、智能用电等应用。如在智能电网中广泛使用的数字电能表，以集成电路（integrated circuit，IC）卡采集用电能量，配合数据通信模块实现电量抄收，配合负荷控制模块实现电量结算；在电力调度机构中广泛配备的调度自动化系统（dispatch automation system，DAS）需要采集各发电厂与变电站的实时信息来确定电力系统运行工况，以遥测、遥信、遥控与遥调的方式处理调度对象，完成各个层次的调度任务。

互联网技术发展直接推动了物联网的诞生。物联网的概念由国际电信联盟在 2005 年的信息社会世界峰会上首次提出。物联网是指通过射频识别（radio frequency identification，RFID）、红外感应器、全球定位系统、激光扫描器等信息传感设备，按约定的协议，把任何物品与互联网相连接，进行信息交换和通信，以实现智能化识别、定位、跟踪、监控和管理的一种网络。2009 年，我国正式提出加快建设国家"感知中国"示范区（中心），推动中国物联网产业健康发展，引领信息产业第三次浪潮，培育新的经济增长点。经过十余年的发展，在外部产业链和内生技术双重驱动作用下，物联网迎来跨界融合、集成创新和规模化发展的新阶段。以行业应用为核心，形成通信企业聚焦网络侧边缘计算、工业企业聚焦现场业务能力深耕、互联网企业聚焦云边协同服务能力扩展之态势，物联网的发展呈现出"边缘的智能化、连接的泛在化、服务的平台化、数据的延伸化"等新特征。

随着计算机技术与通信技术的发展，越来越多的物联网技术应用在智能电网中。如可视智能调度在电网运行监控中的应用，实现了电网实时运行数据在虚拟仪表上的展示，以可视化图形的方式对电网数据进行有效表达，为调度操作提供借鉴与参考；电子标签技术与智能移动终端结合，配合已有的生产管理信息系统，可实现对输电、变电、配电等电网设备的智能巡视和闭环管理。智能电网与物联网的相互渗透与融合，使得以"信息化、数字化、自动化、互动化"为主要特征的智能电网向以"数字化、网络化、智能化"为主要特征的电力物联网转变。

"能源+互联网"发展模式有着极强的互联网属性。由于电力物联网中接入了大量可再生能源和分布式发用电设备，规模效应在局部不再成立，取而代之的是数量巨大的能源接入与使用节点；与此同时，新能源接入的随机性对电力物联网的系统安全带来了新的挑战。因此，针对需求侧和响应侧的状态监测及控制，需要通过不同于智能电网的工业控制理念来实现，即以互联网"开放互联"的思维覆盖广域空间能量或信息传输，并将其相互连通。其信息传输基础仍然是互联网，对物理世界的感知和数字化表达则是实现互联网的前提。

作为实现电力系统数字化、智能化的基础和载体，电力物联网应运而生。电力物联网是应用于电力领域的工业级物联网，是实现电力系统数字化、智能化的基础和载体。电力物联网围绕电力系统各个环节，充分利用传感技术、网络互联技术、平台技术等现代信息技术和先进通信技术，实现电力系统各个环节设备、网架、人员万物互联、人机交互，促进电网全面感知、泛在互联、信息融合、应用智能。其在能源革命和数字革命融合、电网数字化转型、电力物联网演进的过程中扮演着重要角色。

一般认为，电力物联网是指以电能为主体形态、以电力系统为主要载体、以分布式可再生能源为主要一次能源，通过互联网信息技术融合能量网络形成的电力生态网络，其主要特征包括以下三个方面：

（1）以可再生清洁能源作为主要一次能源，由传统化石能源逐渐转化为清洁能源并加以高效利用。

（2）支持规模化分布式发电系统、储能系统的接入，允许规模化电动汽车接入。

（3）支持基于互联网信息技术的多能源网络互联，可实现能源信息的互通与共享。

电力物联网基本体系与组成元素如图1-1所示。

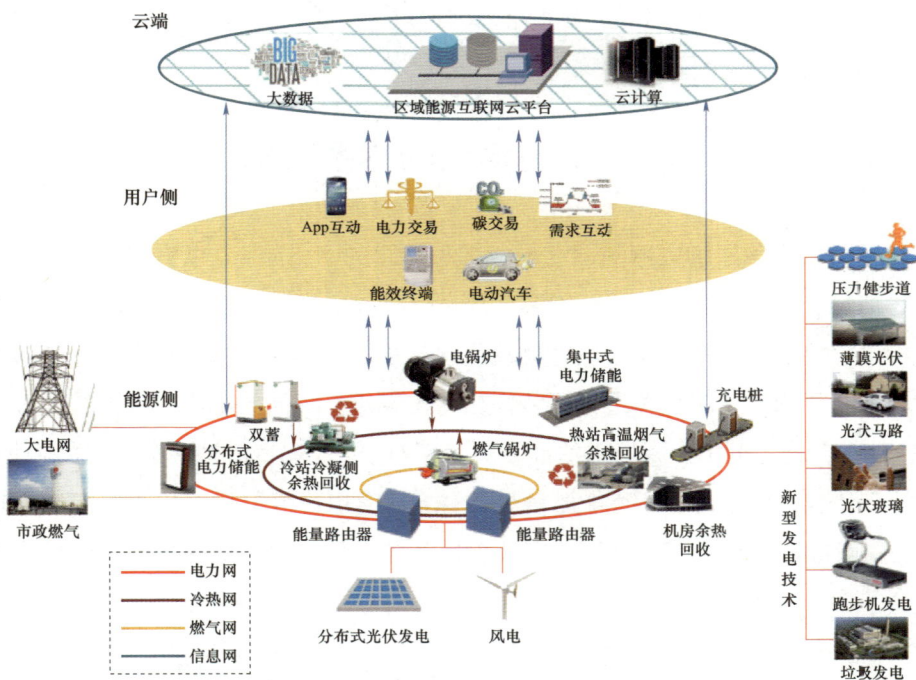

图1-1　电力物联网基本体系与组成元素

由以上特征可以看出，不同于智能电网，电力物联网是智能电网的进一步发展与深化，其不同之处主要体现在以下方面：

（1）智能电网以电力系统为物理载体，电力物联网以电力系统、天然气网络、热能网络、交通网络等作为共同物理载体。

（2）智能电网并未较多关注清洁能源的占比及影响，电力物联网则主要以清洁能源为主要一次能源。

（3）智能电网主要基于工业控制系统实现电网运行效率的提升，电力物联网主要基于互联网信息系统实现能源的分流、整合与高效利用。

电力物联网作为新型智慧能源系统，从数字化、网络化、智能化三个阶段和层级来实现能源电力体系的转型升级和业态创新。传统的智能电网建设模式以试点示范为引领，形成分割的、纵向的微缩模型，但缺少关键的规模因子，因而难以形成关联性的效应验证，如大数据在局部试点中难以开展大样本泛化分析。而电力物联网是以数据驱动、元素互联为主要特征，在实践方法论和发展路径上需要"合纵连横"，从而实现大连接、规模化、层次化、标准化和全景化。

1.2 电力物联网体系架构

电力物联网在物联网基础上形成多种形式的网络融合，以实现电力能源通信与信息交互能力的提升。从能源系统发展动态、能源系统组成静态两个角度分析电力物联网体系结构，电力物联网包括能源物理层、数字信息层、应用价值层三个层次。能源物理层包括特高压骨干网架、智能配电网、可再生能源接入，其特点是基于多能源接入的高转换效率与技术；数字信息层指信息的采集、传输、处理、存储及各环节能源信息的融合；应用价值层指细化的用户个性化服务、跨能源行业共享互济、政府监管服务等。电力物联网视角下的信息物理融合如图 1-2 所示。

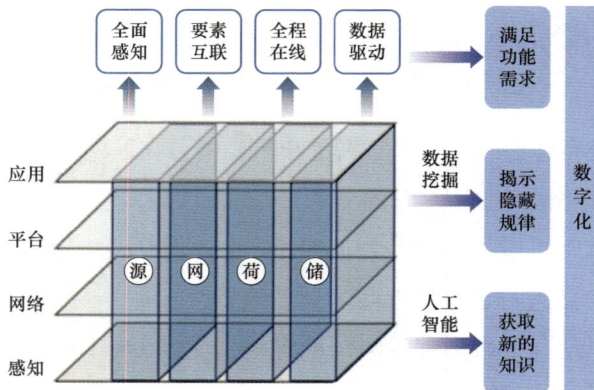

图 1-2　电力物联网视角下的信息物理融合

基于能源物理层、数字信息层、应用价值层的电力物联网数字化分层体系架构如图1-3所示，各层级的作用如下：

（1）信息感知。信息感知功能由各类传感器及智能终端实现，是位于能源物理层与数字信息层之间的信息感知媒介与中枢。在电力物联网中，采用各类智能传感器、智能采集设备实现对各应用环节的信息感知，其最基本的功能是信息识别、数据收集与自动控制。通过感知节点对所监测实物进行数据信息的感知、测量、捕获与信息传递，随后将感知数据通过网络传输至汇接节点进行汇聚与传送。其中，部分智能感知终端还具有在边缘侧甚至端侧进行数据处理、分析与决策的能力，以更快的网络服务响应满足实时业务需求。

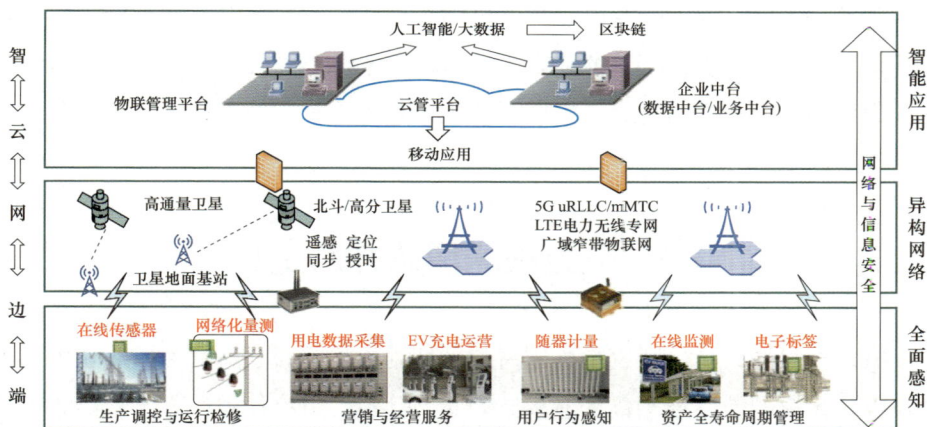

图1-3　电力物联网数字化分层体系架构

（2）网络传输。网络传输功能由各类移动通信网、广域互联网、局域互联网、各类专网等数据传输网络实现。网络传感功能用于实现传感器在一定范围内所获取数据的传输问题，实现信息的传递、路由与控制，并为上层提供服务。在电力物联网中，主要通过电力宽带通信网络提供调整宽带双向通信网络平台，其网络可分为接入网与核心网。接入网包括电力光纤接入网、电力线载波、无线数字通信系统；核心网包括电网骨干光纤网、电力载波通信网、数字微波网等。

（3）平台分析。平台分析功能指介于基础设施与应用服务之间、提供通用服务能力与应用搭建功能的一系列设施与服务。平台分析功能包括各类开发软件与服务，可为应用服务提供开发、运行与管控环境（即中间件），通过利用包括基础设施在内的各类资源，提供高可用、可伸缩、易于管理的云中间件平台。在电力物联网中，平台分析功能的载体包括各类物联管理平台、云管平台及企业中台等，针对电力物联网特定需求在平台层配置支撑应用的中间件资源、存储及计算服务。

（4）业务应用。业务应用功能包括基础应用设施、各种不同业务与用途的功能化应用。业务应用针对信息处理与人机界面需求，利用经过分析处理的感知数据，为用户提供特定服务。应用层包括信息处理功能、计算等通用基础服务设施、资源调用接口等。电力物联的应用涉及电能生产与管理的各个环节，需综合考虑能源产业、用能行业及用户的个性化需求，实现广泛互通应用的解决方案。其最终目的在于通过智能计算与识别等数字化技术实现电力物联网多状态信息的综合分析与处理，实现智能化决策、控制与服务，提升行业各应用环节智能化水平。

1.3 电力物联网感知的定位

电力物联网具备物联网属性，因此受基础设施建设、基础性行业转型和消费升级三大周期性发展动能的驱动，同时区块链、边缘计算、人工智能等新技术的不断注入也为其发展带来新的活力，这给电力物联网的发展既带来机遇，也带来挑战。电力物联网兼具电网和物联网的发展特征，要实现"边缘的智能化、连接的泛在化、服务的平台化、数据的延伸化"就要求它在电力系统中做到"深度精准感知、数据高效利用、快速智能决策"。

由图 1-2 所示的电力物联网视角下的信息物理融合可知，在电力物联网中，数据感知是将物理实体进行数字转化的底层功能，实现电力物联网物理网络与空间环境数字化转型的第一步即是感知。电力物联网的海量数据来源于源、网、荷、储各个环节状态的感知与采集，"感知"是"能源瓦特"变"数字比特"的映射过程和技术路径，是电力物联网信息支撑体系的基础组成部分。

同物联网分层架构各层次的作用类似，在电力物联网中，数据感知的作用包括感知控制与通信延伸。感知控制功能用于实现对物理世界的特征识别、信息采集、即时处理与自动控制；通信延伸功能用于通过通信终端模块直接或组成延伸网络后将数据传通过网络，实现平台分析与业务应用。

随着电力物联网的演进，监控对象不可避免地扩展为物理量、环境量、行为量等量纲维度，即通过监控电力物联网基础建设、安全生产管理、运行维护、信息采集、安全监控、计量、用户交互等各个方面，实现系统内各环节的信息感知深度、广度及密度的全面提升，促进信息流、业务流、电力流的高度融合。通过实现电力物联网全息状态感知，满足电力物联网上层数据需求，包括各种技术指标、状态参量与特征表征。电力物联网中的风能、太阳能等新能源发电技术的状态监测、控制及功率预测等，都需要通过对多维度量纲进行感知以全面获取能源状态。电力物联网感知技术对大量一次设备赋予感知能力，使其能与二次设备实现良好互动，从而实现联合处理、数据传输、综合判断等功能，极大提高电网的技术水平与智能化程度。

2021年，"碳达峰、碳中和"的概念首次被写入政府工作报告，构建新能源占比逐渐提高的新型电力系统是实现"碳达峰、碳中和"目标的必然选择，建设电力物联网是推动清洁能源低碳转型发展的必由之路。这就对现有电力系统技术体系的深度精准感知、数据融合利用、智能辅助决策能力提出了更高的要求。感、知、联功能一体化的智能传感系统建设是构建新型电力系统和智能化转型升级的重要基础与载体。通过提升电力物联网全面状态感知能力，可推动电力安全高效利用，并在能源供给侧构建多元化清洁能源供应体系，在能源消费侧全面推进电气化和节能提效。

综上所述，智能感知在电力物联网的建设与发展中意义重大，具体体现在以下三个方面：

（1）感知是海量数据获取的来源。由多种类型的传感器及智能终端设备组成的感知层接入大量泛在传感器，电力物联网各类终端接入信息网络需通过感知设备进行信息收集与获取，包括信息感知与信息识别，针对事物状态信息进行感知并转化为可识别、可处理的信息，从而最大限度实现对实际物理世界的感知能力，满足信息化标识与描述。

（2）感知是物理世界与数字世界的接口。通过各种传感器网的连接，电力物联网中的设备、资产及终端不仅构成电气连接，还形成信息网络，可对更多表征状态的信息进行融合分析，在提升电网可靠性的同时降低管理成本，优化电网运行与管理。传感器及智能终端以有线或无线的方式进行信息交互，通过传感器所组成的信息网络结构是物理现实网络的数字孪生。

（3）感知是信息效用控制的触手。电力物联网信息发挥最终效用具有多种实现形式，其中，通过感知功能对感知对象实现控制功能是一种重要手段。由于感知载体与终端设备直接互联，因此可通过感知实现各种算法的嵌入式功能，利用数据感知可直接调节终端状态信息使其达到预期状态。在数据源头实现网络服务响应对电力物联网智能化建设具有重要意义。

2 电力物联网智能感知业务的需求与挑战

电力物联网是以电力能源流所涉及的基础设施为依托，借助互联网实现电能相关信息的传输、互联与共享，进而实现物质与电能的双向交互与协同。电力物联网感知层是实现能源流动各环节状态监测的重要组成部分，海量数据的监测、收集与传输可为电力互联网应用提供有效的信息，这一系列活动都需要通过感知这一行为实现。本章梳理了电力物联网中的感知业务需求，介绍了电力系统中电能流动的各个环节对感知技术的业务需求，以及感知业务在电力物联网信息物理融合中所起的重要作用。同时，介绍了电力物联网中感知技术的应用现状，并对当前电力物联网中感知技术及其应用所面临的挑战进行总结。

2.1 业 务 需 求

电力物联网是建立在基于传感器和信息通信网络基础上的数字化体系。如在电力系统发电环节，尤其是在风电、光伏等新能源发电场景中，需要温度、光学、倾角、速度、图像及位置等多种传感器，支撑发电装备故障诊断与健康监测，预防事故发生。在输电、变电及配电等环节，需要利用微气象、杆塔倾斜、覆冰、舞动、弧垂、风偏、局部放电、介质损耗、绝缘气体、泄漏电流、振动及压力等多种传感器及智能终端，实现对电气主设备状态、环境与其他辅助信息的采集，支撑电网生产运行过程的信息全面感知及智能应用。在用电环节，面向智能用电、电动汽车、智能家居等应用场景，采用电能质量、负荷监测、图像视频等传感器及量测装置等，支撑需求侧柔性负荷资源的充分利用，补偿电力物联网中因直流惯性不足或供需失衡导致的频率波动等系统运行问题。

随着电力物联网建设的推进，电网对信息感知的深度、广度和密度提出了更高要求，电网的进一步发展要求电力传感器具备大量程、宽频带及高动态范围等特性；针对直流电网和交直流混合电网的感知需求，需要培育微型化、低功耗、宽频带、高频响的电流、电压、电场及磁场传感器，并逐步向其他工业应用领域延伸拓展。电网运行过程和监测系统产生的数据种类和数据量将快速增加，但大多数感知数据的价值低，因此需要研究低功耗传感网协议和通信模组，提升网络交互效率；引入压缩感知、边缘计算等理论和技术，减轻传感网络和系统压力，保障网络可靠性。此外，随着电力物联网的发展，智能感知技术将从电网本体拓展到智慧园区、智能家居等环节，与 5G、工业互联网等新基建领域相互渗透，需要利用新材料和微加工工艺，提供微型化、集成化的电力传感器，提升传感器与电气设备的集成度。

当前，世界各国都极为重视传感器行业的发展，投入了大量资源予以支持，市场在不断变化中呈现出快速增长的趋势。在当前智能时代的推动下，感知的重要性更加凸显，不仅在《中国制造 2025》《德国 2020 高技术战略》及欧盟、美国、韩国、新加坡等推进的智慧城市等战略方面发挥着重要的支撑作用，而且也在物联网、虚拟现实（virtual reality，VR）、机器人、智能家居、自动驾驶汽车等产业发展中占有关键地位。随着物联网技术的蓬勃发展，同时具备感知及认知能力的传感器愈加重要，迫切需要加快传感器行业的发展。

随着传感器的功能不断丰富、性能不断增强，当前已针对不同测量需求，形成多种类系列化感知终端。感知终端是指具有传感、采集、量测、标识等功能中的一种或几种的完整独立硬件实物，包括微型传感器、量测装置、采集终端、监测装置、电子标签等，可实现电力物联网的状态感知、量值传递、环境监测、行为追踪，对长寿命、微型化、高可靠等技术指标具有较高要求。感知终端构建了电力调度、保护测控、安全运维、在线监测、互联互通的重要信息采集基础设施，是加快电力物联网信息物理融合进程的重要装备。

当前，电力物联网的建设要求对电力系统内各个环节的电气量、状态量、物理量、环境量、空间量、行为量进行全面监控，形成电力物联网底层感知基础设施。智能感知能够拓展传统稳态与暂态分析之外的电力物联网全网动态分析，构建源网荷储的"广域—对称—完全"信息系统，从而实现基于响应驱动的潮流在线计算与安全稳定分析；基于精准的传感数据，如负荷电流与温升数据，可支撑变压器、套管等关键能源装备的状态评价与故障研判，避免火灾等重大事故发生，保障设备安全可靠运行；基于全面的量测数据，借助深度学习算法对新能源发电进行功率预测，对负荷的趋势、行为、意愿与效果进行精准决策，进而解决源、荷双侧随机波动不确定性问题；通过对山火、台风、覆冰等外部环境量监测，可实现对重要输电通道的全天候、全方位状态监测与风险预警。

2.2　应　用　现　状

智能感知终端的显著特征是带有微处理器，具有采集、处理、交换信息的能力，是传感器与微处理器相结合的产物。与一般的传感器相比，智能感知终端可通过软件技术实现高精度的信息采集，具有一定的编程自动化能力，成本低且功能多样化。目前，电网中常用的感知终端在采集单元上，基于力学、声学、光学、电学、磁学、热学等基本物理原理，通过芯片传感、光纤传感、压电传感等先进技术，面向测量对象，形成了温度传感器、湿度传感器、气体传感器、振动传感器、电流传感器、电压（电场）传感器、磁场传感器等。针对电网不同环节的业务需求和电力设备特点，通过选取不同的量程、灵敏度、测量精度、封装结构等技术指标，已研制应用了百余种感知终端。

近年来，世界知名主流传感厂商均进入到智能感知设备行业，如霍尼韦尔（Honeywell）、德州仪器（TI）、飞思卡尔（Freescale）、楼氏电子（Knowles Electroincs）、英飞凌（Infineon）、博世（Bosch）、意法半导体（ST）等。这些公司的智能传感器已被广泛应用于工控系统、智能建筑、医疗设备和器材、物联网、检验检测等领域，并在核心处理器、高精度传感器等方面形成产品垄断。

随着现代电力系统电压等级越来越高，电网规模越来越大。当前，大量的感知终端也被部署到了电力系统中。

（1）发电环节。发电领域大力推进应用传感技术，越来越多的传感器使用在发电机本体、辅助设备的实时监测中。在发电环节，已具备对发电机、调相机等旋转设备的温度、振动等状态进行实时监测的技术条件；针对风机振动、转速、转角也已有应用；光伏电站均配备了光伏监控系统，组件、汇流箱及逆变器等主要设备都已实现了远程的数据采集和控制；同时安装了太阳辐照观测系统和环境监测系统，通过对辐射、风速、风向、温度、湿度、压强等环境参量的监测，可为光伏电站提供实时的环境、气象及太阳辐射监测，用于光功率预测、电站实时监测等应用，解决了实际应用中的诸多问题。存在的不足表现在以下几个方面：

1）面向发电场景的监测感知技术差别明显，装置运行可靠性、稳定性、适应性差别显著，在产品的生产控制环节缺乏明确的质量控制目标，在产品设计研发、管理控制、质量检测等方面缺乏标准，致使装置使用寿命较短、数据准确性差。

2）缺乏监测感知装置标准化设计导则，加上设计人员对在线监测技术本身及实际生产需求不甚了解，造成在装置选型、通信设计等方面存在不合理现象。存在安装现场信号不良、通信不稳定，甚至出现更换监测点的现象。

（2）输电环节。随着状态检修工作的深入开展及坚强智能电网的建设，输电线路状态感知技术应用愈加广泛，输电线路感知设备数量大幅增加，主要包含微气象、导线温度、图像/视频、杆塔倾斜、分布式故障诊断、雷电、覆冰、舞动、弧垂、风偏等十余种数据信息，并已建成雷电、覆冰、舞动、山火、地质灾害、台风六大监（预）测预警中心，通过感知设备的应用和监测数据的挖掘分析，有效提升了输电通道本体和环境状态信息全面感知水平，降低了输电通道运行风险，提高了设备管理效率。但是，在各类感知装置规模化应用的过程中，仍存在以下问题亟待解决：

1）面向输电场景应用的监测感知技术发展尚未完全成熟。由于各类输电线路在线监测装置长期在恶劣气象或复杂地形条件下运行，对装置运行的可靠性、稳定性、适应性提出了更高的要求，而监测感知行业整体生产工业化程度仍待完善，在产品设计研发、管理控制、质量检测等方面缺乏有效把控，致使装置使用寿命较短和数据准确性差。

2）设计选型缺乏指导。目前所应用的监测感知装置类型众多，通信方式多样，不同监测类型、不同通信方式的技术成熟度和适用范围及应用效果不同。设计人员对实际应用环境了解不够深入，造成在装置选型、通信设计等方面存在不合理现象。设计阶段没有进行充足的测试和踏勘，导致选点不满足要求、安装现场信号不良、通信不稳定，甚至出现更换监测点的现象，造成后期投资远大于在线监测装置本身投资等问题。

3）建设不规范。监测装置的安装存在不同厂家、不同类型监测装置安装方式各异，安装难度大，安装图纸未经设计部门校核，部分生产厂家提供的培训教材不翔实、培训不到位等问题。另外，缺乏专业的安装队伍，由于沟通不畅，配合不到位，导致协调难度大、反复调试等问题仍然存在，使安装质量得不到保障。

（3）变电环节。变电设备在正常运行时和故障前后，通常伴有电、声、光、化、热等多种特征信息，通过对设备不同的特征信号开展带电检测或在线监测，感知和分析设备状态，可以发现和消除很多类型的设备缺陷和隐患，进而避免设备故障及由此引发的电网安全事故。

对于变电站范围内常用的电容型一次电力设备进行在线检测通常使用集中型和分散性在线检测方法。但是在实际的应用过程中发现，电容型设备中会有介质损耗超标的情况，主要存在以下问题：① 用于容性设备在线检测的硬件系统不能够满足变电站环境长期运行的要求。② 在对电容型设备进行介质损耗测量的过程中无法在稳定性的前提下满足系统准确性的要求。③ 在线检测系统的抗干扰能力比较差，不能很好地适应检测环境。④ 检测装置无法满足数据的传输需求，当需要对数据进行传输处理时，很可能发生检测数据丢失的情况，因此需要改进。

同时，针对油中溶解气体进行在线检测。第一步，使用渗透膜先把油气进行简单分离；第二步，采用检测气体成分的传感器设备来检测气体的具体成分，初步辨别故障，这一点和油色谱分析有所不同。这种检测手段在变电站在线检测的使用过程中还是比较广泛的，主要的检测气体是氢气，或者说以氢为成分的其他混合物。但是就目前来说，这套设备并不能替代目前常用的气相色谱分析法。主要的用途是进行故障的提前预警，是在线监测的辅助手段。由于这套在线检测设备的检测灵敏度相对来说比较高，可以轻易检测到烃类气体，所以同色谱分析仪在实验室的检测中得到的结论比较一致。但是在该设备检测过程中需要加水，这对在线检测来说非常不方便；同时需要长期保持清洁状态，间接增加了工作量和人工成本。

通过对变电站一次设备实际的运行过程分析发现，变电站一次设备出现的主要故障就是绝缘性故障，而通常情况下，绝缘性故障的诱因就是发生局部放电，因此需要开展局部放电监测。对变电站主要一次设备变压器进行在线检测的方法是脉冲检测法，但该检测法容易受到干扰，检测效率不高，需要探索使用与设备没有电气联系的检测方法。现在对变压器进行在线检测的主要手段是特高频检测法和超声波检测法，这两种检测方法可以同时进行联合检测，提高了检测的有效性和检测准确度。变压器的色谱分析法是利用放电发生时变压器油中分解气体进行检测，检测变压器油中不同气体含量，但是这种累积效应，在变压器放电初期很难检测到。

（4）配电环节。随着信息通信技术、物联网技术的发展，对传统配电房进行智能化改造，可改善配电房的供电管理水平，提高供电系统的运行可靠性。在数据采集通信方面，基于传统通信网络架构，已经开发了配电房环境智能检测系统，主要针对配电房环境信息、变压器油温等参量进行较为完整的采集。通过智能终端，可实现传统 RS485 传感器数据信息转换为满足 DL/T 645《多功能电能表通信协议》。同时，针对电力设备资产管理、登记的 RFID 协议，实现了电力资产设备的可靠登记。目前智能站所巡检机器人系统亦有应用，可代替人工实现远程例行检查和特殊情况下的特殊检查，实现远程在线监测。在减少劳动的同时，提高了运行维护的内容和频率，改变了传统的运行维护方式。

1）10kV 开关柜智能监控。智能监控内容为设备电量参数、开关量，必要时具备电力电缆温度监测、局部放电监测、开关控制等功能，实现 10kV 开关柜过负荷、超温、局部放电等监测内容的预警告警，以及远程调度功能。

2）配电变压器智能监控。监控内容为绕组温度、变压器散热风机工况，对变压器的负载情况、绕组温度、风机工作情况进行远程监控。

3）400V 开关柜监控。智能监控内容为线路电量参数、开关量，同时具备电力电缆温度监测功能，实现 400V 低压回路的过负荷、超温等监测内容的预警告警，实现低压回路的预防式运维管理。

4）视频系统监控。采用轨道式智能巡检系统，智能巡检机器人可进行定时巡检、定点巡检、指定任务临时巡检、遥控巡检多种巡检方式。巡检机器人可将图像、数据信息传输至后台监控平台，运维人员仅需操作后台监控平台客户端，巡检机器人可与现场的环境安防设备联动，对异常进行抓拍、摄录，实现事故过程回溯功能。

5）环境监控。监控内容为配电房环境温湿度、气体含量分析、风机控制、空调控制等，主要功能为保障配电房运行环境，为设备安全运行、延长寿命周期提供良好的运行环境。

6）安防监控。监控内容为对烟雾、红外、门禁、浸水、事故照明、水泵等设备的监控与管理，保障设备资产安全。

（5）用电环节。在用电环节，为实现电能替代电量计量、需求响应能耗感知及综合能源服务能效监测，市场上已有多种能效终端，但几乎都集中在对用电情况或者以电能为核心的多能耦合设备进行感知。

小型采集器是能耗感知的核心部分，可实现用电数据的采集、存储和传输。采集器通过 RS485 现场总线采集用电数据，并将数据存储到大容量安全数字记忆（secure digital memory，SD）卡中，最后通过传输控制协议（transmission control protocol，TCP）完成通信并传输到数据服务器。

在通信方式上，基于 RS485 和 WLAN 无线局域网通信的大型公共建筑能耗监测系统已有应用。系统使用 RS485 总线采集能耗数据，使用无线局域网实现采集器与远程数据中心的通信，上报建筑能耗数据。

基于无线保真（wireless fidelity，Wi-Fi）网络通信亦可实现建筑能耗无线监测系统。该系统利用 Wi-Fi 技术在公共建筑中被广泛使用的优势，在无须布线的前提下，实现对建筑运行能耗的实时监测和历史能耗数据查询。利用控制器和传感器搭建 Wi-Fi 网络，实现建筑用电数据的采集汇总，并将获得的数据通过蜜蜂（ZigBee）网络上传至网关，从而实现监控中心对建筑的监控。用户通过监控中心软件可查看被测建筑各个房间的实时、历史数据，也可以通过手机访问监控中心，进行远程操作。

基于 ZigBee 及其他短距离无线通信技术，构建公共建筑能耗监控系统。该系统由数据采集、数据传输、数据存储和信息发布四个子系统组成，可搭建无线传感器网络实现数据的采集与传输，优化了原有系统的通信方式。

基于 LoRa 技术，亦可实现大型公共建筑能耗监控系统的搭建。系统通过数据采集节点获取智能电能表的能耗数据，利用 LoRa 技术将数据发送给能耗监控节点，由监控节点实现能耗数据的显示、存储和上传服务器的功能。

截至 2023 年底，电能服务管理平台已在国家电网有限公司 26 个省部署应用，共安装 19 万台能效终端，借助各类大型建筑能耗的有效监测，支撑综合能源服务公司为 2.2 万户企业提供用能服务。

在上述不同环节上的实际应用中发现，虽然已有大量感知设备在网运行，但各类监测感知装置故障率仍然较高。尤其是电网场景下应用条件严苛，与一次设备长寿命、高可靠性相比，监测装置运维矛盾较为突出。另外，部分监测装置在集成化、小型化、低功耗等方面存在一定设计短板，在电网场景低温、高湿等极端天气下难以有效发挥作用。

在供电方式的选择上，除了具备稳定的站用电源，现有的在线监测装置在野外环境下主要采用太阳能电池板浮充蓄电池的供电方式。但仍存在以下问题需要解决：

（1）蓄电池应用条件亟待规范。太阳能电池板技术相对成熟，性能相差不大，而蓄电池作为在线监测系统中的唯一储能部件，其性能的好坏、容量配置是否合理将直接影响到输电线路产品的稳定性。据统计，约 30% 的装置故障均由供电电源故障引起。2009 年之前，普通铅酸蓄电池以其放电时电动势较稳定，工作电压平稳、贮存性能好、造价较低的特性而得到广泛使用。随着蓄电池行业的快速发展，出现了普通铅酸电池的改进产品（如胶体电池、硅能电池、铅晶电池）。另外，锂电池（如磷酸铁锂电池、镁基电池）、纤维镍镉电池等新型电池也得到应用。各种蓄电池原理不一，特点各异，所适合的使用条件也各不相同。

（2）蓄电池有效管理策略缺乏。由于我国地域广大，横跨多个气候带。不同的地区每年、每天的日照都不相同，各个地方温度差别也较大。因此，根据不同地区的特点制订相应的电源配置原则，加强太阳能供电电源的蓄电池管理，提升太阳能浮充蓄电池供电技术的性能和可靠性已成为电源配置的一大课题。

此外，各类感知装置的可持续供电电源技术除了太阳能浮充蓄电池供电技术，还包括风力发电浮充蓄电池供电技术和地线取能技术等。现阶段这些技术可为在线监测装置应用提供较为成熟的供电方案。

在通信方式的选择上，国内状态监测系统主要采用基于公网的通用分组无线服务技术（general packet radio service，GPRS）/4G 作为监测数据的数据通信方式。随着光纤通信和无线通信技术的发展，基于电力专网的以太网无源光网络（ethernet passive optical network，EPON）/工业以太网交换机/Wi-Fi 技术也逐渐成为输电线路状态监测系统的重要数据通信方式之一。电力系统开展的试点工程中，已运行输电线路监测装置的网络传输方式主要采用公网、无线接入点（access point name，APN）专网、光纤复合架空地线（optical fiber composite overhead ground wire，OPGW）等方式。

无线公网接入方式具有技术成熟、建设成本低、易于实施等优点，但存在以下问题：

（1）线路可能有部分穿过 GPRS/码分多址（code division multiple access，CDMA）/3G/4G 网络所覆盖不到的地方，在这些区域实施布点时将遇到困难。

（2）由于需重点监控的输电线路一般地处偏远，人迹罕至，3G 网络尚未覆盖，而 GPRS/CDMA 网络覆盖的地方，受网络带宽限制，很难提供流畅的视频监控服务。

（3）随着图像及视频监测设备布点范围的扩大，海量数据传输通信问题日益突出。公网 GPRS 按照流量计算，在电力物联网建设和在线监测系统中大面积安装，若长期租用，其运行成本将很高。

（4）出于信息安全考虑，在线监测信息无法进入内网进行有效分析、整合。公网无线信号易被干扰，业务稳定性、安全性不高，在数据传输过程中存在安全保密性较差等问题。

（5）网络管理困难，一旦系统进行改动或者出现故障，必须与公网运营协调解决，处理问题的时间无法保证，会对电力系统安全运行造成威胁。

综上所述，随着电力物联网的建设，对各类设备及其所处环境状态的监测预警水平也提出了更高要求。在电力物联网的背景下，为更加快速准确地获取信息，实现电网"万物互联"，支撑后续智能化诊断与控制策略的及时执行，更需有效解决上述问题，实现感知技术的覆盖率、可靠性、小型化、网络化、智能化程度的进一步提升，以适应电网发展需求，为电网安全稳定及可靠运行提供坚实保障。

2.3 面临的挑战

虽然在当前电力物联网的建设与发展中已大量布局及部署了多状态、多参量的监测感知终端，但目前来讲，电力物联网感知建设仍面临着巨大挑战。

（1）如何增加物理采集点以支撑海量数据获取需求。当前，由于传感基础技术及通信基础设施的限制，使得电力物联网传感网络的建设面临重要的实际问题。近年来，随着新材料与新技术的发展、生产制造工艺的改进与产业技术水平的全面提升，先进传感技术不断涌现，传感器的制造成本不断降低，使得传感器网络的构建与海量数据的获取成为可能。尽管如此，应用于电力物联网领域的特定传感器仍然面临着适配性差和安装运维成本较高的问题。如发电领域中，因缺少适合的形变传感器而无法对转子弯曲疲劳度与转子寿命进行评估与预测；在输变电领域，高可靠性、高性能的传感装置远未形成规模应用；在用户侧一直以来依靠电能表获取用电数据，针对单一用电设备的精准负荷感知尚未实现；随着新能源并网技术、高压直流输电技术及柔性交流输电系统技术的广泛应用，给电网注入了大量谐波、间谐波信号，并引起了电网次/超同步振荡、高次谐波振荡，以现有的测量感知技术难以满足实时测量的需求。

（2）如何提高终端抗电磁耐干扰性能，提升感知终端环境耐受性及可靠性。电力物联网本身的特点决定了其感知终端的安装地域和环境具有复杂多变的特性，这就导致各类传感终端在实际应用时面临电磁环境复杂与干扰因素众多的问题，使得感知效率与传输速率、寿命与能效特性大打折扣，使得传感技术以外的运营维护成本被迫提升，甚至在使用时因环境恶劣引发传感器故障，对人民生命财产安全造成危害。如在电力系统输变电领域，带电设备电压等级高、种类多、现场电磁环境复杂，传感元件在强电磁场环境下的运行可靠性成为制约电网专用感知终端广泛应用的一大难题。由于电磁干扰引起的数据跳变、程序出错乃至器件损坏尚未全部有效解决；试验模拟难以复现现场环境，各类终端的可靠性设计尚未由设计保证过渡到测试保证阶段，使得各类终端在精度、稳定性、安全性等指标上无法达到应用需求。

（3）如何对感知终端进行低功耗设计并优化取能方式，实现感知终端低能耗与长寿命。当前智能传感器大多具有较多功能，因而相比于单一功能传感器具有更为复杂的硬件与软件设计。不仅如此，传感器数据处理算法的下沉需求，使得信息数据在传感器端具有了更多的就地处理要求，因此对传感器在能耗方面的要求不断提升。此外，由于电力物联网复杂地理环境和空间条件的限制，也使得传感器的供能方式面临巨大的挑战。如在输电线路中，感知设备在野外恶劣环境下长期运行的可靠性、使用寿命方面存在较大短板，监测装置供电电源总体实用化水平不高，电池实际使用时寿命较短，在极冷或酷热地区和极端天气下难以有效发挥作用，导致输电线路在线监测装置不能真实有效地反映输电线路实际运行状况，对建设输电线路智能运检体系提供的基础性支撑作用有待加强。

（4）如何实现标准化安全接入，使得传输通道满足数据采集频次。传感器的通信方式及数据传输质量直接决定了其在实际应用中所能创造的价值。但是，当前传感器网络中的数据通信带宽较窄，通信覆盖范围有限（通常为几百米），使得传感器难以持续稳定地提供优质数据，严重影响传感器的使用效率。如电网中的大多数设备暴露于自然条件较为恶劣的户外，野外通信问题仍然是现场感知面临的主要问题。受基站信号覆盖面的影响，部分终端依然采用 2G 数据传输方法，存在信号不稳定、数据传输不连续情况，难以满足海量数据高频采集需求，同时，光纤专网通信又存在现有光纤资源协调困难、敷设及熔纤作业难度大等问题，严重影响了传感器的通信。因此，如何保证传感器的数据通信及传输的可靠性，是当前电力物联网感知所面临的一大挑战。

（5）如何形成智能分析计算闭环，高效利用感知数据。大量布局及部署的传感器使得感知数据量迅速增长，为电力物联网状态监测及研究提供了大量的数据支撑。但是，当前由于数据管理机制水平有限，数据质量参差不齐，导致数据的采集源头、通信信道、系统入库等各个环节都有可能产生数据变异及缺失的可能，给后续的数据分析利用带来了阻碍；同时，海量传感器所产生的实时流式数据的存储与分析都需要更加稳定和高效的工具来实现，电力物联网的数据高度多源异构，在标注分析中存在诸多困难，这都给感知数据的高效利用带来了挑战。如电力系统中输电侧在线监测数据管理散乱割据、集成度不高，数据融合和综合分析应用效益不高，导致输电线路在线监测装置的数据不能真实有效地反映输电线路实际运行状况；对于用户侧计量设备的可靠性评估，需改变长期以来仅侧重于单一设备在某一时刻、单截面（静态状态）、故障后的结果和因果关系的人工研究分析模式，以实现计量设备群体和网络健康状态的在线监测、高效运维和智能评价。

（6）如何统筹规划感知布局，完善顶层统筹机制。电力物联网涉及能源生产及消费的各个环节，仅在电力领域就需要对发电、输电、变电、配电、用电各个环节进行设备的实时状态监测、故障诊断、防护与数据增值服务，这些工作需要通过较高密度的传感节点来实现，对于涉及交叉领域或多个参量融合的传感设备，其高效管理运维更是需要进行统筹规划。如当前各专业、各领域在电力物联网部署的大量传感器存在部署测点冗杂、重复采集现象，各系统自成体系，物联体系缺乏智慧互动性，闲置与紧缺现象并存。对此，需完善顶层统筹机制，对当前感知布局进行业务贯通，对未来建设实现良性生态循环，以轻量化、共用数据为原则，实现跨专业资源开放与共享。

（7）如何解决传感器在能源系统实际运行中所涉及的安全与隐私问题。电力物联网中的传感布点数量庞大且分散，并且由传感器所构成的网络会面临由于自然灾害、外力破坏或人员操作不当等传统因素带来的系统不稳定性，除此之外，还有来自各方面专门针对传感器网络的恶意窃取与攻击。电力物联网的数据窃取及网络攻击具有突发性高、隐蔽性强、目标分散、潜在破坏性大等特点，给传感器的应用带来了极大的数据安全与隐私隐患。如用户侧智能电能表所监测的负荷数据一旦泄露，极有可能让窃取者获取用户用电及生活习惯，各关口通知电能表的数据泄露极有可能引发能源交易细节、负荷量及设备运行状态的泄露，对国家及地区安全产生威胁。因此，电力物联网传感器涉及的安全与隐私问题不容小觑，如何在感知数据获取的便捷性与安全性上实现平衡是需要面临的一大挑战。

综上所述，现有感知技术中传感元件、通信手段、供电方法、数据应用、跨专业共享、安全与隐私等各方面的不足导致感知终端应用成本高居不下、安装数量仍无法满足电网需求、有效感知数据较为匮乏，难以支撑电力物联网感知层的无线互联、信息共享和感知协同。

3 电力物联网感知基础理论

传统的智能电网主要以电气量作为采集参数,在电力物联网中,各环节的参量通过感知技术可以方便地被转化为易于处理和传输的信息量,这类在不同监测场景中可直接被监测到的表征量称之为感知参量。传感器是获取电力物联网各环节信息的主要途径和手段,传统的传感器是实现工业控制中自动检测与自动控制的首要环节。在电力物联网中,传感器被赋予更加多能的含义,不仅具备量测功能,还具备数据分析与传输功能,这一系列功能由其自带的微处理结构实现。本章对感知技术理论进行简要介绍,包括对传感器、感知及智能感知的技术要点及区别的介绍;就电力物联网中涉及的一系列感知参量进行介绍,对感知参量所代表的物理状态进行简要梳理。

3.1 感 知 技 术 基 础

3.1.1 传感器基本原理

3.1.1.1 传感器的概念

根据国家标准 GB 7665—2005《传感器通用术语》规定,传感器(transducer/sensor)是指"能感受被测量并按照一定的规律转换成可用输出信号的器件或装置,通常由敏感元件和转换元件组成"。这表明,传感器是一种能够感知和检测某一形态的信息,并将其转化为易于测量与传输的某种物理量的器件或装置。

通常来说,各种传感器由于其基本原理和应用场景的不同,在结构、组成上各有差异,但总体上传感器的基本组成部分包括敏感元件、转换元件与测量电路及必要的辅助电源。传感器结构组成如图 3-1 所示。

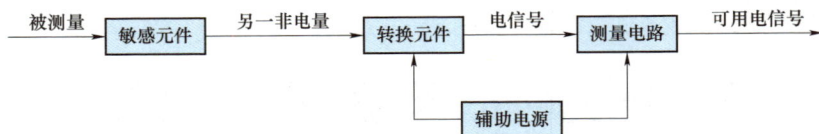

图 3-1 传感器结构组成

敏感元件又称预变换器，是指能够完成被测量预变换的元件。预变换是为了实现被测量的预处理，以便其能较容易实现由非电量到电量的变换。敏感元件能够以较为灵敏的响应速度对所测变量进行感应，并相应地以易于处理的非电信号或电信号的形式传送出去。

转换元件是能够将敏感元件输出的非电量直接转换为电量的器件。例如光敏电阻传感器，其敏感元件为光敏半导体材料，转换元件为置于半导体两端的金属电极，电极将半导体材料对外表现的导电性以电量形式输出，因此可以称之为转换元件。

测量电路是指将转换元件测得的电量转化为便于显示、存储、处理及传输信号的电路。通常传感器转换元件测得的信号较为微弱，且易受到本底及环境噪声的影响，因此需对信号做进一步调整，以得到能够满足测量需求的信号。通常测量电路包括交、直流电流及其他特殊电路。

辅助电源的作用是为转换元件和测量电路提供必要的供电保障。

传感器具有以下基本特征：

（1）传感器仅对特定输入信号敏感，对其他输入信号不敏感或具有屏蔽作用。

（2）传感器的输出信号与输入信号呈现唯一的、稳定的对应关系。

（3）传感器的输出量可实时反映输入量的变化。

3.1.1.2　传感器的分类

（1）依据传感器结构的不同，传感器可以分为结构型传感器、物性型传感器和复合型传感器。这种分类方法基于传感器测量时所依据的物理、化学、生物等不同学科的原理、规律与效应。

结构型传感器基于物理学科的相关定律，其结构的几何尺寸（如厚度、角度、位置等）在被测量作用下会发生变化，获得与被测非电量成比例的电信号。如压力传感器、流量传感器等。

物性型传感器基于物质的某种或某些客观属性构成，其性能取决于构成材料的性能。这种类型传感器的敏感结构为材料本体，敏感性能不取决于传感器的结构变化，且多以半导体为敏感材料，因此一般具有响应速度快、易于集成、小型化的特点。半导体传感器及基于环境变化而产生性能变化的金属、半导体、陶瓷、合金等传感器都属于物性型传感器。

复合型传感器是指将中间转换环节与敏感材料结合而成的传感器。这种传感器不同于物性型传感器能直接将非电量信号转换为电量信号，需要首先将非电量信号转换为能够被敏感元件感应的某一种信号，如应变、光、磁、热、水分或某些气体，再通过相应的物性敏感元件将其转换为电信号输出。因此，复合型传感器不仅具有将待测非电量变换为中间信号的功能，又具有将中间信号转换为电信号的敏感元件或装置。复合型敏感元件的优劣及中间环节设计的好坏决定此类传感器的性能。

（2）依据被测量的性质不同，传感器也可以进行更为直观的分类。如被测量分别为温度、压力、位移、速度、加速度、湿度等，相应的传感器可称为温度传感器、压力传感器、位移传感器、速度传感器、加速度传感器、湿度传感器等。被测量也可以被更为细致地划分为派生被测量，如被测量为角位移的派生量，即旋转角、偏置角、角振动量时，相应的传感器可称为旋转角传感器、偏置角传感器、角振动传感器。依据被测量进行传感器的划分，便于准确表达传感器的用途，也方便人们系统地选择传感器。

（3）依据测量原理的不同，可将传感器按照其工作时最基本的物理效应进行分类。如基于变电阻原理的传感器包括电位器式、应变式传感器；基于变磁阻原理的传感器包括电感式、差动变压器式、电涡流式传感器等；基于半导体理论的传感器包括力敏式、热敏式、光敏式、气敏式传感器。除此之外，传感器可以分为基本电参量传感器（如电阻式、电感式、电容式传感器）、压电式传感器、光电式传感器、热电式传感器、半导体式传感器、波式和辐射式传感器等。这种分类方法基于传感器的基本传感原理，有助于减少传感器的类别数，方便传感器的选择。

（4）依据传感器的能量变换情况，也可将传感器分为有源和无源型传感器。有源传感器主要由能量变换元件构成，能够将非电能量转换为电能量，因此不需要外电源。如压电式、压阻式、热电式、光电式传感器。这类传感器通常又称为能量转换型传感器，即换能器。无源传感器又称为能量控制型传感器，其变换的能量由外部电源供给，因而被测量只对传感器起到控制或调节作用，因此这类传感器必须具备辅助电源。如电阻式、电容式、电感式传感器。无源传感器通常需要电桥或谐振电源等辅助电路实现测量。

除此之外，也可以根据输出信号的类型将传感器分为模拟传感器与数字传感器；根据敏感材料的类型将传感器分为半导体类、陶瓷类、光导纤维类、金属类传感器等。

传感器技术是指传感器的研究、设计、加工、检测与试验应用的技术。由于传感器技术原理多以材料的电、磁、光、声、热、力等功能效应与形态变换原理为基础，因此涉及物理学、化学、生物学、电子学等众多基础学科，同时包括微纳加工、试验量测等基础知识，具有专业密集程度高、边缘学科色彩重的特点。

3.1.1.3　传感器特性表征

传感器的特性主要指传感器的输入与输出之间的关系，如图 3-2 所示，传感器的特性即输入信号 $x(t)$ 与输出信号 $y(t)$ 之间的对应关系。

图 3-2　传感器系统输入与输出的关系

依据传感器输入信号 $x(t)$ 是否随时间变化，传感器的基本特性可表现为静态特性和动态特性。虽然传感器基本特性依据外部输入量的变化而分类，但其特性表征也与传感器本体性能密切相关，传感器的内部参数不同，其基本特性也有所不同，因此，静态特性与动态特性可用来衡量传感器的基本性能。

（1）静态特性。当传感器输入信号是不随时间变化的常量时，其输出与输入的关系特性称为传感器的静态特性。传感器的静态特性一般可用多项式表示

$$y = a_0 + a_1 x + a_2 x^2 + \cdots + a_n x^n \tag{3-1}$$

式中：x 为输入量；y 为输出量；a_0 为零位输出；a_1 为传感器线性灵敏度，通常用 K 或 S 表示；a_2，$\cdots$，a_n 分别为传感器的各非线性项待定系数。

一般来讲，传感器最理想的特性为线性特性，即输入与输出关系满足

$$y = a_0 + a_1 x \tag{3-2}$$

式中：a_0 与 a_1 为常数。这种理想的线性特性可大大简化传感器理论分析与设计计算，为传感器的标定与数据处理提供便利，并且不需要非线性补偿。但是实际使用中传感器大多具有非线性特性，在工程设计中则尽量追求其输入与输出关系近似为线性特性。

传感器的常用静态特性参数如下：

1）测量范围、上下限及量程。传感器的测量范围指传感器所能测量到的最小输入量 $x_{\min}$ 与最大输入量 $x_{\max}$ 之间的范围。其中的最小输入量 $x_{\min}$ 与最大输入量 $x_{\max}$ 则称为测量下限与测量上限。

传感器的量程指测量上限值与下限值的代数差，即 $x_{\max} - x_{\min}$。

如某电流传感器的测量范围为 $-100 \sim +100\text{mA}$（或表示为 $\pm 100\text{mA}$），则其量程为 200mA，测量上限与下限值分别为 $+100\text{mA}$ 和 -100mA。这表明，当输入电流在 $-100 \sim +100\text{mA}$ 范围内变化时，传感器具有相应的线性输出，超出这一范围时，传感器的输出量可能具有相应的变化，但无法保证输出与输入量之间的线性关系。

2）满量程输出值（Y_{FS}）。满量程输出值 Y_{FS}（Full Span）指最大输入量 $x_{\max}$ 与最小输入量 $x_{\min}$ 对应的输出 $y_{\max}$ 与 $y_{\min}$ 之间的代数差，即 $y_{\max} - y_{\min}$。

3）线性度。传感器的线性度 E 是指其输出量与输入量之间的真实关系曲线偏离直线的程度，又称非线性误差，可表示为

$$E = \pm \frac{\Delta_{\max}}{Y_{\text{FS}}} \times 100\% \tag{3-3}$$

式中：$\Delta_{\max}$ 为输出量与输入量真实曲线与拟合直线之间的最大偏差；Y_{FS} 为传感器的满量程输出值。

由式（3-3）可见，传感器的线性度与拟合直线的拟合方法有很大的关系，同样的传感器采用不同的拟合直线可以得到不同的线性度指标。一般以在标称

输出范围中与标定曲线各点偏差平方之和最小的直线作为拟合直线（即最小二乘法拟合），具体应用中可以按实际需求进行拟合，如理论拟合、端点拟合、端点平移拟合等，采用不同的拟合方法得到的拟合直线如图3-3所示。

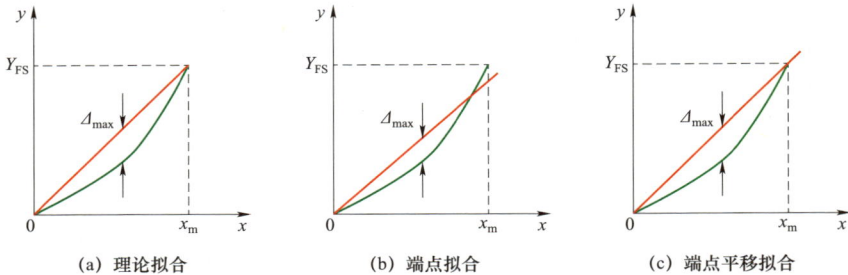

图3-3　采用不同的拟合方法得到的拟合直线

4）灵敏度。传感器的灵敏度是指传感器在稳定状态下，输出增量 Δy 与输入增量 Δx 之比，用 S_n 表示，即

$$S_n = \frac{\Delta y}{\Delta x} \tag{3-4}$$

传感器的灵敏度是一个有量纲的物理量。如某位移传感器的灵敏度为 200mV/mm，即表示当位移变化为 1mm 时，输出电压变化 200mV。对于线性传感器，其灵敏度是线性特定直线段的斜率；对于非线性传感器，其灵敏度是一个随工作点变化的变量，但可以用输出量对输入量的一阶导数形式表示，传感器灵敏度示意图如图3-4所示。

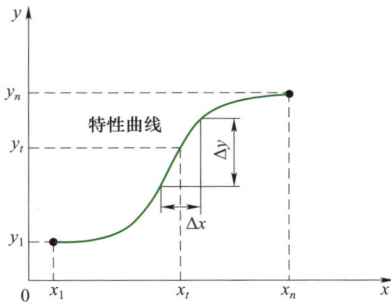

图3-4　传感器灵敏度示意图

一般来讲，希望传感器的灵敏度尽可能高，并且在满量程范围内为恒定值，即保证传感器输入量相同情况下输出信号尽可能大，以便对被测量进行转换与处理。

5）分辨力与分辨率。传感器的分辨力是指输出所能响应和分辨的最小输入量的最小变化量。当输入量连续变化时，输出量只做跳变，则分辨力即指输出量每个跳变值所对应的输入量的大小。

当分辨力以满量程输出的百分数表示时称之为分辨率，即 $\dfrac{\Delta x_{\min}}{Y_{FS}}\times 100\%$。

6）阈值。传感器的阈值是指传感器的输出端产生可测变化量的最小被测输入量值，即零点附近的分辨力。由于有的传感器在零点附近具有漂移现象，会产生严重的非线性特性，因此阈值常反映传感器对本底及外界噪声抗干扰的能力。

7）误差。传感器的绝对误差指传感器的示值与被测真值之间的偏差，即

$$\text{绝对误差}=\text{示值}-\text{被测真值} \tag{3-5}$$

传感器的相对误差是指绝对误差与被测真值之间的比值，即

$$\text{相对误差}=\frac{\text{绝对误差}}{\text{被测真值}}\times 100\% \tag{3-6}$$

使用量程取代被测真值，可以表示为传感器的引用误差，即

$$\text{引用误差}=\frac{\text{绝对误差}}{\text{量程}}\times 100\% \tag{3-7}$$

引起传感器误差的因素有很多，一般需要根据测算需求进行综合考虑。

8）重复性。传感器的重复性是指在同样工作条件下，传感器在同方向连续多次对同一输入值进行测量，得到多个输出值之间的一致程度。各输出值之间的差值越小，表明传感器的重复性越好。传感器重复性示意图如图 3-5 所示，在正向行程中，同一输入值下传感器最大输出值偏差为 $\Delta R_{\max 1}$，反向行程中最大输出值偏差为 $\Delta R_{\max 2}$，则其重复性水平取这两者较大值并记为

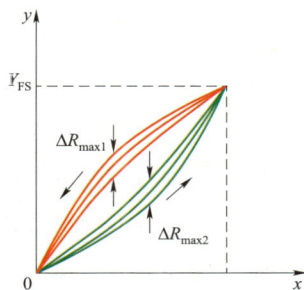

图 3-5　传感器重复性示意图

$\Delta R_{\max}$，再以满量程输出值 Y_{FS} 的百分比表示，即为重复性误差，可表示为

$$\gamma_R=\pm\frac{\Delta R_{\max}}{Y_{FS}}\times 100\% \tag{3-8}$$

传感器的重复性反映了传感仪器的精密程度，但同时也受测量时的多种随机因素影响，因此需要多次测量以综合评估传感器的重复性。

9）迟滞。传感器的迟滞特性是指其在正向行程（即输入量增大）与反向行程（即输入量减小）中特性曲线不相重合的程度。传感器的迟滞特性如图 3-6

所示。传感器的迟滞误差 γ_H 一般以正、反向输出量的最大偏差与满量程输出值之比的百分数表示，即

$$\gamma_H = \pm\frac{1}{2}\frac{\Delta H_{max}}{Y_{FS}} \times 100\% \qquad (3-9)$$

式中：ΔH_{max} 为正反向输出量之间的最大偏差。

传感器的迟滞特性同样反映传感器的精密程度，其材料的物理性质直接决定了迟滞现象的程度。

10）漂移。传感器的漂移是指其在外界干扰下，输出量发生与输入量无关的、不需要的变化。漂移包括零点漂移和灵敏度漂移。传感器漂移如图 3-7 所示。

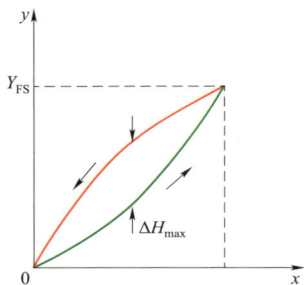

图 3-6　传感器的迟滞特性　　　　图 3-7　传感器漂移

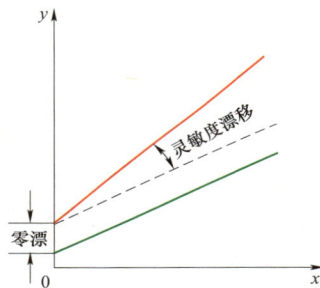

零点漂移或灵敏度漂移又可分为时间漂移和温度漂移。时间漂移指在规定条件下，零点或灵敏度随时间发生的缓慢变化。温度漂移指由环境温度变化引起的零点或灵敏度漂移。

漂移量的大小是衡量传感器稳定性的重要指标。

11）稳定性。传感器的稳定性表示其在较长时间内能够保持其自身参数的能力。传感器在长期使用过程中，其敏感元件及电路部件的物理和化学特性会受环境影响而发生一定的变化，因此传感器的特性参数会随之发生变化，进而影响传感器的稳定性。

传感器的稳定性通常可由传感器示值与标定示值之间的误差来表示，即稳定性误差。

12）精确度（精度）。传感器的精确度是指测量结果的可靠程度，通常用

精度等级来表示，其数值为最大引用误差去掉百分号后的数值与满量程输出值之比，即

$$S = \frac{\Delta}{Y_{FS}} \qquad (3-10)$$

式中：S 为传感器的精度等级；Δ 为测量范围内允许的最大误差；Y_{FS} 为满量程输出值。

按工业规定，传感器的精确度可划分为若干等级，即精度等级，如 0.1、0.2、0.5、1、1.5、2 级等。精度等级的数字越小，传感器的精确度越高。

（2）动态特性。传感器的动态特性是指其对于随时间变化输入量的响应特性。通常要求传感器的输出量随时间变化的曲线与相应输入量随同一时间变化曲线相同或相近，即动态特性良好的传感器能复现被测量随时间变化的规律。

动态特性反映传感器对动态输入的响应情况，因此与输入信号的变化形式密切相关，针对传感器动态特性的研究可以根据输入信号的变化规律来考察。最常用的输入信号是阶跃信号与正弦信号。

传感器的特性研究旨在使传感器能尽可能准确、真实地反映被测量，同时对传感器的测量性能做客观评价，为实际需要选择适当的传感器提供依据。

3.1.2 智能感知技术

不同于上文提到的传感器技术，传感技术是指能够感知和检测某一形态的信息，并将之转换为另一形态信息的技术，它包括传感器技术。从本质上来讲，传感技术是一种量测手段，利用信号与信号之间明确的对应关系，以一定精度进行信号的传输、转换及处理，从而满足系统信息传输、存储、显示、记录及控制等要求。

传感技术中的输入信号，即"规定的测量量"，一般指非电量信号，如各种物理量、化学量与生物量等；"输出信号"一般指电量信号，如电流、电压等。传感器是传感技术的载体，是能够实现传感技术核心功能的元器件与装置，主要由敏感元件与转换元件构成，通过敏感元件直接响应待测信号，并通过转换元件输出便于测量传输的信号。

随着半导体集成技术、信息处理技术、通信技术及新材料技术的迅速发展，传感技术也向智能化方向发展。传感技术发展示意图如图 3-8 所示。不同于图 3-8（a）所示的传统传感技术，图 3-8（b）所示的智能传感技术，其智能传感终端的显著特征是带有微处理器，具有采集、处理、交换信息的能力，是传感器与微处理器相结合的产物。相比于普通传感器，智能传感终端通过软硬件结合技术，可以对采集得到的信息进行编程处理，成本较低且功能多样。相比于传统传感技术，智能传感技术不仅能采集数据，还具有数据处理与自动诊断功能，同时具有一定的决策能力。智能传感技术与传统传感技术最主要的区别在于其自带的微处理结构，用于数据处理、模/数转换和信息交互，同时还具有决定数据弃存的能力，并可以通过自主控制唤醒时间来达到最优功耗。

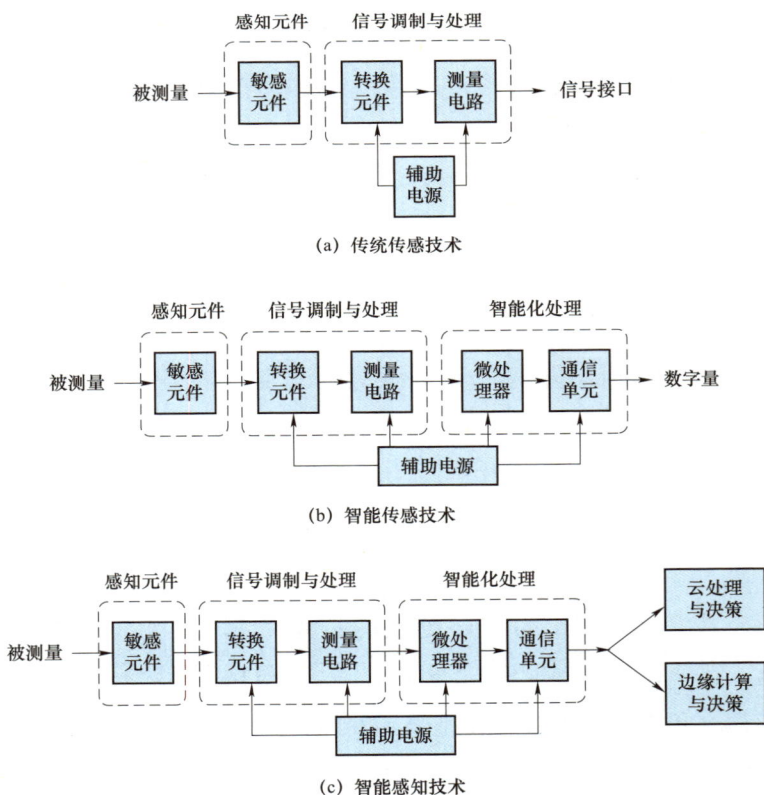

(a) 传统传感技术

(b) 智能传感技术

(c) 智能感知技术

图 3-8 传感技术发展示意图

智能感知技术在智能传感技术基础上，可搭载不同量级的边缘计算能力与云计算能力，通过基于软硬件的终端侧边缘计算技术与基于云端的大数据融合分析技术，实现自我诊断、自我识别与自适应决策功能，智能感知技术如图 3-8（c）所示。应用于电力物联网的智能感知技术需充分考虑能源系统"点多面广、业务庞杂"的特点，针对性地对能源领域各个环节进行部署，实时监测系统相关设备运行状态，为系统日常运维、检修等工作提供有效数据支撑，从而保障电力物联网系统安全稳定运行。

3.2 感 知 参 量 分 类

电力物联网按照全面感知的要求，将必要感知参量划分为电气量、状态量、物理量、环境量、空间量、行为量、组分量等，电力物联网感知参量分类及其应用如图 3-9 所示。各类感知参量监测的具体内容如下。

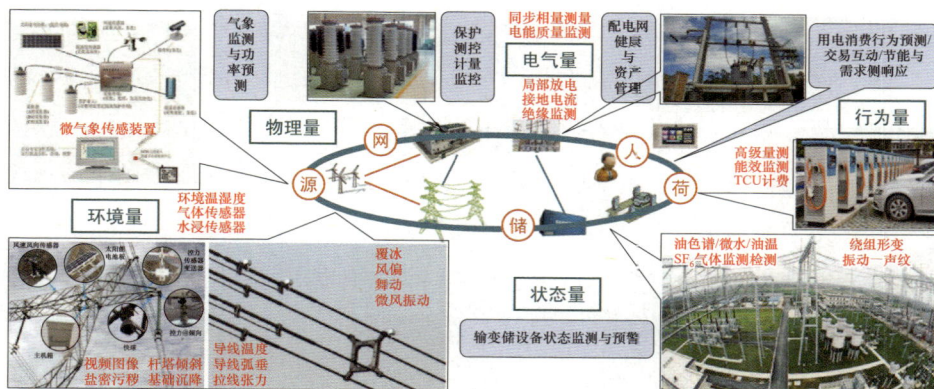

图 3-9 电力物联网感知参量分类及应用

（1）电气量。电气量监测包括对设备本体及辅助系统不同幅值与频率的电流量、电压量、电场量、磁场量、功率量、绝缘电阻量等参量的监测，对电气量的监测是覆盖面最广、监测范围最全面、智能终端种类最多的智能感知业务之一。通过对电气量的监测，可以实时监测各类带电设备正常运行状态或对故障进行定位。

（2）状态量。状态量监测包括对各种装置的正常与非正常状态进行监测来实现参量获取，如针对断路器的合闸状态、风机叶片位置、输电线路的覆冰与舞动等不正常状态的监测。通过对状态量的监测，可以实时感知各种状态指示标识，实现对设备正常运行的实时反馈与非正常状态的预警。

（3）物理量。物理量监测包括对各应用环节设备本体的温度、振动、位移、转速、倾斜、倾角、压力、特殊气体等参量的监测。全面监测设备部件及附件运行情况、老化程度，不仅可为智能运营提供参考，还能提供故障预警信号，精确定位故障区域及故障元件，提高各环节设备使用效率。

（4）环境量。环境量监测包括对设备所在周边环境的风速、温度、湿度、气压、水位、烟雾、辐照度等参量的监测。由于设备的正常运行不可避免会受到周边环境的影响，因此通过布置环境量感知终端，不仅可以监测影响设备运行的环境因素，还可以为环境气象参量为感知量的设备提供监测数据。

（5）空间量。空间量监测包括对气象卫星数据、台风、北斗定位、北斗授时的监测等。通过布置空间量采集终端，可以对区域气象信息、地理位置与标准时间等重要基础信息进行支撑，全面支撑广域互联系统的数字化建设。

（6）行为量。行为量监测主要针对各类用电行为进行监测，如工商业及居民用户能效监测、随器计量、智能家电互联等。基于广泛部署的监测点对用电行为进行分析，通过 App 推送节能建议和用电套餐，基于客户侧用能大数据提供多元化增值服务。

（7）组分量。组分量监测主要针对液体、气体等混合物中的某个或某些成分进行监测，并为上级研判单元提供可靠分析数据，如单组分气体传感器、多组分气体监测、油中微水传感器、烟雾传感器等。

电网各环节应用感知终端列表如表 3-1 所示。

表 3-1 　　　　　　　　　　电网各环节应用感知终端列表

分类	发电领域	输电领域	变电领域	配电领域	用电领域
电气量	转子匝间短路监测传感器 相电流互感器 相电压互感器 局部放电传感器 功率变送器	接地电阻监测装置 导线电流传感器 线路分布式故障监测装置	同步相量测量装置 变压器局部放电传感器 变压器铁心接地电流传感器	配电变压器 电流互感器 配电变压器 电压互感器 配电网故障指示器	智能电能表 非介入式负荷识别模块 能效监测终端 随器计量终端/模组

分类	发电领域	输电领域	变电领域	配电领域	用电领域
电气量	轴电压监测传感器 轴电流监测传感器	电力电缆局部放电传感器 电力电缆护层接地环流传感器 电力电缆分布式故障定位装置	断路器局部放电传感器 断路器分合闸线圈电流传感器 避雷器泄漏电流传感器 电容型设备末屏电流传感器 电容型设备电压传感器 开关柜局部放电传感器 开关柜暂态地电压监测装置	开关柜局部放电传感器 配电网低压监控单元 电能质量监测装置	智能微型断路器 智能插座 充电桩电流监测传感器
环境量	风速风向传感器 环境温湿度传感器 环境气压传感器 太阳光辐照辐射传感器	微气象监测装置 输电线路雷电监测装置 防山火红外监测装置 电力电缆通道水位监测装置 电力电缆通道温湿度监测装置 电力电缆通道气体监测装置 电力电缆通道火灾监测装置 电力电缆通道沉降监测装置	变电站微气象监测装置 环境温湿度传感器 水浸传感器 水位传感器 烟雾传感器	集水井水位传感器 地面水浸传感器 配电房烟雾传感器 配电房温湿度传感器 箱式变电站隔室温湿度传感器 开关柜冷凝湿度传感器	$PM2.5$ 传感器 CO_2 传感器 CO 传感器 光敏传感器 温度传感器 湿度传感器 辐照度传感器
物理量	定子本体各部件温度传感器 集电环温度传感器 定子绕组端部振动传感器 转子振动传感器 转子转速传感器 发电机及齿轮箱振动传感器 绝缘过热传感器 风机塔筒位移/倾斜传感器 风机塔筒压力传感器 风机叶片应变传感器 风机发电机转速编码器 光伏板倾角传感器 腐蚀监测传感器 液压传感器	杆塔倾斜监测装置 杆塔地脚螺栓监测传感器 导线温度监测装置 金具温度传感器 北斗位移/形变监测装置 拉线张力传感器 电力电缆通道光纤振动监测装置 电力电缆通道机械振动监测装置 电力电缆分布式光纤测温传感器 电力电缆接头测温传感器 电力电缆接头内置测温传感器 电力电缆通道外破监测装置 电力电缆通道安防监测装置	断路器 SF_6 气体监测装置 SF_6 气体密度/压力传感器 SF_6 气体湿度/温度传感器 变压器桩头温度传感器 变压器油压/油位/油温传感器变压器油中微水传感装置 变电设备红外温度成像装置 变电设备振动—声纹传感器 电容器形变传感器 伸缩节长度传感器 开关柜触头温度传感器	配电变压器桩头温度传感器 配电变压器油压/油位/油温传感器 配电变压器氢气传感器 开关柜/母线槽温升传感器 JP 柜温湿度传感器	流量传感器 用水计量装置 用气计量装置 用热计量装置 计量箱温湿度传感器

续表

分类	发电领域	输电领域	变电领域	配电领域	用电领域
状态量	合闸监测保护装置 风机叶片扭转传感器 风机叶片位置编码器	架空线路覆冰监测装置 架空线路弧垂监测装置 架空线路风偏监测装置 绝缘子污秽度监测装置 绝缘子泄漏电流监测装置 架空线路舞动监测装置 架空线路微风振动监测装置 电力电缆介质损耗监测装置 电力电缆油压监测装置	变压器油色谱监测装置 变压器绕组变形传感器 变压器绕组光纤测温传感器 变压器套管介质损耗/绝缘监测 断路器机械操动故障传感器 开关位置状态传感器 多光谱设备缺陷识别装置	配电变压器振动传感器 配电变压器噪声传感器 资产标识与定位标签	电能表 RFID 电子标签 电能表智能铅封
其他	可见光摄像头 红外热成像仪 电子操作票 气象卫星（数据）	输电通道图像监拍装置 输电通道视频监控装置 动态增容监测装置 线路广域气象/台风监测 对地图像遥感 输电线路北斗定位终端	变电站图像视频监控装置 电子操作票 变电站北斗同步/授时终端	配电房视频监控装置 门磁传感器/智能门锁 电缆井盖防盗传感器 配电网北斗授时终端	计量箱磁场传感器 计量箱振动压力传感器 计量箱微型摄像头 计量箱红外传感器 计量箱智能门锁 人体红外传感器

4 电力物联网智能感知关键技术

智能传感器是智能感知的主要媒介和实质体现。智能传感器通常包括感知单元、计算单元、网络单元三部分，具有采集、处理、交换信息的能力，是传感器与微处理器相结合的产物。当前的传感器发展趋势呈现高科技化、网络化、智能化、微型化、低功耗等特点，大量新机理、新材料、新工艺获得应用。整体上电力物联网感知技术呈现出以下发展趋势：① 多学科交叉与融合不断深入。② 传感器种类更加多样、结构更加复杂。③ 数据价值更加凸显。

智能传感器的开发已经融合这些特征，在设计与制造时，需要结合材料、机械、电子、物理、化学等专业的知识；传感器的供电、数据传输需要电工、机电、通信等方面知识，通过无线传感器网络实现数据的汇总和传输；要实现设备与系统的监测需要电、磁等电气量，还有温度、湿度、压强、机械应力应变、位移、速度、加速度、土壤成分、噪声水平等非电气量的感知；在应用层面的部署需要热能、水利、环境、电工等行业知识，以及专业化的信息技术、数据科学的成果。当这些知识融合在一起时，传感器网络各个层次之间的构造与联系便初具雏形，呈现出智能感知的效果。智能感知核心技术框架如图 4-1

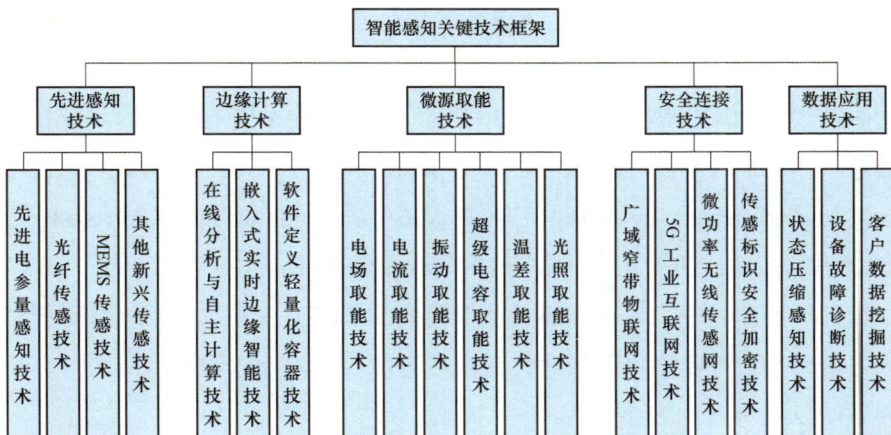

图 4-1 智能感知核心技术框架

所示，包括先进感知技术、边缘计算技术、微源取能技术、安全连接技术、数据应用技术等。

4.1 先进传感技术

与传统电网相比，电力物联网在电源构成、负荷类型、信息传输等各个方面均呈现出显著的多样性，为实现电力物联网，除了构建灵活、稳定、安全的基础网络，还需要实现各种参量的实时测量反馈与动态调整。同时，随着大量分布式能源和电力电子器件的引入，未来电网的关键特性将发生深刻变化，需要通过传感量测新机理、新技术提供全景信息支撑，以实现电网在复杂网络互联条件下的稳定运行。

本书着眼面向电力系统监测，服务电力物联网乃至未来电力物联网的新兴电力传感技术和装置，将主要介绍新型电学传感技术、光纤传感技术、微机电传感技术等新兴传感技术。

4.1.1 新型电学传感技术

4.1.1.1 磁阻电流/磁场传感技术

1. 技术原理

磁阻（magneto resistance，MR）效应是指导体或半导体在磁场作用下其电阻值发生变化的现象。磁阻电流传感技术是利用磁阻效应，通过测量电流产生的磁场大小来间接测量电流的一项技术。磁阻感应单元有不同的实现技术和构造形式，包括各向异性磁阻（anisotropic magneto resistance，AMR）、巨磁阻（giant magneto resistance，GMR）和隧道磁阻（tunneling magneto resistance，TMR）等，几种磁阻效应基本原理如图 4-2 所示。

在磁场的作用下，具有磁阻效应单元的阻值将发生变化。通过将磁阻单元形成电桥结构，可以将电阻值变化转换成电压信号输出，输出电压即可以反映待测磁场以及电流的大小。

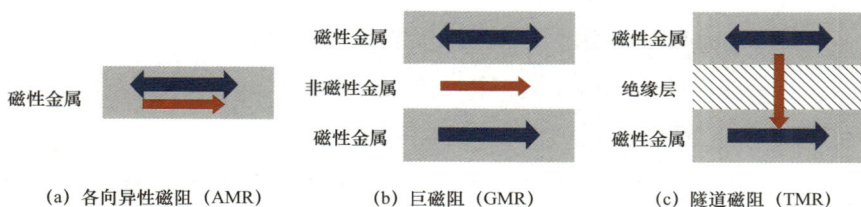

磁性金属	磁性金属	磁性金属
非磁性金属	绝缘层
磁性金属	磁性金属

(a) 各向异性磁阻（AMR）　　　(b) 巨磁阻（GMR）　　　(c) 隧道磁阻（TMR）

磁化方向　　　　　　电流方向

图 4-2　几种磁阻效应基本原理

　　由于采用测量磁场的方式来间接测量电流大小，在实际应用过程中，对电流导线的位置、电流导线的角度、周围环境的干扰磁场等影响因素都特别敏感，因此常采用磁阻芯片加开口磁环的方式来探测电流，以增加器件的准确性，加磁环后，磁阻电流传感器分为开环电流传感器和闭环电流传感器。图 4-3（a）为开环电流传感器的示意图，电流产生的磁场经磁环的汇聚作用反馈至气隙处的磁阻芯片，磁阻芯片将磁场变化直接转换为电压信号输出，在磁阻芯片的线性范围内，输出信号电压的大小和电流的大小成正比，由电压信号即可得到待测电流的大小。图 4-3（b）为闭环电流传感器的示意图，在开环电流传感器的基础上，将芯片产生的一次信号，经过运算放大器引入反馈线圈，在反馈线圈中形成反馈电流，反馈电流在磁环的气隙中形成与初始电流产生磁场相抵消的反馈磁场，使磁阻芯片工作在接近零磁通的状态，此时闭环电流传感器达到平

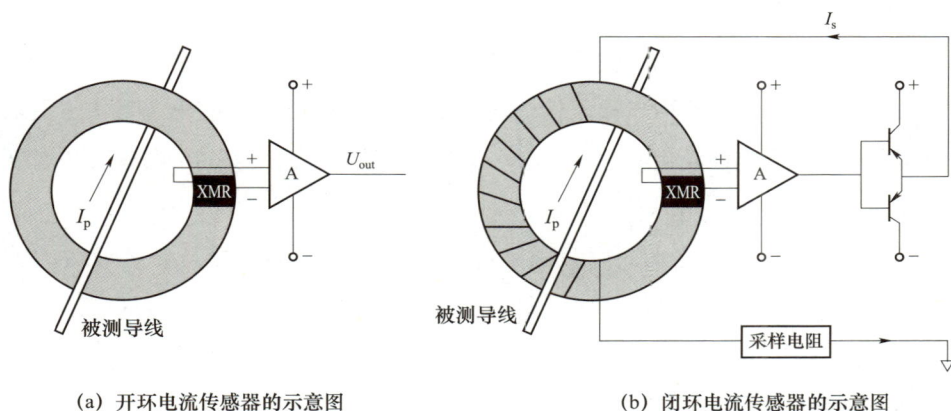

(a) 开环电流传感器的示意图　　　　　(b) 闭环电流传感器的示意图

图 4-3　开环电流传感器和闭环电流传感器示意图

衡状态，反馈电流与待测电流比值为反馈线圈的匝数，测试与反馈电流串联的采样电阻两端的电压大小即可测得待测电流大小。

2. 研究现状

针对电网中测量电流的不同应用需求，目前在磁阻材料、磁阻芯片设计、磁环形状、材料设计、信号处理电路等方面均有科研团队进行相关研究。AMR技术率先被瑞普卡（Ripka P）等人应用到大直流测量方法中，解决了霍尔（Hall）传感器等传统磁传感的敏感度不高而无法检测较小电流的问题。磁阻材料和磁芯片设计方面，中国科学院物理研究所的韩秀峰团队通过双钉扎结构、永磁偏置技术以及特殊的形状优化设计方法来提高线性度和灵敏度。北京智芯微电子科技有限公司通过设计不同磁环的形状和气隙大小等，调节 TMR电流传感器的饱和磁化场，提高传感器抗干扰等性能。清华大学的何金良团队通过选用铁氧体磁芯等材料，满足高频的电流探测需求。南方电网科学研究院的李鹏等人对 TMR 电流传感器的主要技术路线进行了深入研究，重点提出和推导了便于非侵入式测量及微型化设计的粘贴型电流测量原理，对比分析了不同技术路线的优缺点和适用范围。

3. 研究热点

（1）抗电磁干扰技术。由于磁阻传感器主要通过测试磁场来反映电流的大小，输入和输出均为电学信号，无法直接区分环境磁场的来源，因此抗环境磁场干扰问题是磁阻传感器面临的一大难点，通常采用屏蔽、绝缘和滤波等多种技术手段来降低干扰磁场的影响。

（2）温度稳定性技术。由于磁阻传感器是以铁磁性材料为基础的技术，铁磁性材料随温度、湿度等气候条件的变化对磁阻传感器的性能影响较大。磁阻传感器的温度稳定性还有待进一步提高，需要采取温度补偿的方式降低其温度系数。

（3）芯片一致性技术。由于磁阻芯片制作工艺的限制以及杂散参数的存在，容易造成全桥结构正、负电流信号的输出不对称，需要各阻臂尽可能一致来降低芯片的零点，而由于其工艺限制，实际制作的磁阻芯片很难具有一致的零点，需要进一步提高磁阻芯片的一致性。

（4）提高线性范围和灵敏度技术。由于线性范围和灵敏度存在着矛盾，即二者不可能同时很高，需要研究新的材料体系和电桥结构来满足电力系统的多量程测量要求。

（5）磁阻芯片与电流导线的相对位置校准技术。由于是基于磁场测量的原理，磁阻芯片的测量结果与其和电流导线的相对位置密切相关。在实际应用中，如何固定传感器的位置并消除位置偏移对测量结果的影响，是一个值得关注的问题。

（6）自供电模块一体化设计技术。由于磁阻芯片是有源器件，需要额外的电源来供电，不利于其长期对电网各电流进行动态监测，将其和取能模块作为整体设计为自供电传感模块，可有效解决这一问题。

4. 典型应用

（1）交直流电流监测。相对于电流互感器、罗氏线圈等传统电流监测设备，磁阻电流传感器的一大优势在于可以进行直流电流监测，在直流配电网中具有广阔的应用前景。在交流电配用电侧，磁阻电流传感器可用于监测功率的电参量采集终端、随器量测终端等监测设备中。采用 TMR 等精度较高的传感器替代目前使用的电磁式互感器，将大大提高功率监测的灵敏度。

（2）输电线路、变电站及换流站的电流监测。输电线路、变电站和换流站的电流监测对象主要包括正常直流、工频工作电流、谐波电流、工频过电流、短路电流、操作冲击电流和雷电冲击电流等。正常工作电流的幅值通常在几千安，各类过电流的幅值更大，通常在几十千安甚至上百千安，且持续时间很短，需要使用量程和响应速度均能满足要求的传感器进行量测。各种电流的大小、频率不同，为记录电路的暂态变化，需要传感器具有量程广、频带宽的特点。MR 传感器具有丰富的材料和器件设计体系，在量程和响应速度上均能满足各种暂态电流传感的需求。

（3）绝缘在线监测。绝缘在线监测的对象主要包括输电线路和变电站内的避雷器、绝缘子的泄漏电流，通过监测这些电气量来表征限制故障电流和防御过电压的电器性能。在正常工作条件下，氧化锌避雷器总泄漏电流只有几百微安到几毫安；在湿度较低及污秽程度较轻的情况下，绝缘子泄漏电流幅值较小，一般不超过 1mA。而在线路过电压状态下，泄漏电流变化较为激烈，其幅值将超过 10mA，绝缘子泄漏电流的报警值大约为几十毫安到几百毫安。此类电流的特性是幅值很小，且一直存在。

4.1.1.2　光学电场传感技术

1. 技术原理

光学电场传感器的传感机理一般是依据某些介质材料在外加电场下表现出的若干物理特性，如泡克尔斯（Pockels）效应、克尔（Kerr）效应和逆压电效应等，实现对电场或电压的测量。通常国内外研究的光学电场传感器可分为基于 Pockels 效应的光学电场传感器、基于 Kerr 效应的光学电场传感器、基于逆压电效应的光学电场传感器、集成光波导型电场传感器、光电式球形电场传感器。光学电场/电压传感器原理如图 4-4 所示。图中 f 和 s 分别表示 1/4 波片光轴的两个垂直方向，E 表示外加电场。

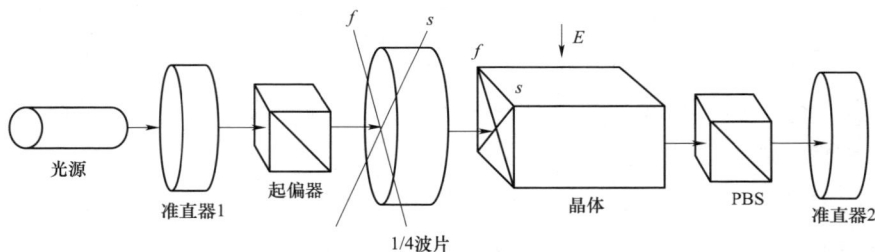

图 4-4　光学电场/电压传感器原理图

（1）基于 Pockels 效应的光学电场传感器。Pockels 效应指的是材料的折射率变化与外加电场强度变化成正比的一种自然现象，主要发生在石英等晶体材料中，也称为线性电光效应。当一束线偏振光沿通光方向进入置于外加电场中的晶体材料时，由 Pockels 效应引起的出射光线间的相位延迟量 δ 与所加电场强度 E 之间呈线性关系。基于 Pockels 效应的光学电场传感器根据电光晶体通光方向与外加电场方向之间垂直或平行的关系，可以分为横向调制和纵向调制两种结构。

横向调制结构光学电场传感器的晶体通光方向与外加电场方向垂直，横向调制结构中半波电压与晶体光学性质及尺寸相关，增大晶体沿通光方向的长度或减小晶体沿电场方向的厚度均可降低半波电压，从而提高灵敏度。纵向调制结构光学电场传感器的晶体通光方向与外加电场方向相同，用纵向调制结构光学电场传感器测量电场时，传感器的测量精度会受环境温度及外界电场等因素的影响；测量电压时，由于晶体两端所加电压是电场沿任一路径的积分，故可实现对电压的直接测量，其结果不受温度、外界电场的影响。

（2）基于 Kerr 效应的光学电场传感器。Kerr 效应是指在外加电场作用下，某些介质材料的折射率变化与所加电场强度的平方成正比的现象，也称为二次电光效应。发生 Kerr 效应时，介质折射率变化量与外加电场强度间存在平方关系。所有介质都可能存在 Kerr 效应，因此可利用 Kerr 效应实现液体电介质中电场的传感，但基于 Kerr 效应的传感器灵敏度低且信号不易解调。

（3）基于逆压电效应的光学电场传感器。逆压电效应是指在外加电场作用下，压电晶体发生形变的现象。将逆压电效应引起的形变调制为光信号，再通过检测光信号来实现电场或电压的测量。传统的基于逆压电效应的光学电场传感器为 M−Z 干涉仪，结构简单，受到环境干扰时信号臂和参考臂容易出现不同步，并且可测量的电场范围较小，一般为 20～25kV。目前基于逆压电效应的传感器主要有基于椭圆芯保偏光纤模间干涉技术和基于光纤布拉格光栅测量技术。基于逆压电效应的光学电场传感器结构简单，除石英晶体外，不需要准直透镜、起检偏器及波片等分立光学元件，降低了温度、振动等环境扰动对测量结果的干扰，提高了传感器的稳定性。但该结构的传感器模间干涉方案及信号检测算法的设计和实现较为困难。

（4）集成光波导型光学电场传感器。集成光波导型光学电场传感器是一种利用平面光无源调制器件的 Pockels 效应光学传感器，主要由天线、金属电极及光波导等组成。当传感器被置于待测电场中时，天线会被激发出感应电荷并在集成光波导两侧的金属电极间产生感应电场。在感应电场的作用下，通过光波导的光信号会因为晶体 Pockels 效应而发生相位变化。此时，通过测量光信号的相位变化量就能测算出传感器周围电场强度。光波导结构主要有 M−Z 干涉仪和 Y 分支两种，其中 M−Z 电场传感器研究最为成熟。集成光波导型光学电场传感器具有无分立光学器件不需光学准直，可靠性好、频带宽、灵敏度高等优点，但应用范围有限，在高电场测量方面尚不成熟。

（5）光电式球形电场传感器。光电式球形电场传感器基于电荷感应原理和光纤传输技术，先利用球形金属探头感应电荷或电压信号，再将该电信号经运算电路放大后转换为光信号，最后通过光纤传输到信号接收与处理单元，从而实现对电场的绝缘测量。光电式球形电场传感器结构简单，易于制备，其采用光信号作为感知信息传输介质，有效解决了高压绝缘问题及电磁干扰问题，可被用于工频及瞬态电场的测量。值得注意的是，由于光电式球形电场传感器采用了球形金属探头，不可避免地会使待测电场产生畸变，影响测量精度。

上述光学电场传感器主要利用的是 Pockels 效应和逆压电效应，相关理论和实现方案较为成熟。

2. 研究现状

近年来，光学电场传感器得到了飞速发展，它具有体积小、动态范围大、无需能源、绝缘性好、抗干扰能力强等突出优点，同时适用于交直流电场测量，具有广阔的应用前景，国内外诸多学者和研究团队取得了重要的研究成果。安德鲁·米切（Andrew Michie）等人通过热极化在石英光纤中产生了微小的残余线性电光效应，提出了一种利用热极化石英纤维传感的光学电场传感器，利用极化石英中线性电光效应的偏振依赖性，用低相干干涉仪测量横向施加在光纤上的电场，该装置直接利用光纤传感减少了菲涅耳损耗，降低了耦合损耗。维尔德慕斯（S.Wildermuth）等人通过对晶体稳定生长参数的分析和优化，用微下拉法生长长单晶锗酸铋晶体（$Bi_4Ge_3O_{12}$，BGO）光纤替代块状晶体，制备了长达 850mm，直径几百微米至几毫米不等的 BGO 纤维。重庆大学和中国南方电网云南电网有限责任公司联合开发的 500kV 线路光学过电压传感器就是利用电容分压器将高电压转为较低电压加载到电光晶体上，扩大了电光晶体的测量范围，提高了传感器的温度稳定性，并利用傅里叶变换构造无关向量组实现三相输电线路的电场解耦，线性区相对偏差小于 2%。华中科技大学研发的 110kV 光纤电压互感器将高电压直接加到 BGO 晶体上，采用硅橡胶复合绝缘瓷套作高压绝缘支撑，内充 SF_6 绝缘气体，测量相对误差在 0.2%以内，运行稳定性在 0.3%以内。

3. 研究热点

经过多年的发展，光学电场传感器在理论研究方面取得了较大的进展，但与传统测量方式相比，其在测量精度及稳定性上仍存在一定差距，因而未能得到大规模推广应用。主要待攻关研发方向如下：

（1）晶体材料选择。选择合适结构的晶体，可以改善工频电压测量的线性度，提高暂态电压分辨率，进而提高传感器测量精度。目前，光学电场传感器应用最多的晶体材料是 BGO，主要因其具有无自然双折射、无热释电性、无旋光性等有利于电场感知的优良性能。另外，铌酸锂和硅酸铋等电光晶体也较为常用。

（2）传感器结构设计。传感器结构的优化一直是光学电场传感器研究的热点。优秀的结构设计，可扩大传感器测量范围并提高灵敏度、温度稳定性和线性度。

（3）稳定性分析。光学电场传感系统由光源、起检偏器、波片、电光晶体、光电探测器等一系列光学器件组成，当外界环境温度在较大范围内变动时，各器件的性能均会受到影响：如温度变化会直接导致部分光学元件的折射率出现波动；再如不同的光学材料具有不同的热膨胀系数，当温度在较大范围内变化时，各元件的膨胀或收缩变形不一致，可能导致晶体因应力而产生附加双折射，或使某些元件位置发生偏移而引起输出光功率波动，最终影响传感器稳定性。此外信号处理电路存在的温漂问题也会影响传感器输出精度。综上所述，影响光学电场传感系统的因素较为多样，故稳定性分析对光学电场传感器的实用化研究具有重要意义。

（4）测量方法研究。光学电场传感器中因 Pockels 效应引起的电光晶体相位延迟量非常小，难以直接进行测量，通常应用偏光干涉原理将对相位延迟量的测量转换为对输出光强的测量，然而此测量模式存在一些先天问题，例如较为严重的温漂、测量范围受晶体半波电压限制和灵敏度不足等问题，难以直接满足电力系统的实用要求。因此，需要在测量应用方案上寻求进一步的突破。

（5）信号处理方法改进。光学电场传感器在测量电场时需使用光电探测器将输入的光信号转换为电信号输出，此过程会产生大量的随机噪声，导致测量的电信号中包含直流、交流及随机噪声。因此，一般先用卡尔曼滤波算法滤除噪声，再通过交直流相除法进行调制。然而，光学电场传感器测量信号比较小，容易淹没在噪声中，且其本质是开环系统，容易受温度等外界因素的干扰，因此需要研究新的信号处理方法。

（6）直流电场及超低频电场测量问题。从理论上分析，光学电场传感器可用于测量直流电场或超低频电场，但实际测量时会存在下列问题：传感晶体会在电场作用下进行充电而产生附加电场，导致晶体内部的感应电场实质为待测电场及附加电场的叠加，最终使传感器测量结果出现较大误差。此外在测量直流电场时，由于光学电场传感器的输出量是一个与光源光强成正比的直流量，很难与输入光强信号进行区分，并且光源功率的波动及光电探测器性能的变化均会影响光学电场传感器的输出电压。综上所述，在测量直流时，光学电场传感器可能出现测量精度低及长期运行不稳定等情况。目前关于直流电场及超低频电场测量方面的研究很少。

4. 典型应用

（1）高压电场测量。随着高压交、直流输电工程的开展，高压交、直流输电带来的电磁环境污染问题也越来越受到人们的关注，实时监测输电线路、变压器、换流站等周围的电场，不仅能够了解各电力设备的运行情况，还可以对周围电磁环境进行评估。对避雷器阀片和绝缘子串附近的电场进行测量，根据避雷器阀片和绝缘子串附近的电场分布了解避雷器阀片和绝缘子串的运行状态，可防止因污秽等原因造成绝缘特性下降，引发电力事故。

（2）瞬态电场测量。变电站的隔离开关和断路器动作时会产生瞬态电场，对测量的数据进行分析，获得关于断路器和隔离开关操作产生瞬态电场的一些重要特征，对变电站电磁干扰分析和保护与控制设备抗扰度研究具有重要的理论意义和实用价值。

（3）超高压直流输电电磁环境测量。指导超高压直流输电设计，保障超高压直流输电的安全运行。在电磁兼容的领域中，超高压、高压输电线路及变压器等产生的电磁辐射较为严重。通过测量电磁环境的电场分布可以评估电磁辐射是否超过国家标准规定，是否可能会对人类生活环境带来影响。此外，在空间技术研究中，对空间电场的探测也需要电场传感器。

4.1.1.3　MEMS 电场传感技术

1. 技术原理

微电子机械系统（micro-electro-mechanical systems，MEMS）技术的发展使得越来越多的传感器微型化成为可能，微型传感器具有传统传感器所无法比拟的性能和特点。微型传感器体积小，其特征尺寸在微米级甚至更小，在一些空间有限的应用背景下，微型传感器的特点尤为明显，同时，微型传感器具有价格低廉、易于批量生产、易于集成、低功耗等优点。

基于 MEMS 技术的微型电场传感器主要是以高斯定理作为理论基础，进行电场测量的。在静电场环境中，与周围绝缘的导体虽然发生了正负电荷的重新分布，但整个导体仍然呈现电中性。如果此时将导体接地，那么和外界电场极性相同的电荷将通过导线与大地上的电荷中和，形成感应电流。在这个过程中，导体将从电中性经历感应态，最终变为带电导体。由于正负电荷的总量相等，所以感应电流输送的总电荷量等于最终留在导体上的总电荷量。静电场或低频电场难以测量，其本质问题在于该类电场无法提供持续的能量或者提供的能量太小，如果不采取任何措施，是无法对静电场进行检测的。因为在无外力作用的情况下，电荷的重新分布过程很快就结束，这个过程由于速度过快，根本无法被电路捕获和处理。在静电场环境下，如果通过某种方式，使得感应导体表面的电场发生较快速的周期性变化，那么感应电极上的感应电荷总量将会发生周期性的改变，将直流或者工频信号调制成高频信号。

共面场磨式微型电场传感器是一种典型的 MEMS 传感器，在技术原理上类似于旋转伏特计，传感器采用压电陶瓷制作驱动结构，在驱动结构上施加驱动电压，使得感应电极和屏蔽电极的相对位置随时间发生变化，感应电极和屏蔽电极有交错状态的梳齿，当屏蔽电极表面下凹于感应电极的表面时，感应电极表面感应电荷较少，根据输出感应电流的大小就可以测量出原始电场强度。采用该结构的传感器需要施加合适的交流电压带动压电片振动。此外，外加电场作用于逆压电材料上导致材料发生的形变，也可以与压阻模块、电容模块耦合到一起，采用 MEMS 工艺制作成芯片化的电场传感器。

2. 研究现状

国外的波士顿大学、加州大学伯克利分校、亚德诺半导体公司、曼尼托巴大学、剑桥大学、日本先进工业研究院、维也纳大学等多个单位先后开展了 MEMS 电场传感器的研究工作，设计出了多种 MEMS 电场传感器敏感结构，取得了重要的成果。加州大学伯克利分校的帕特里克斯坦利博士首次提出制作高深宽比的感应电极，并且利用感应电极侧壁进行外界电场感应，将多种形式的电场传感器与跨阻放大器、信号处理电路集成，并以亚诺德半导体

（Analog Devices，ADI）公司的 ModMEMS 工艺为基础，成功设计制造出一款单芯片系统（system on a chip，SOC）芯片。麻省理工学院的提姆·德尼森（Tim Denison）等人以 ADI 公司 iMEMS3 工艺为基础，设计并制造了一种基于静电驱动的水平振动垂直电场传感器 SOC，集成了静电驱动结构的布置、跨阻放大器，实现了 MEMS 芯片的 SOC 以及自谐振控制方法的设计。

国内开展 MEMS 电场传感器研究的单位包括中国科学院电子学研究所（简称中科院电子所）、东南大学、清华大学等。中国科学院电子学研究所传感技术国家重点实验室从 2001 年开始在国内率先开展 MEMS 电场传感器研究，研制出多种具有自主知识产权的微型电场传感器敏感芯片，分辨力等关键性能指标达到国际先进或领先水平，并在国际上首次实现了微型电场传感器的实际应用，产品已应用于电网、航天、国防和气象等多个领域。所研发的工频电场传感器样机分辨率可达 10V/m，达到国际领先水平。图 4-5 为中科院电子所

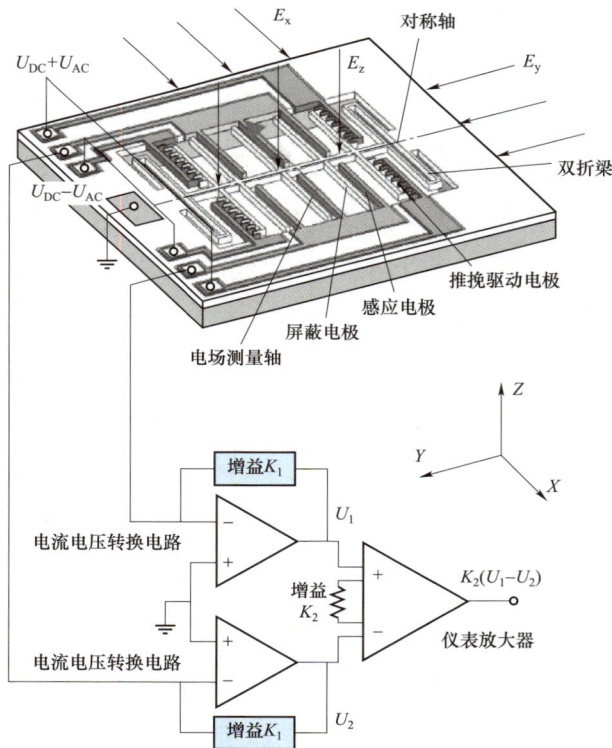

图 4-5　一维电场敏感芯片示意图

夏善红教授团队研发出的一维电场敏感芯片示意图,该一维电场敏感芯片基于感应电荷的原理进行电场测量,当屏蔽电极与感应电极的相对位置发生周期改变时,感应电极表面的电场分布也会发生周期变化,从而使感应电极表面的感应电荷总量发生变化形成了电流,该电流信号的幅值与待测电场强度大小成正比。将输出电流进行 I/U 转换和放大得到更加便于测量的电压信号。

3. 研究热点

一个完整的 MEMS 电场传感器包括驱动结构、电场感应结构、悬空的弹簧结构、速度感应电容阵列、小信号检测电路、速度检测电路和自谐振稳定电路。由电场传感器感应电极感应到的电流信号通过跨阻放大器,将电流信号转换成电压信号,然后通过后续的锁相放大器来提取固定频率的信号分量,即锁相放大器相当于一个带通滤波器。速度检测电路和自谐振电路主要为了维持整个系统工作在谐振状态。目前已经通过上述原理研发出一系列电场传感器,但是这些传感器不是电场感应面积利用不充分,就是需要采用较为昂贵的 MEMS 标准工艺,从而导致造价明显升高,使其在应用和批量生产等问题上仍然存在一定的问题。需要从版图设计、相关工艺流程、信号检测等环节进行研究攻关。

(1)敏感结构设计。敏感结构设计对于器件性能至关重要,在相关结构参数分析的基础上,需针对场景应用传感器特点进行专业设计,研制满足要求的敏感结构。

(2)工艺流程。电场传感器工艺制造中的主要难点如下:① 感应电极的制作、屏蔽电极与感应电极之间的隔离;② 屏蔽电极悬空结构的释放;③ 真空封装等问题,为解决这些问题,需对微电子制造工艺进行深入研究。

(3)小信号检测。MEMS 电场传感器检测感应电极电荷的变化实现电场感知,感应电荷非常微弱,需要检测电路提取微弱的感应信号。为了提高测量精度,一是选择低噪声、低偏置电流的高精度运算放大器实现电流—电压转换,另一方面通过差分放大和电路对称设计降低共模干扰,提高信噪比。

4. 典型应用

芯片化 MEMS 电场传感器可以应用于多种电力设备内外部电场分布的测量;如果进一步集成融合取供能、无线通信模块后,可嵌入安装到高压设备内部进行电场测量。

（1）输电线下的电磁环境测量。高压输电线路地面电场强度是确定线路最小对地高度及规划线路走廊宽度的重要依据。高压输电线路下的电磁环境受到越来越多的关注，特别是高压线下的电场强度，已成为环境保护和电磁兼容技术领域中不可忽视的问题，采用高性能的 MEMS 工频电场传感器系统在输电线下进行现场测试，可完成输电线路电磁环境测量评估。

（2）非接触式电压传感器。近年来，随着 MEMS 技术的快速发展，基于 MEMS 技术的电场传感器凭借其体积小、空间分辨力高、功耗低、易于集成、无电机易磨损部件、可靠性高、交直流同时测量等突出优点，成为电场探测技术的重要发展方向。MEMS 电场传感器主要采用微电极的振动周期性扰动感应电极周围电场变化，产生感应电流，然后通过 I/U 转换电路将信号放大实现被测电场检测。非接触式电压传感器可实现交直流电场/电压同时测量，助推低压侧全面感知。

（3）可穿戴式近电预警装置。电力系统巡检或带电作业人员靠近高压带电设备时，电场所形成的跨步电压和静电放电也会导致作业人员惊恐或误操作，危害人身安全和电力系统运行安全。为了防止由于电场过强而导致的安全事故，一些国际组织和机构都针对公众环境和电力环境制定了不同的电场强度安全限值。因此，研制基于微型电场传感器的穿戴式电场测量系统，应用于工作人员周围电场实时测量并在电场过高时发出报警信号，对于工作人员由于长期处于高电场环境中所造成的安全隐患，做到防患于未然。相比于传统设置安全距离的方法，该方法可为工作人员提供更为主动的防护，不需工作人员时刻注意安全距离，系统在电场过高时会自动报警，提高带电作业的安全系数。

（4）电网雷电预警。大气电场是反映雷电形成过程的主要物理参量，雷击对电网危害严重，引起的线路跳闸、输变电设备故障等会直接影响电网的安全稳定运行和供用电安全。通过对大气电场变化进行监测和分析，在灾害来临之前进行雷电预警，对防雷减灾具有重要意义，也可为未来气象部门进行雷电灾害性天气预报发挥重要作用。基于微型 MEMS 电场传感器的大气电场探测及雷电预警传感器，可应用于大气电场地面探测装置和空中电场探测系统、电网雷电预警系统，具有广阔应用前景。

4.1.1.4　局部放电特高频传感技术

1. 技术原理

局部放电是导体间绝缘仅部分被击穿的电气放电过程，在电气设备的绝缘系统中，类似于"恶性肿瘤"，如果不能及时发现和排除，长期的放电将导致绝缘的进一步劣化，最终将导致设备整个绝缘系统的失效，因此开展电力设备局部放电绝缘缺陷检测技术的研究具有重要意义。电力设备内发生局部放电时的电流脉冲（上升沿为纳秒级）能在内部激励频率高达数吉赫兹的电磁波，局部放电特高频（ultra high frequency，UHF）传感技术就是通过检测这种电磁波信号实现局部放电检测的目的。局部放电 UHF 传感技术检测频段高（通常为300M～3000MHz），具有抗干扰能力强、检测灵敏度高等优点，可用于电力设备局部放电类缺陷的检测、定位和故障类型识别。局部放电 UHF 传感技术过去曾被称为超高频法。但是按照中华人民共和国无线电频率划分规定，300M～3000MHz 频带划分为特高频，因此该检测方法的正式名称为特高频法。

局部放电 UHF 传感技术的基本原理是通过 UHF 传感器对电力设备中局部放电时产生的 UHF 电磁波（300M～3000MHz）信号进行检测，从而获得局部放电的相关信息，实现局部放电监测。局部放电 UHF 传感技术是基于电磁波在气体绝缘组合电器（gas insulated switchgear，GIS）中的传播特点而发展起来的。它的最大优点是可有效地抑制背景噪声，如空气电晕等产生的电磁干扰频率一般均较低，可用宽频法局部放电 UHF 传感技术对其进行有效抑制；而对 UHF 通信、广播电视信号，由于其有固定的中心频率，因而可用窄频法局部放电 UHF 传感技术将其与局部放电信号加以区别。另外，如果 GIS 中的传感器分布合理，还可通过不同位置测到的局部放电信号的时延差来对局部放电源进行定位。

GIS 中局部放电产生持续时间仅为纳秒级的脉冲电流。如当高压导体上有针状突出物时，因 SF_6 气体中负离子释放电子而不需要依靠场致发射电子，通常会发生脉冲放电，其等值频率可大于 1GHz，属于特高频微波波段。根据现场设备情况的不同，可以采用内置式 UHF 传感器和外置式 UHF 传感器，图4-6为局部放电 UHF 检测法基本原理示意图。当电力设备内部绝缘缺陷发生局部放电时，激发出的电磁波会透过环氧材料等非金属部件传播出来，便可通过外置式 UHF 传感器进行检测。同理，若采用内置式 UHF 传感器则可直接从设备内部检测局部放电激发出来的电磁波信号。

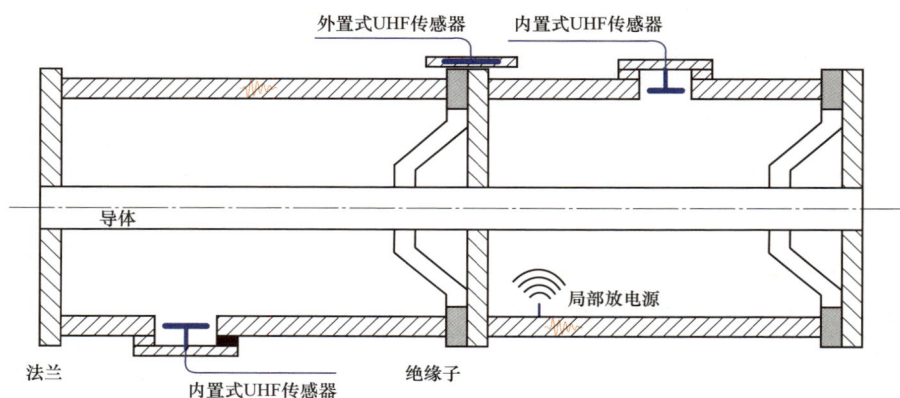

图 4-6　局部放电 UHF 检测法基本原理示意图

2. 研究现状

局部放电 UHF 传感技术是 20 世纪 80 年代初期由英国中央电力局首先提出的，该方法由苏格兰电力公司于 1986 年最先引进并应用于英国的托尼斯核电厂 420kV 的 GIS 设备上。经过三十余年的发展，该方法逐渐成熟，相关的技术标准也相继形成。英国的劳斯莱斯工业电力集团、德国西门子、瑞士阿西亚布朗勃法瑞（Asea Brown Boveri，ABB）、东京电力、三菱、东芝、日立等机构也进行了大量的基础理论研究与技术开发工作。自 20 世纪 90 年代末以来，国内的西安交通大学、清华大学、重庆大学、华北电力大学、上海交通大学等高校和制造企业也开展了大量的研究和推广工作，取得了一定的研究成果。20世纪 90 年代，由贾德和汉普顿等人对局部放电电磁波的激励特性及其传播特性做了研究，对电磁波的表达式进行了推导分析，提出采用分析电磁场的有限时域差分方法对 GIS 局部放电的激励特性进行仿真分析。20 世纪 90 年代以来，英国杜马希电气公司为代表的局部放电 UHF 传感仪器制造企业成功研制了便携式检测装置，并得到了广泛应用。国内的一些仪器制造企业于 2007 年以来将该技术引入国内，开始研制、开发局部放电 UHF 传感装置，并投入商业运行，但整体性能尚不及国外水平。上海交通大学智能输配电研究所的江秀臣、钱勇等学者系统深入地研究了 GIS 设备局部放电的基本特征,并结合新型传感器技术和数字信号处理技术,开发出基于 UHF 和超声传感器的局部放电在线检测、定位和故障诊断设备,在局部放电定位、局部放电脉冲提取、放电类型识别及放电量估算方面逐步形成独特的经验和知识,并取得了良好的使用效果。西安交通大学电力设备电气绝缘国家重点实验室的邱毓昌和王建生等学者采用网络分析仪对其频率响应特性进行测量,具有良好的频率响应特性,实测带宽可达 3GHz。清华大学电机系刘卫东、钱家骊等学者最早提出了基于体外 UHF 传感的 GIS 局部放电在线监测方法,并开发出应用装置,至今已在国内外数十家电力企业和电力设备制造企业得到应用,多次发现了局部放电并进行了定位。

3. 研究热点

局部放电 UHF 传感技术本身具有检测灵敏度高、现场抗干扰能力强、可实现局部放电在线定位和利于绝缘缺陷类型识别等优点。与此同时,UHF 局部放电传感技术在实际应用过程中仍然有一些问题未得到解决,成为目前的研究热点。主要体现在以下几个方面。

(1) UHF 传感器安装位置。这是 UHF 局部放电传感技术的关键,按其安装位置可分为内置式 UHF 传感器和外置式 UHF 传感器。外置式 UHF 传感器使用和维护方便,尺寸和机械性能要求较低,成本低,可用于无法或难以安装内置式 UHF 传感器的老式电力设备。但由于电磁信号的衰减,以及传感器直接暴露在外界空间中受到的电磁干扰,灵敏度相对较低、抗干扰能力相对较弱。相比之下,内置式 UHF 传感器灵敏度高、抗干扰能力强,但是制作和安装的成本也更高,一般需在设备生产时直接安装在内部。

(2) 抗干扰和放电源定位技术。干扰信号的排除和放电源的定位往往是同时进行的。实际检测中需要综合应用时差法、幅值比较法、方向性、三维定位法、特征谱图识别等方法进行分析,实现抗干扰和放电源定位的目的。由于干扰的种类是多样的,表现出的特性也不同,找出一种有效的方法来抑制所有的干扰是很难的,因此需要针对不同的干扰源,采取不同的措施,综合运用,达到抗干扰的目的。

(3) 缺陷类型诊断和劣化程度评估技术。不同绝缘缺陷所表现出来的局部放电特征并不相同，对电力设备的损害程度也不同，要准确了解和掌握缺陷类型性质和特征，最有效的方法是对获得的局部放电信号进行模式识别研究。然而，由于现场存在各种各样的干扰，对采集的局部放电信号一方面要进行降噪工作，另一方面局部放电信号自身所包含的信息与缺陷类型之间的关系尚未完全清楚。如何从检测到的局部放电信号中判断局部放电类型及设备的绝缘劣化程度是研究的热点。

4. 典型应用

局部放电 UHF 传感技术的适用范围主要取决于该技术方法的检测原理，即只有电力设备内部局部放电激发的电磁波能够传播出来并被检测到，该方法即可用。局部放电 UHF 传感技术在各种电力设备的现场应用中，以 GIS 中的局部放电检测效果最好，目前已是国际上对 GIS 设备普遍采用的状态检测技术，可以达到相当于几个皮库的检测灵敏度。当前特高频法现场应用较多的有在线监测，也有带电检测，检测设备对象包括 GIS、变压器、电力电缆附件、开关柜等，多数采用外置式 UHF 传感器检测。而内置式 UHF 传感器检测主要用于 GIS、电力变压器等关键设备。

（1）GIS 局部放电检测。GIS 是一种新型的绝缘电气装置，GIS 将变电站中的电流和电压互感器、隔离开关、断路器、接地开关、母线、套管等聚合在接地的金属外壳中。GIS 内部等同于一个同轴波导结构，在局部放电发生时极其有利于电磁波的传播，这种检测方法的频段为 300M～3000MHz，通过内、外置 UHF 传感器接收到的由 GIS 腔体泄漏出来的局部放电电磁波信号进行检测。在进行实际的局部放电测量时，环境的干扰频段一般小于 300MHz。检测特高频的电磁波可以防止电晕等干扰，具有高灵敏度和高信噪比的优点，而且通过传感器接到电磁波信号的时间差就能实现对局部放电的定位。

（2）大型电力变压器缝隙泄漏电磁波局部放电检测。国内多数大型电力变压器的油箱为箱体式或钟罩式结构（ABB 和西门子等公司生产的全密封变压器除外），在箱体和顶盖之间或者箱体和底座之间存在围绕变压器一圈的绝缘衬垫，形成非金属绝缘缝隙，当变压器内部存在局部放电绝缘缺陷时，局部放电辐射的电磁波信号可以通过缝隙向外泄漏，通过天线传感器检测缝隙泄漏的电磁波信号可实现变压器局部放电绝缘缺陷的在线监测，这种 UHF 检测方式可以归为外置式 UHF 法大类中，其不但克服了介质窗外置式 UHF 法需要对变压器箱体进行改造的问题，而且在不存在破坏变压器内部电磁平衡风险和密封问题的情况下，可以实现对正在运行的大型电力变压器进行局部放电绝缘缺陷的在线监测。

（3）交联聚乙烯（cross-linked polyethylene，XLPE）电力电缆局部放电检测。XLPE 电力电缆凭借其良好的电气及机械性能，成为电力电缆的主流，其制造技术发展迅猛，但绝缘状态检测及故障诊断等运维技术的研究相对滞后，由于绝缘老化、电树枝化及外力破坏导致的击穿故障屡次发生，已严重威胁到电力电缆的可靠运行。研究 XLPE 电力电缆绝缘劣化的检测方法对延长 XLPE 电力电缆的使用寿命、增强电力电缆运行的安全可靠性起着至关重要的作用。在电力电缆附件里安装相应的特高频局部放电传感设备，测量电力电缆附件里因绝缘问题产生的特高频电磁波。

4.1.1.5　量子计量溯源技术

1. 技术原理

量子计量溯源技术以量子原理定义基本物理常数，以量子基准取代实物基准，使得量值不受空间和时间改变的影响。基于量子计量溯源技术的测量手段，是利用特定原子系统中的量子效应来复现量值的基准。由于微观粒子的能级结构与物理的宏观参数，如体积、形状、质量等并无明显关系。因此利用量子现象为复现计量单位，从原理上就可以消除不断变化的各种宏观参数产生的影响，所复现的计量单位在理论上不会发生缓慢漂移，相比于传统的基于实物基准的计量方法，计量基准的稳定性和准确度都能够得到提升，其准确性和复现性等技术指标都能得到大幅提升。量子计量溯源技术的基本原理一般包括基于约瑟夫森效应、霍尔效应、单电子隧道原理等，即通过自然常数实现电学量值三角形——"电压、电阻、电流"单位复现和溯源。如基于约瑟夫森效应的量子电压基准技术，是通过一组串联的约瑟夫森结实现的，量子电压基准器件原理如图 4-7 所示。

2. 研究现状

量子化定义的国际单位制从 20 世纪 60 年代开始。1960 年，第 11 届国际

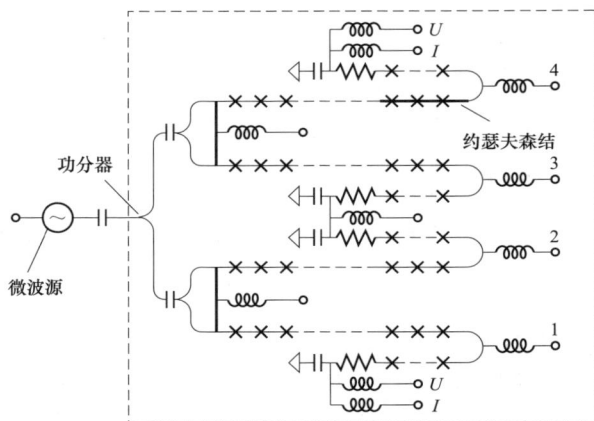

图 4-7　量子电压基准器件原理

计量大会正式批准废除铂铱米原器，将基本单位制"米"定义为："米等于 ^{86}Kr 原子的 $2p_{10}$ 和 $5d_5$ 能级间的跃迁所对应的辐射在真空中波长的 1650763.73 个波长的长度"；1967 年，第 13 届国际计量大会通过基于铯原子跃迁的"秒"定义，即铯 133 原子基态的两个超精细能阶间跃迁对应辐射的 9192631770 个周期的持续时间。这表明时间和长度单位正式计量量子化。此后，其他计量单位的量子化进程不断推进。2005 年，国际计量委员会一致通过国际单位制基本单位的量子化变革决议，将基本国际单位制定义在恒定不变的物理常数上。2018 年 11 月，第 26 届国际计量大会通过了关于修订国际单位制决议将质量单位"千克"由"普朗克常数"定义，电流单位"安培"由基本电荷定义，热力学温度单位"开尔文"由玻尔兹曼常数定义，物质的量单位"摩尔"由阿伏伽德罗常数定义，并对长度单位"米"、时间单位"秒"、发光强度单位"坎德拉"这三个基本单位的描述进行调整，并于 2019 年 5 月 20 日正式实施重新定义的国际单位制。这标志着量子计量基准已取代实物基准在各种计量场合发挥重要的作用。

当前，量子计量溯源技术的研究主要集中在基本原理、器件实现与系统搭建、新的计量单位制的物理复现及运行维护工作等，也包括原理、方法、技术、装置等建设与研发工作，如衍生信息量值的定义、校准与维护，适应人工智能计量校准的量值溯源工作等。同时，量子计量溯源技术还要求针对当前已有各级计量标准、计量器件及量值传递进行理论、方法和技术方面的对接工作。如美国国家标准与技术研究院于 2016 年建立了 2V 基于约瑟夫森结的任意波形合成系统，可以更优异的精度、稳定性及信噪比来开展精密电压测量；我国所建立的量子化霍尔电阻标准装置，其不确定度可达 10^{-10} 量级；德国联邦物理技术研究院所研发的基于单电子隧道效应的量子电流装置，其不确定度优于 $0.2\mu A/A$。

3. 研究热点

在基本物理量的基准研究方向，研究热点集中于量子基准器件的制备工艺研究、片上电路设计及优化技术研究、基准比对系统搭建、抗干扰措施及扁平化校核技术研究、量值传递系统研究、量子溯源技术研究等。

在基于量子原理的传感器与设备系统方面，基于量子原理的新型传感器将最高测量准确度直接赋予制造设备并保持长期稳定，可突破现有测量技术的诸多限制，为大规模电力物联网传感器的量值准确可靠提供可能。在开发本身具有基本量复现功能的仪器设备与系统方面，对边缘化及终端化的量子化基准进行技术植入，使得各终端具备内部完备的溯源与校准体系，并对相应计量法规开展标准补充工作，使得终端标准与国家标准、国际标准具备一定兼容性。

4. 典型应用

由于量子复现装置需要低温环境实现，量子计量主要应用于国家级计量基准，二级传递标准（除时间频率外）尚未实现量子化；在传递方法上，还主要依靠送检等手段实现，远程校准、扁平化溯源还处于研究阶段；在应用方面，量子计量还未深入寻常测量一线，量子计量基准芯片的国产化研发仍面临一定技术瓶颈（基于国产化芯片的量子电压输出如图 4-8 所示），基于量子芯片等技术的新型测量仪器仪表还有待深入研究。此外，当前量子化计量装置体积庞大、原理复杂、成本较高，多数基准装置的核心器件需要工作在低温条件下，工作条件苛刻、运行维护成本较高，在实际工程应用中仍然面临较大技术问题。因此，未来需要在量子计量溯源体系，计量器具及装置的小型化、便携化，以及芯片等方面开展大量研究，甚至将量子化的自然基准直接嵌入产品，使产品与系统内部直接具备量值控制、传递、校准及溯源功能，最终实现量子计量溯源技术的边缘化与终端化应用。

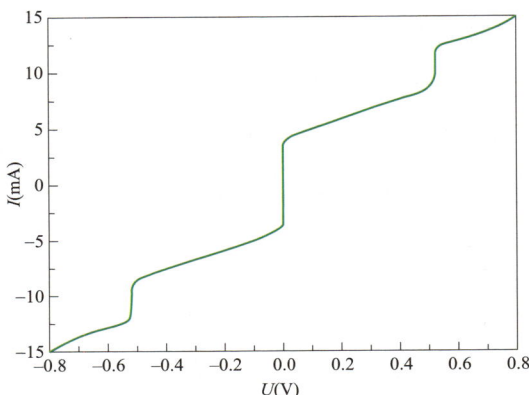

图4-8 基于国产化芯片的量子电压输出

4.1.2 光纤传感技术

4.1.2.1 光纤光栅传感技术

1. 技术原理

被测量与敏感光纤相互作用，引起光纤中传输光的波长改变，进而通过测量光波长的变化量来确定被测量的传感方法即为波长调制型传感。目前，波长调制型传感器中以对光纤光栅传感器的研究和应用最为普及。光纤光栅传感器是一种典型的波长调制型光纤传感器，其自身结构仅包含内部纤芯和包层两层，一般实际使用中在最外侧还有一个保护层，光纤光栅的结构示意图如图4-9（a）所示。基于光纤光栅的传感过程是通过外界参量对光栅中心波长的调制来获取传感信息，其数学表达式为

$$\lambda_B = 2n_{eff}\Lambda \tag{4-1}$$

式中：λ_B为中心波长；n_{eff}为折射率；Λ为光栅周期。

由式（4-1）可知，光纤布拉格光栅的有效折射率n_{eff}和光栅周期Λ是导致其中心波长λ_B发生变化的决定性因素。因此，任何导致光栅有效折射率和光栅周期发生变化的外界待测参量（温度、振动、应力等）都会引起光栅中心波长发生漂移，通过测量由外界参量的变化所引起的中心波长漂移量，即可直接或间接地得到外界待测参量的变化情况，光纤光栅感知原理如图4-9（b）所示。

光纤布拉格光栅　包层

纤芯

Λ

保护层

(a) 光纤光栅的结构示意图

$\lambda = 2n\Lambda$
n 为光纤芯的折射率
Λ 为光栅周期

光栅周期受到温度或压力的变化而变化,光栅反射波长也变化

入射光

反射光 λ_B

透射光 λ_B

(b) 光纤光栅感知原理

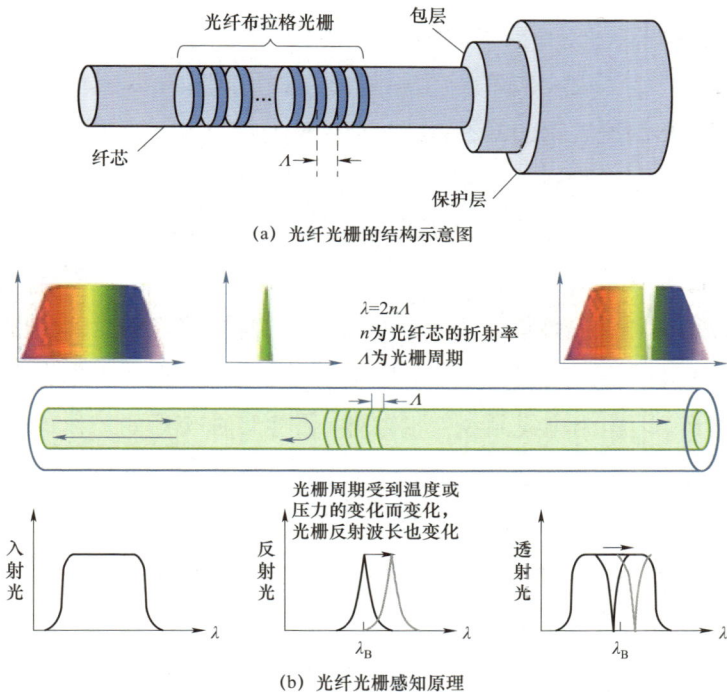

图 4-9　光纤光栅结构及感知原理示意图

2. 研究现状

光纤光栅由于自身抗电磁干扰、电绝缘、耐腐蚀等优点,且能够感知应变和温度的变化,因此大量的光纤光栅传感器已广泛用于大型复杂结构的应变测量及温度的检测中。常用的传感器器件如图 4-10 所示。

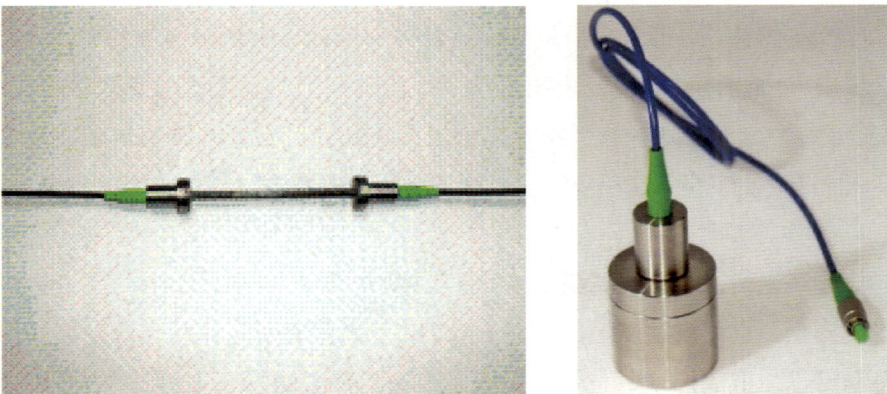

图 4-10　部分光纤光栅传感器实物图

近几年，随着国内外光纤光栅解调技术的发展，光纤光栅传感技术不断成熟完善并逐渐形成传感领域的一个新方向。由于光纤光栅同时感知应变和温度，存在应变和温度解耦的问题；同时裸光栅对温度和应变响应较低，光纤光栅在电力行业中的应用推广存在一定的局限性，因此利用算法或双光栅等物理方法实现温度与应变的分离也是研究重点。针对裸光栅对温度、应变测量不敏感的问题，也有通过聚合物灌封光纤光栅压力增敏、圆筒—活塞式压力增敏和热膨胀聚合物材料温度增敏、正反向温敏聚合物材料融合温度增敏等方法。

光传感在电力系统的应用，最常见的是利用光纤光栅实现电力电缆绝缘温度的在线测量。对电力电缆系统终端部件、发生弯曲变形的缆体进行健康监测时，需要将光纤光栅传感器固定与嵌入到电力电缆的设备中并搭建测温平台。同时，可以将光纤光栅测量的信号通过通信光缆进行回传，实现光纤光栅传感器远距离的在线温度测量，从而完成电力电缆的健康监测。

3. 研究热点

电力系统中存在大量的电气设备，但由于一些特殊的原因，光纤光栅类传感器仍无法代替传统传感器实现对电力设备参量的实时感知。以温度为例，电力设备中往往需要对温度进行整体把握，即进行多点测量，这就需要在每个探测位置使用传感探头，引出多条光纤通道。但在实际应用中往往需要获得一定跨度范围的整个温度信息，因此，采用这样的测温方式不但对资源造成浪费，而且布线过程中也存在一定的困难。尽管采用分布式光纤温度传感器是一种理想的手段，但实际中分布式光纤传感器测温和定位误差都比较大，适用于对电缆温度分布的检测，但若想应用到变压器内部或其他大型电力设备中，仍需要进一步研究。此外，传统光纤光栅的增敏手段是利用对温度或应变敏感的材料，如聚合物或者金属，这些材料用于电力设备内部会产生一些影响传感器或电力设备正常工作的问题，这都限制了光纤光栅传感器在电力行业中的大规模应用。

4. 典型应用

自光纤光栅温度应变特性于1989年被研究验证以来，由于其自身特性，如本质安全、检测精度高、抗电磁干扰、传输距离远等，光纤光栅检测元件的开发利用已拓展到应变、位移、压力、流速、锚索锚杆、倾斜等方面的应用。尤其是光纤光栅温度传感器，已在电力电缆温度检测中得到了广泛的使用。此外，在绕组变形程度、杆塔倾斜、电力设备内部压力及流速监测等方面，理论上都可用到相应的光纤光栅传感器，如图4-11所示。在未来，一定会有大量高精度、高灵敏度的光纤光栅传感器应用于电力设备的在线监测与保护。

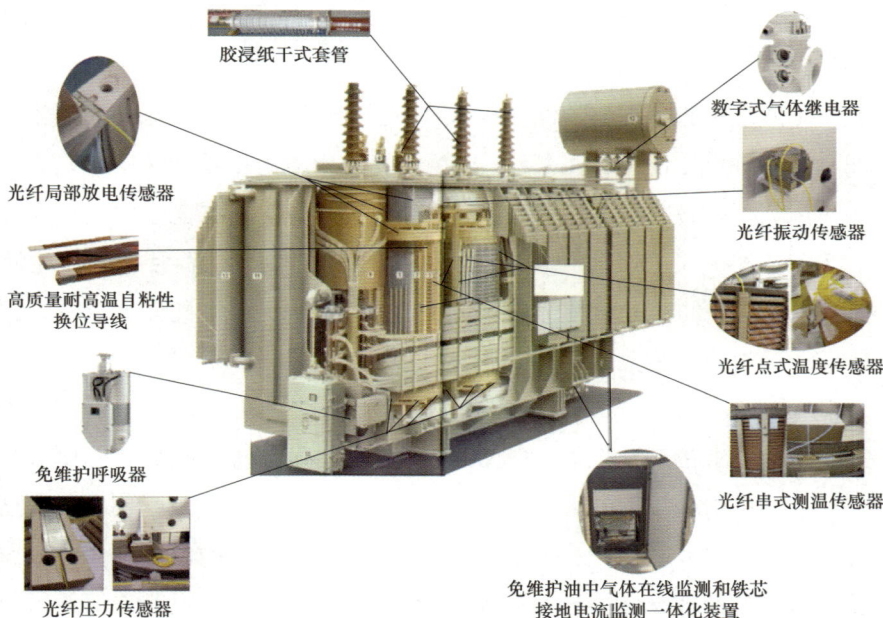

图4-11　光纤光栅传感器在电力变压器中的应用

4.1.2.2　光纤晶体传感技术

1. 技术原理

光纤晶体传感器是一种利用电光效应或磁光效应实现的传感技术。在光学各向同性的透明介质中，外加磁场可以使在介质中沿磁场方向传播的线偏振光的偏振面发生旋转，这种现象被称为法拉第磁光效应，光纤晶体电流传感器示意图如图4-12所示。其旋转角度θ满足$\theta=VHL$，其中V为光纤晶体的维尔德常数，L为通光路径，H为待测点的磁场强度或待测电流i感生的磁场强度。可见测出旋转角度θ，即可测出磁场强度H或者电流i。利用光纤晶体的磁光效应可以研制出光纤晶体电流传感器和磁场传感器。

目前还有基于电光效应的光纤晶体电压、电场传感器。电光效应包括泡克尔斯效应和克尔效应。其中泡克尔斯效应指当外施电场、电压施加于光纤晶体

61

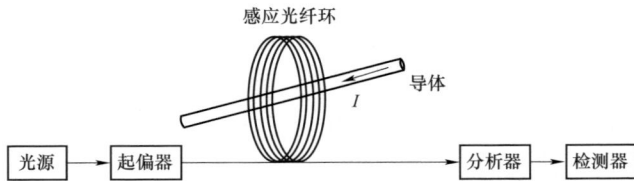

图 4-12　光纤晶体电流传感器示意图

时，由于晶体自身的双折射特性，其折射率会发生变化，且折射率的变化同外施电场、电压的场强具有线性关系。所谓的克尔效应是指某些液体电介质在施加电场作用后，对通过其内部的光束具有双折射效应，使得光束中垂直于电场方向和平行于电场方向的光矢量具有不同的传播速度，从而使两者产生相位差，克尔效应产生的光矢量相位差的大小，与外施电场强度的平方具有正比关系。因此，两者也被称为一次电光效应和二次电光效应。

2. 研究现状

随着电力工业的迅速发展，电力传输系统容量不断增加，运行电压等级越来越高，不得不面对棘手的大电流、高电压、强电磁场等的测量问题。在高电压、大电流和强功率的电力系统中，测量的常规技术所采用的以电磁感应原理为基础的传统传感器暴露出一系列严重的缺点。传统传感器已难以满足新一代电力系统在线检测、高精度故障诊断、数字电网等发展的需要。我国在大力发展智能电网建设之时，也在寻求更理想的新型传感器。光纤晶体传感器具有诸多优点，使其广泛应用成为必然趋势。诸如中国电科院等科研单位、高等院校、电网企业等都在利用光纤晶体传感器进行电流、电压、磁场、电场测量的研究，但是实际应用较少。其中电流、电压测量技术的研究较为成熟，产品在我国智能变电站等项目建设中得到应用，但目前并没有广泛使用和大量取代其他类型的传感器；电场、磁场测量技术仍然在研究阶段，尚未进行典型应用。

3. 研究热点

（1）实现实用化。目前没有广泛使用的主要原因是受光纤晶体中的线性双折射的影响。光纤晶体中的线性双折射使得其中光偏振态发生变化，从而影响传感器的性能，另外温度和振动也会影响线性双折射进而影响测量结果。因此解决线性双折射影响的问题是加速其实用化的一个关键因素。

（2）实现传感器与光纤通信技术结合。光纤晶体传感技术中采用光纤进行信号传输，传感器光纤与光纤通信技术相结合并实现传感系统的网络化和阵列化是光纤晶体传感技术的重要发展方向，光纤技术可用于电站中的测量、监控、保护、通信等各方面。

（3）实现功能多样化。电力系统的发展需要多功能测量技术，既能测电流，又能测电压、电场和磁场的技术等，以扩大使用范围。能同时测量电流与电压、电功率、电场和磁场的光纤晶体传感系统是今后的发展趋势。

4. 典型应用

我国电网的电力传输系统容量不断增加，运行电压等级越来越高，传统的传感器显示出越来越多的不足：绝缘要求比较复杂，从而导致体积大、造价高、维护工作量大；输出的是模拟信号，不能直接和微机相连，不能满足智能电网中自动化、数字化的要求；磁性材料存在磁饱和、铁磁谐振等。所以，新型光纤晶体传感器的实用化势在必行。

光纤晶体传感技术主要应用于电力系统的电气量监测，可实现对输电线路、变压器等部位的电流、电压、磁场、电场等量的测量，因此直接或间接反映整个电力系统的运行状态，从而实现对电力系统的测量、监控、保护。光纤晶体电流传感器在电网中的应用如图 4-13 所示。

图 4-13 光纤晶体电流传感器在电网中的应用

4.1.2.3 分布式光纤传感技术

1. 技术原理

分布式光纤传感技术是一种以光纤为载体，利用光纤散射效应或倏逝波效应实现的传感技术。光纤中传播的光波，大部分是前向传播的，但由于光纤的非结晶材料在微观空间存在不均匀结构，一小部分光会发生散射，从反向的散射光中可以探测到引发光纤变化的外界物理变化。光纤中的光散射类型主要包括瑞利散射、拉曼散射和布里渊散射三种，不同散射光物理特性传感原理如图 4-14 所示。

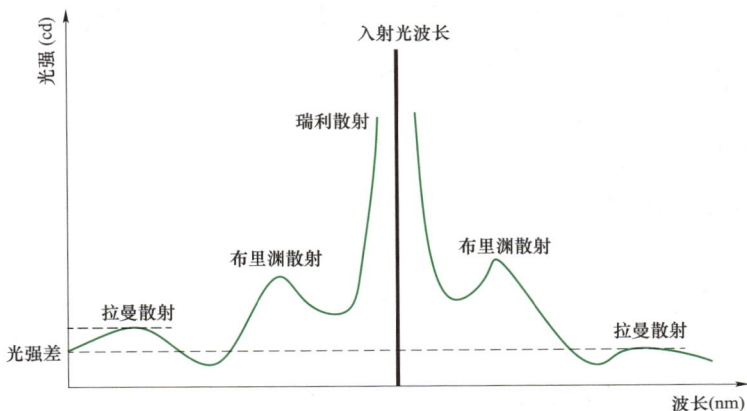

图 4-14　不同散射光物理特性传感原理

倏逝波效应是指当光波从光密介质（纤芯，直径约 9μm）入射到光疏介质（包层、掺杂硼等杂质高晶硅材料，厚度约 110μm）时，传输光发生全反射而在光疏介质一侧（即纤芯的外表面）产生的一种电磁波（1550nm 波段）。温度、应力应变、振动等现象会造成光纤折射率微小的变化，折射率函数与倏逝波相位变化相关联。倏逝波传感技术能够探测光纤介质的微弱变化，通过探测倏逝波的相位变化实现温度、应力应变、振动等外界物理变化。光纤倏逝波产生及传输示意图如图 4-15 所示。

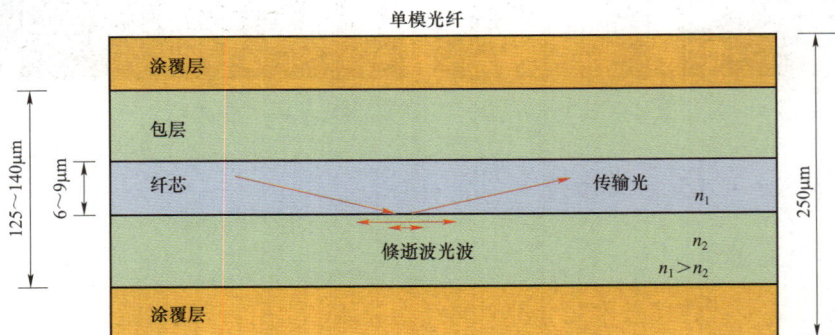

图 4-15　光纤倏逝波产生及传输示意图

光纤的瑞利散射通常用于光纤损耗、断裂等状态的探测、分析应用,光纤拉曼散射因为对温度敏感的特性常用作分布式的温度测量,光纤布里渊散射对光纤周围的温度变化和应力产生的应变效应最为敏感,通常用作分布式温度和应变的监测。利用光纤的散射效应研制出光时域分析仪(optical time-domain reflectometer,OTDR)、分布式光纤温度传感器(distributed temperature sensor,DTS)和分布式布里渊应力应变传感器(brillouin optical time domain reflectometry,BOTDR 或 BOTDA),分布式光纤传感系统示意图如图 4-16 所示。

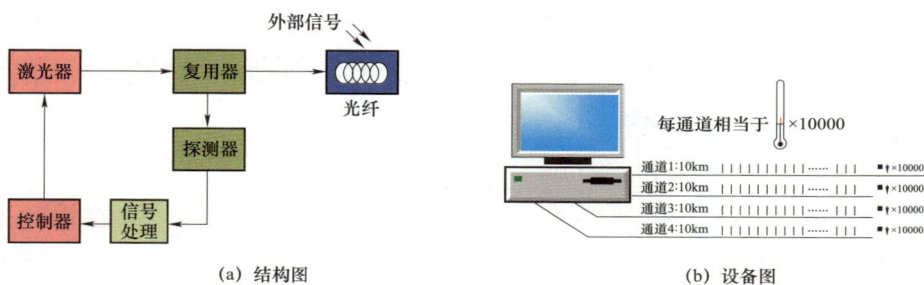

(a) 结构图　　　　　　　　　　　　(b) 设备图

图 4-16　分布式光纤传感系统示意图

基于倏逝波效应的分布式光纤传感器是干涉型光纤传感系统,其系统示意图如图 4-17 所示。当光纤周围有施工、偷盗、窃听或其他各种外力影响传导作用到光纤上时,以及温度变化影响光纤时,导致光纤中传播的导光相位被调制,从而影响干涉光发生变化,通过解调干涉光信息,获取光纤周围的温度、应力应变、振动等外界物理信号。

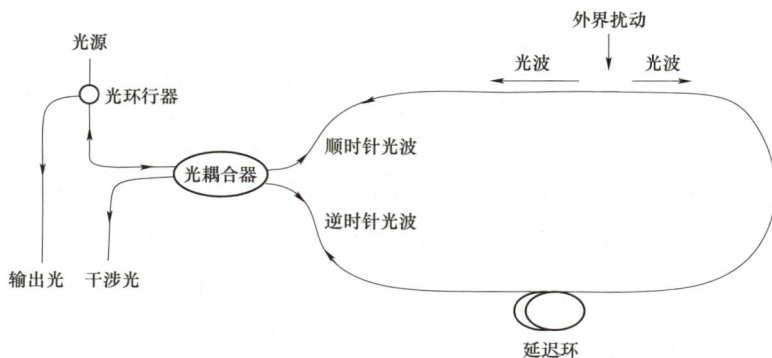

图 4-17　基于倏逝波效应的干涉型光纤传感系统示意图

2. 研究现状

拉曼光纤测温技术发明较早，1830 年左右，发现了光的拉曼散射现象，1985 年英国南安普顿大学实现了基于石英光纤的拉曼光谱效应的分布式光纤测温试验。2014 年，彭冯（F Peng）等人利用分布式拉曼放大技术及外差探测技术实现了超长距离相位敏感光时域反射计（phase-sensitive optical time-domain reflectometer，φ-OTDR）系统，其传感距离达到 131.5km，空间分辨率为 8m。日本的镰仓公司推出 DFS-1000 系统产品，在 2000m 的光纤上实现误差 3.5m 空间分辨率。安捷伦公司（美国）推出的分布式光纤温度传感器测量距离达到 10km，空间分辨率 1m，温度分辨率能够达到 1℃。2017 年，美国微光光学（Micron Optics，MOI）公司优化传感光纤的设计，使得 DTS 系统测温距离达到 20km，空间分辨率达到 1m。布里渊效益由伊本（Ippen）等人在 1972 年首次发现。1989 年，日本的霍里古奇（Horiguchi）等人和英国的库弗豪斯（Culverhouse）等人首次提出将布里渊散射效应用于分布式光纤传感。1990 年，霍里古奇（Horiguchi）实现了基于受激布里渊散射的温度传感；1992 年，基于自发布里渊散射的 BOTDR 传感机制被提出。2001 年，南安普顿大学团队实现了测量距离 57km、空间分辨率 20m、布里渊频移均方根误差小于 3MHz 的测量；还实现了传感距离 30km、空间分辨率 20m、测量精度为 4℃/100με 的温度/应变同时测量。在空间分辨率方面，2016 年，华南理工大学结合快速傅里叶变换（fast fourier transform，FFT）信号处理算法和差分脉冲对，在 7.8km 距离下实现了 0.4m 空间分辨率；2018 年，中国地质大学结合差分脉冲对和 FFT 算法，在 3km 距离下实现了 0.2m 空间分辨率。φ-OTDR 是利用光相位干涉信号实现分布式振动测量的技术，最初由美国德州农工大学（Texas A&M University，TAMU）在 1993 年提出，2012 年，中国科学院上海光机所实现 3.5km 光纤上 200Hz 信号的测量，空间分辨率 5m。电子科技大学开展了超远距离技术研制，于 2014 年实现 128km，空间分辨率 15m；同年雨果·马丁斯等人实现 125km，空间分辨率 10m 的指标。分布式光纤传感技术在桥梁、大坝、隧道的监测和地质灾害预警等领域已有较成熟的研究应用，在消防、电力电缆测温方面的研究应用也积累了大量经验。在电网领域，一直以来输电线路因为高温、严寒、覆冰等恶劣的自然环境条件成为传感器应用的薄弱环节。输电线路随线路敷设通信光缆，这些通信光纤资源可以成为传感器实现线路温度、应力等物理量的测量手段，使得基于光纤的输电线路运行状态和安全监测成为可能。中国电科院等科研单位联合高校、网省电力公司开展了电力光纤分布式传感机理与温度、应变、振动等物理量量测技术研究与试点。

3. 研究热点

面向架空输电线路导线、光纤复合架空地线（optical fiber composite overhead ground wire，OPGW）等长距离应用场景，研究超长距离的分布式光纤温度、应力应变、加速度等状态监测技术，在状态监测数据基础上开展输电线路覆冰状态监测、线路舞动、受激振动等输电线路监测工作；针对电容器、变压器、超导设备等电网关键设备设施的温度、应变、压力、振动、噪声、电磁场等状态测量，结合压电效应材料、磁致伸缩材料及光纤结构，设计开发光纤传感器件，实现小型化、低成本、现场无源的传感器件设计；针对电力电缆、电力隧道、变电站区等场景的状态监测，解决电力电缆本体温度、局部放电、电磁场、电应力等参量的一体化监测和基于状态监测的电力电缆运行安全评估等应用，以及探索基于光纤的多参量光纤同步检测技术。该技术是未来电网应用的分布式光纤传感技术研究的热点和攻关方向。

4. 典型应用

我国电网覆盖范围广，输送距离长，途经高原、山区、冻土、沙漠、采动区等各种条件复杂的区域，易受到强风、冰冻、地震、暴雨、洪水等各种自然灾害的侵袭，电网的运维难度大，人工巡检在时间和效率上难以满足要求，缺乏高效可靠的巡检手段，应对安全风险的监测能力不足，对运维工作提出了巨大的挑战。

分布式光纤传感技术应用于输电线路运行状态监测（如图 4-18 所示），可实现对 OPGW、全介质自承式光缆（all dielectric self-supporting optical fiber cable，ADSS）等的状态监测、故障定位，掌握 OPGW 地线雷击断股、覆冰弧垂过大等状况。在此基础上可直接或间接反映输电线路整体运行状态，特别是对线路覆冰、强风、舞动等灾害造成线路绝缘间距不足引发的线路停电事故预警具有重要意义。

(a) 应用于覆冰线路的状态监测　　　　(b) 应用于线路舞动的状态监测

图 4-18　分布式光纤传感器应用于输电线路运行状态监测

4.1.2.4　光学成像传感技术

1. 技术原理

视觉图像感知渗透于国民经济的各行各业中，为社会安全、生产保障、城市监控提供着强有力的技术支撑。现有的传统机器视觉图像主要包括可见光、红外光和紫外光三大成像光谱。其中，可见光波长范围为 400～700nm，可见光仅仅是电磁波谱中的一小部分，电磁波（光）谱图如图 4-19 所示。在可见光谱以外还有很多人眼不能看到的光谱，如紫外线（波长较短）和红外线（波长较长），以及波长更短的 X 射线和波长更长的无线电波等。

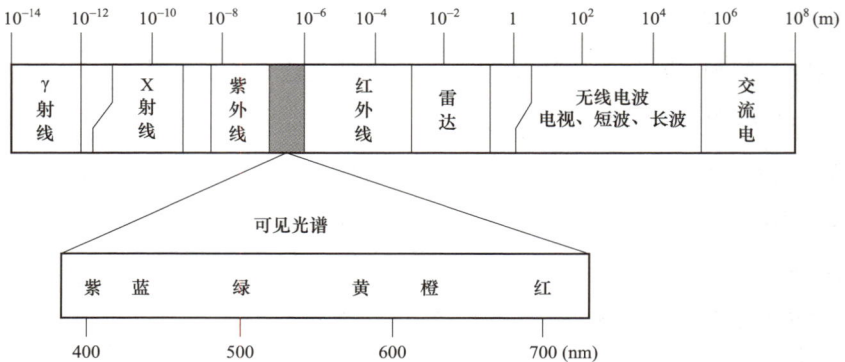

图 4-19　电磁波（光）谱图

（1）红外热成像技术。红外热成像技术运用光电技术检测物体热辐射的红外线特定波段信号，将该信号转换成可供人类视觉分辨的图像和图形，并进一步计算出温度值。红外热成像技术使人类超越了视觉障碍，由此人们可以看到物体表面的温度分布状况。从 20 世纪 60 年代开始，红外热成像技术开始在工业及民用领域有所应用。1859 年，基尔霍夫做了用灯焰烧灼食盐的试验。得出了关于热辐射的定律：在热平衡状态的物体所辐射的能量与吸收率之比与物体本身物性无关，只与波长和温度有关。物体的辐射强度与波长的关系如图 4-20 所示。

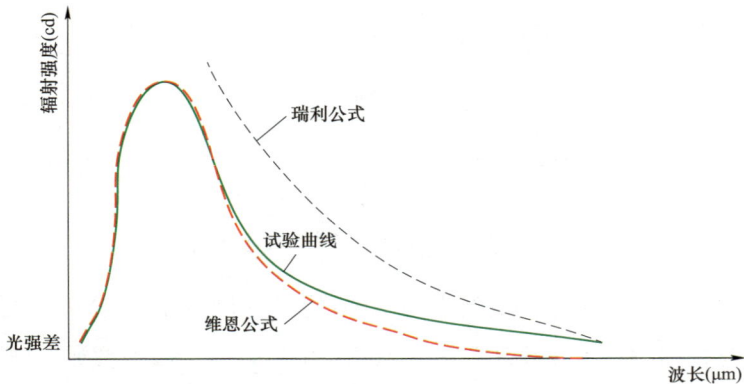

图 4-20　物体的辐射强度与波长的关系

基尔霍夫定律指明了"物体发射的热能只和温度与波长有关"。物体表面温度如果超过绝对零度即会辐射出电磁波，随着物体温度的变化，电磁波的辐射强度与波长分布特性也随之改变，其中在 2～2.6μm、3～6μm 和 8～14μm 波长的大气红外窗口，物体的热辐射穿透性最好，物体辐射的大气透射光谱如图 4-21 所示。人类视觉可见的可见光介于 0.4～0.75μm。

在自然界中，一切物体都可以辐射红外线。由于红外线对极大部分的固体及液体物质的穿透能力极差，因此红外热成像检测是以测量物体表面的红外线辐射能量为主。利用红外线传感器分别接收测定目标本身热辐射值分布和背景热辐射值分布，通过计算得出测定目标与背景之间的红外线差值的分布（类似黑白照片的灰度），即可得到不同的红外图像。因此，热红外线形成的图像又称热图。

红外热成像技术就是利用热辐射最好的红外"大气窗口"实现对物体的温度感知探测。由于掺锗的玻璃在 2～16μm 波段具有很好的红外透光性能，电力行业为了提高巡检机器人红外热成像仪测温效果，也改换锗玻璃的开关柜观察窗。

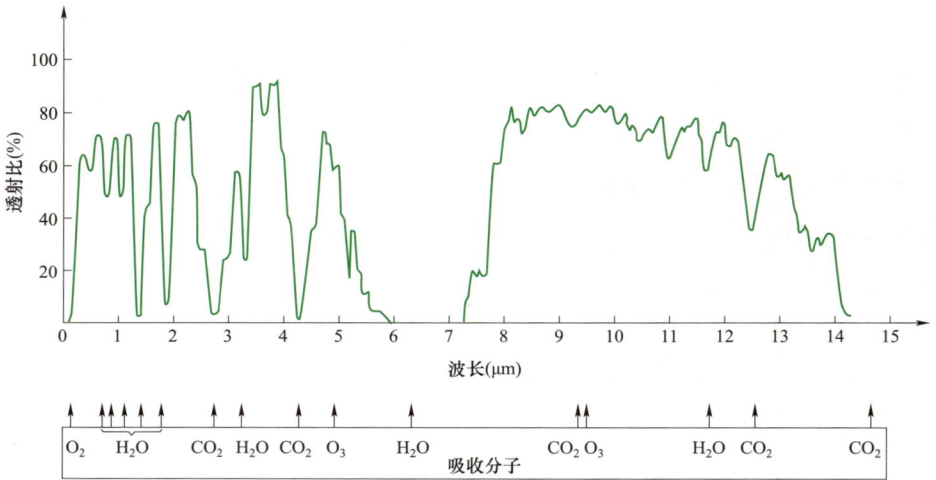

图 4-21 物体辐射的大气透射光谱

红外热成像仪属于被动成像设备，不需要任何光源照射就可以准确成像，可以不受光线影响。由于红外线波长较长，所以具有"透烟透雾"特性。红外热成像仪能更好地实现恶劣环境下的监控和识别。

红外热成像技术不仅可以通过不同物体的温差进行识别监视，如利用水与环境温差，红外热成像仪可以在雨、雪、烟、雾、霾等恶劣天气下，对水库堤坝进行全天候渗漏点识别监测等；而且可在温度相同的条件下，利用物体的不同辐射率进行识别监视。通过对红外吸收光谱的指纹库建立，就可以在线定位监测 SF_6 等工业气体的泄漏。

（2）紫外成像技术。紫外辐射又称紫外线，位于可见光短波外侧，通常指波长为 1～380nm 的电磁辐射，在实际应用中可把紫外辐射分为四个波段：长波紫外线，波长范围 320～380nm，有时也称这个范围的紫外线为近紫外线。中波紫外线，波长范围 280～320nm，普通照相镜头吸收中波紫外线。短波紫外线，波长范围 200～280nm，有时称为远紫外线，普通光学玻璃和明胶强烈吸收短波紫外线。短波紫外线也是所谓的"日盲"区（即大气层中的臭氧对200～280nm 波段紫外光几乎完全吸收，受此影响，这部分紫外光无法到达地球表面，因此 240～280nm 这一波段被称为日盲波段。工作在此波段探测器的背景非常微弱而干净）。真空紫外线，波长范围从 10～200nm，它只能在真空中传播，由于目前的照相镜头对真空紫外线的透过率很低，但其能量高，是当今集成硅工艺中光刻加工不可缺少的手段。但由于一般玻璃不透紫外辐射，要透过波长长于 180nm 的紫外线，透光窗口必须用石英或蓝宝石；要透过短于 180nm 的紫外线，透光窗口一般用氟化锂（LiF）、氟化镁（MgF）等材料。

因为紫外图像中带有可见光谱中没有的光波信息，利用该技术可以观察到大量用传统光学仪器观察不到的物理、化学、生物现象。因此有些比较适合的应用场景如在长波、中波及短波紫外区，太阳、高温黑体、电晕放电、弧光放电、等离子体、氢气等气体燃焰都是不同形态的紫外辐射源。因此紫外成像与紫外光探测，也是电力行业光学监测的重要图像感知技术手段。

在高电压作用下产生的电晕、电弧放电会产生淡蓝色或紫色的火光，通过光谱分析表明放电时辐射的光谱包括波长为 230～400nm，其中 240～280nm 的光谱为特有的日盲信号，所以紫外成像仪可以在阳光下探测到微弱电晕放电信号，如图 4-22 所示。

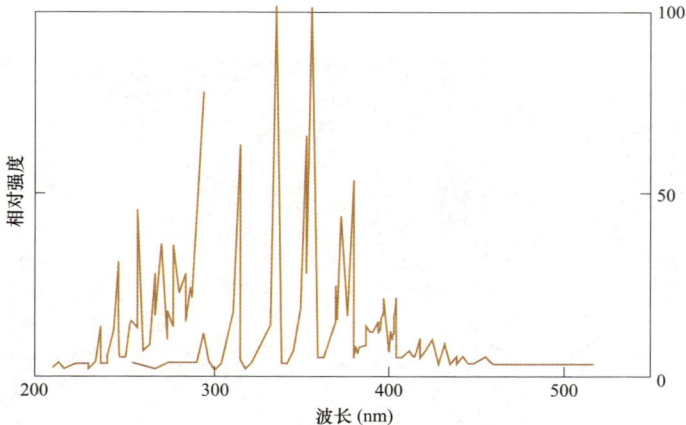

图 4-22 探测到微弱电晕放电紫外线信号

2. 研究现状

由于光感材料和技术路线的差别，在视觉图像三大成像光谱中，每种光谱成像器件只能提供单一光谱的图像信息，带来极大的使用局限性。其中，可见光成像视觉感知技术，具备以极高清晰度和极低成本（百千元级）提供视觉目标的外观形貌特征的优势特点，但无法通过可见光视觉发现目标物体的温度变化，也无法感知目标物体的微细电晕闪络荧光。红外热成像技术具备以极高精度提供视觉目标的表面温度特征。但为了实现对目标物体温度分布的精确定位，必须以数万甚至数十万的代价来提高红外热成像视觉感知器的图像分辨率。而紫外成像技术具备提供视觉目标的荧光特征，但无法探测到目标物体的温度状态，也难以精确定位荧光信号在目标物体上的具体位置。

3. 研究热点

鉴于视觉图像三大光谱成像视觉感知的特点，通过智能图像融合技术，可实现各类光谱图像技术优势的互补，以更好的性价比，体现图像光学传感器的技术优势。

（1）红外光谱与可见光谱的双光融合监测研究。由于红外热成像的成像原理导致热成像只能显示物体的基本轮廓，无法识别物体的外形特征。当把低成本的 4K 高清可见光成像感知图像与低成本的民用级低像素红外成像感知图像进行双光融合成像，即可实现高性价比的工业级红外成像效果。红外与可见光融合成像效果如图 4−23 所示。

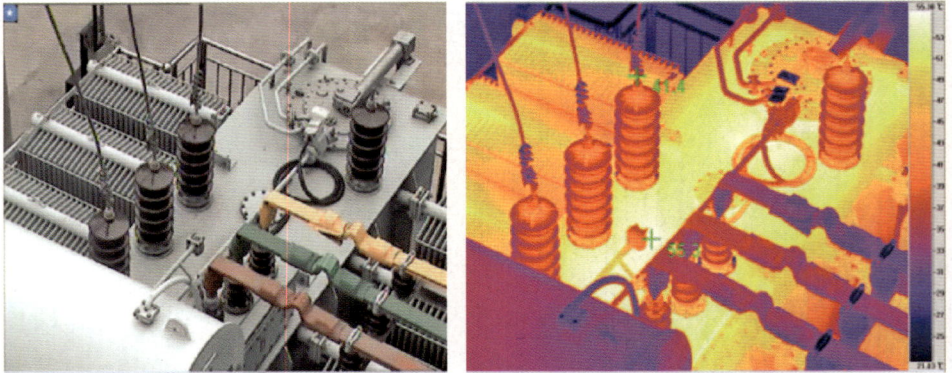

图 4−23 红外与可见光融合成像效果

若把红外热成像和低照度可见光成像进行双光图像结合，通过多光谱图像融合技术，结合 AI 图像识别技术，同时监测目标体温和人脸识别，就可在昼夜和不同的天气环境下，实现安防、支付等场景的活体人脸识别。

（2）紫外光、红外光与可见光的三光成像融合研究。由于紫外光谱可以发现电力设施早期无温升的间歇式电晕和闪络缺陷荧光，红外光谱可以发现电力设施隐患中期温升特征，可见光谱可以清晰地发现电力设施故障产生的外形破损。因此，通过紫外光谱、红外光谱与可见光谱的三光融合，可以更好地在线监测电力设施的健康运行状态。表 4-1 为红外光谱检测与紫外光谱检测特点对比。

表 4-1 红外光谱检测与紫外光谱检测特点对比

类型	紫外	红外
用途	检测电晕或电弧所发射的紫外光	测量温度，寻找不正常的发热情况
相关电气量	与电压有关	与电流有关
加载方式	不需要加载	需要加载
太阳光影响	不受太阳影响	受强烈阳光影响
优缺点	一般可检测出缺陷劣化前期现象	往往检测缺陷后期的现象

对紫外辐射成像探测，并与可见光图像融合，可收到单一成像无法达到的效果。采用紫外/可见成像双路光谱图像合成技术，将日盲紫外通道用于电晕信号的探测，可见光通道的场景图像用于放电位置的精确定位，两路图像合成在同一个画面上，这样既能探测到电晕放电的产生，又能进行精确的定位，便于故障的排除。

因此，可见光视频与红外、紫外光谱成像技术的三光融合技术，具备如下特点：

1）图像清晰直观，便于可视化人工智能识别。

2）可见光视频摄像设备技术发展快、图像分辨率高、成本比同等分辨率的其他光谱成像设备低，具有极高的技术性价比。

3）通过与其他光谱成像设备的图像数据融合，可提高其他低分辨率光谱成像的分辨率，可实现对可见光谱的设备开关位置及外观状态的监测，同时精确定位红外光谱成像的温度分布点位、紫外光谱成像的放电分布点位。

4）以较好的性价比实现高新性能全光谱的图像视觉监测。

4. 典型应用

以电力巡检为例，传统巡检的方式需要使用多种设备来获取不同光谱的图像进行故障分析，而分立的不同波段图像无法帮助运维人员快速定位发生故障的位置和原因，给运维人员排障带来很大不便。随着大数据时代的到来，人们对机器视觉所获取的数字图像的处理能力有了质的飞跃,从最初的满足目视需求快速发展到现今的人工智能图像特征精确提取分类,越多的图像维度越能提供更多的图像特征,因此图像信息的多维度化成为机器视觉成像发展的重要指导方向,行业对机器视觉成像需求从获取单一光谱图像不断向多波段融合成像快速发展。

在电力杆塔线路的同一场景,分别采用紫外与可见双光谱检测,以及采用红外与可见双光谱检测;人眼可以分别视觉感知到同一场景下不同光谱成像所显示出不同位置发生的不同缺陷图像效果,如图 4-24 所示。

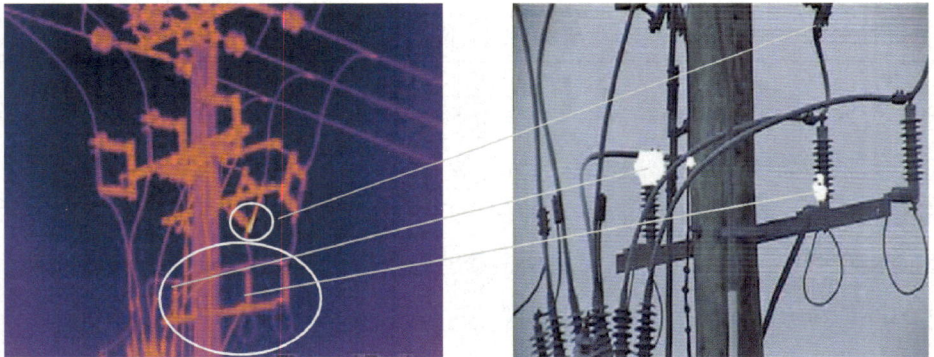

(a) 红外与可见双光谱图像   (b) 紫外与可见双光谱图像

图 4-24　红外/紫外与可见双光谱图像

4.1.3　MEMS 传感技术

MEMS 技术是建立在微米、纳米技术基础上的前沿技术,是微电子技术和微加工技术相结合的制造工艺。经过四十多年的发展,该技术已成为世界瞩目的重大技术之一,它涉及电子、机械、材料、物理学、化学、生物学、医学等多种学科与技术,具有广阔的应用前景。利用 MEMS 技术制造出的各种传感器件在微米量级的特征尺寸使得它可以完成某些传统机械传感器所不能实现的功能。针对电力物联网对于传感器越来越高的要求,本书将着重分析一些适用于电力物联网的 MEMS 技术,介绍其原理及应用现状等。

4.1.3.1 MEMS 磁传感技术

1. 技术原理

MEMS 磁传感器类型繁多、传感原理复杂，难以对其做出全面梳理和讲解。早期的 MEMS 磁场传感器，如基于洛伦兹力的 MEMS 磁场传感器、梳齿磁场传感器、谐振磁场传感器、扭摆式 MEMS 磁传感器和微机械硅蹦床磁力计等。而随着磁阻效应研究的深入，基于磁阻效应的传感器正在逐步取代传统的 MEMS 磁传感器。下面将着重梳理包括基于 AMR、GMR、TMR 磁传感器。

AMR 效应是指材料的电阻率在外加磁场方向不同时，电阻变化也不同的现象。AMR 传感器由沉积在硅片上的坡莫合金（NiFe）薄膜组成磁电阻。通过在沉积时外加磁场，使材料获得一个初始磁化强度轴 M_0，并使其具有各向异性。为了获得在外部磁场的强度和相应的电阻变化之间的线性响应，传感器的供电电流必须以 45° 角与磁化强度轴 M_0 相交。当施加一个偏置磁场 H 在电桥上时，两个相对放置电阻的磁化方向就会朝着电流方向转动，使得这两个电阻的阻值增加；而另外两个相对放置电阻的磁化方向会朝与电流相反的方向转动，两个电阻的阻值则减少。通过测试电桥的两输出端的输出差电压信号，可以得到外界磁场值。

GMR 元件与 AMR 元件的结构不同，它由中间带隔离层的两层铁磁体组成，GMR 传感器原理如图 4-25 所示。GMR 传感器相对于 AMR 传感器有更好的灵敏度，且磁场工作范围更宽。GMR 效应来自载流电子的不同自旋状态

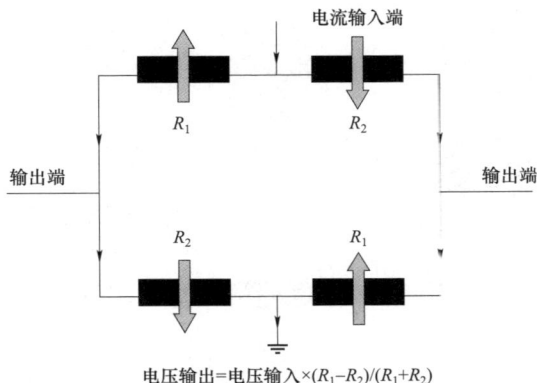

电压输出=电压输入×$(R_1-R_2)/(R_1+R_2)$

图 4-25　GMR 传感器原理

与磁场的作用不同，因而导致电阻值的变化。这种效应只有在纳米尺度的薄膜结构中才能观测出来。辅以特殊的结构设计，这种效应还可以调整，以适应各种不同的性能需要。

GMR 传感器将四个巨磁电阻构成惠斯通电桥结构，该结构可以减少外界环境对传感器输出稳定性的影响，增加传感器灵敏度。工作时图 4-25 中的"电流输入端"接 5~20V 的稳压电压，"输出端"在外磁场作用下即输出电压信号。

TMR 效应基于电子的自旋效应，在磁性钉扎层和磁性自由层中间间隔有绝缘体或半导体的非磁层的磁性多层膜结构，由于在磁性钉扎层和磁性自由层之间的电流通过基于电子的隧穿效应，因此将这一多层膜结构称为磁性隧道结（magnetic tunnel junction，MTJ），其内部结构如图 4-26（a）所示。当磁性自由层在外场的作用下，其磁化强度方向改变，而钉扎层的磁化方向不变，此时两个磁性层的磁化强度相对取向发生改变，则可在横跨绝缘层的磁性隧道结上观测到大的电阻变化，这一物理效应正是基于电子在绝缘层的隧穿效应，因此称为隧道磁电阻效应。所以可以认为 TMR 效应传感器就是一个电阻，只是 TMR 传感器的电阻值随外加磁场值的变化而发生改变。在理想状态下，磁电阻 R 随外场 H 的变化是完美的线性关系，同时没有磁滞。理想情况下的 TMR 元件的响应曲线如图 4-26（b）所示。

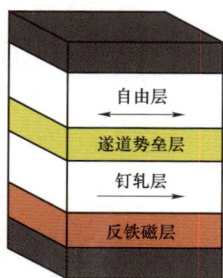

(a) MTJ的内部结构　　　　　(b) TMR元件的响应曲线

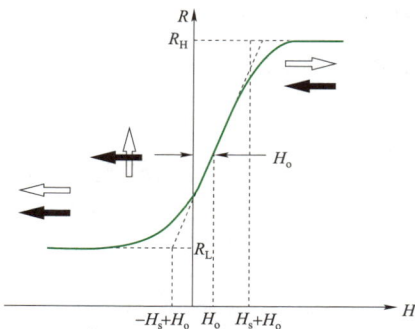

图 4-26　TMR 技术

2. 技术现状

磁传感器尺寸小巧且价格合理，可以轻松地和其他电路一同集成到芯片上，因此被广泛应用于各领域。AMR 传感器在材料成分、器件结构及外围电路等方面的研究已比较成熟，这使其被广泛应用于磁场测量、航海、探测等不同领域。目前问世的产品中主要有美国霍尼韦尔（Honeywell）公司研制的 HMC 与 SM35 系列 AMR 传感器、日本村田公司研制的 MRMS 系列 AMR 元器件、香港爱纳森（Anasem）公司研制的 MRX1518H 系列等。

随着人们对 GMR 效应的深入研究和开发利用，一门以研究电子自旋作用为主同时开发相关特殊用途器件的新学科——自旋子学科逐渐兴起。美国自然科学基金会提出：自旋子学科的发展及应用将预示着第四次工业革命的到来。通过香山科学会议，我国制订了 GMR 高技术研究开发计划，并把 GMR 效应的研究及应用开发列为我国将要重点发展的七个领域之一。但是由于技术、资金及设备等诸多因素，GMR 的研究在国内还局限于实验室的水平。

随着 GMR 效应研究的深入，TMR 效应开始引起人们的重视。尽管金属多层膜可以产生很高的 GMR 值，但强的反铁磁耦合效应导致饱和场很高，磁场灵敏度很小，从而限制了 GMR 效应的实际应用。MTJ 中两铁磁层间不存在或基本不存在层间耦合，只需要一个很小的外磁场即可将其中一个铁磁层的磁化方向反向，从而实现隧穿电阻的巨大变化，故 MTJ 较金属多层膜具有更高的磁场灵敏度。同时，MTJ 这种结构本身电阻率很高、能耗小、性能稳定。因此，MTJ 无论是作为读出磁头、各类传感器，还是作为磁随机存储器（magnetoresistive random access memory，MRAM），都具有诸多显著优点，应用前景十分广阔，引起世界各研究小组的高度重视。

目前，高密度、大容量和小型化已成为计算机存储的必然发展趋势。20世纪 90 年代初，磁电阻型读出磁头在硬磁盘驱动器中的应用，大大促进了硬磁盘驱动器性能的提高，使其面记录密度达到千兆比特/平方英寸的量级。十几年来，磁电阻磁头已从当初的 AMR 磁头发展到 GMR 磁头和 TMR 磁头。TMR 磁头材料的主要优点是磁电阻比和磁场灵敏度均高于 GMR 磁头，而且其几何结构属于电流垂直于膜面型，适合于超薄的缝隙间隔。

3. 研究热点

磁传感技术在测量速度、位置、电流和无损检测和条件监测等工业应用中发挥了重要作用。随着电力物联网概念的提出和相关技术的革新，现有磁传感技术已经难以适应需要，电网对磁传感器的灵敏度、温度稳定性、功耗等硬件属性提出了更高要求。

（1）高灵敏度。被检测信号的强度越来越弱，这就需要磁性传感器灵敏度得到极大提高。应用方面包括电流传感器、角度传感器、齿轮传感器、太空环境测量。

（2）温度稳定性。更多的应用领域要求传感器的工作环境越来越严酷，这就要求磁传感器必须具有很好的温度稳定性。

（3）抗干扰性。很多领域里传感器的使用环境没有任何屏蔽，就要求传感器本身具有很好的抗干扰性。

（4）小型化、集成化、智能化。要想做到以上需求，这就需要实现芯片级的集成、模块级集成、产品级集成。

（5）高频特性。随着应用领域的推广，要求传感器的工作频率越来越高。

4. 典型应用

磁电阻传感器具有较小的体积、更低的功耗、更高的灵敏度与容易集成等特点，因此基于磁阻效应的传感器正在逐步取代传统的传感器。未来电网，尤其是电力物联网的发展有必要研究和研制基于磁电阻的电力系统磁场传感器，其能很好满足全面感知需求，实现无接触测量，提升测量精度、安全性，同时降低生产和维护成本。基于磁电阻的电流传感器在电流测量领域也将占有越来越大的比重，它也是最为符合微型智能电流传感器技术要求的设备。

4.1.3.2 MEMS 振动传感技术

1. 技术原理

MEMS 振动传感器在电力、汽车工业、运动领域具有广泛的应用，按照 MEMS 振动传感器的工作原理，可以将其分为压阻式、压电式、电容式、隧道式、谐振式、电磁式、热电偶式、光学式、电感式等类型。下面是几种典型且应用较为广泛的振动传感器的原理介绍。

MEMS 压阻式振动传感器利用的基本原理是压阻效应，感应元件是采用敏感膜或者敏感梁等结构制造的压敏电阻，其感应过程为：当物体产生运动时，加速度传感器内部的质量块会在惯性力的作用下产生上、下运动，由于质量块由悬臂梁支撑，在运动质量块的牵引下，位于悬臂梁上的压敏电阻产生形变，电阻阻值发生改变，从而导致在惠斯通电桥电路中产生微小的波动电压，惠斯通电桥的输出信号通过读出电路后被放大，通过标定规则可以算出对应的加速度大小，加速度的变化趋势反映了目标的运动方向。

MEMS 电容式振动传感器是利用电容的变化测试加速度变化，一般由敏感结构和固定机构组成，构成一个电容可变的动态电容器，当加速度产生变化时，敏感结构与固定机构之间的电容量也随之发生变化，通过外围的检测电路就可以测试出这种变化量，根据加速度标定，就可以间接地测量出物体真实加速度的数值。

MEMS 隧道式振动传感器的基本原理是利用隧道效应研究位移与隧道电流的变化进行加速度测量。在室温下，当两个电极间的距离非常接近时，利用几何形状等特点的激发，电场的电压不断增强，当减小到足够小时，金属电极间的电子会主动发生穿透，此时会产生隧道电流。当受到惯性力作用时，敏感块产生位移，电极间的距离会发生变化，通过测出电流的数值就可以计算出外部加速度的大小。

MEMS 谐振式振动传感器是利用频率信号进行测量的，谐振梁是该加速度传感器的核心器件，当物体有加速度输出时，惯性力带动质量块发生振动，谐振梁在质量块的带动下发生形变，固有频率发生变化，通过检测这个过程中的谐振频率，计算出激励量，获得加速度的大小。

2. 研究现状

在电力系统应用中机械传感器的劣势逐渐明显，作为 MEMS 技术的重要分支，MEMS 传感器将逐步取代其地位，与传统传感器相比，它在减小体积、降低成本、减轻质量、提高可靠性、便于集成并适用于批量化制造等方面的优点比较突出，受到各个行业的高度重视。振动传感器在机械设备监测、桥梁、高铁、军事等领域都有广泛成熟的应用，在电网领域，MEMS 振动传感器在电力设备振动监测方面也已经有了相关的应用研究。但是由于电力设备较为特殊的应用环境，对传感器的自供能、灵敏度、抗电磁干扰性以及可靠性都有极高的要求，因此，还需要大量的应用技术研究，开发适用于不同监测环境的MEMS 振动传感器。

在自供能方向上，中国科学院上海微系统所基于摩擦电效应研究开发的自供电振动传感器工作模式不同于普通的触点分离模式，当传感器工作时，摩擦电材料一直相互接触，但是接触面积发生变化。由于有效利用重叠区域，不需要额外的空间即可实现摩擦电材料的接触分离，从而可以减小传感器的体积。由于采用柔性材料及 MEMS 工艺加工制作，整个传感器不仅不需外界能源实现自供电，而且不用任何保护结构即可以承受 15000g 加速度的冲击。自供电振动传感器的工作机制如图 4-27 所示。

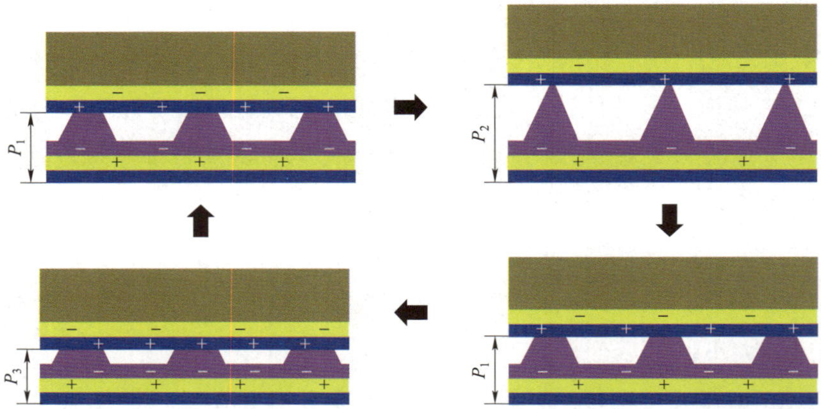

(a) 原理图

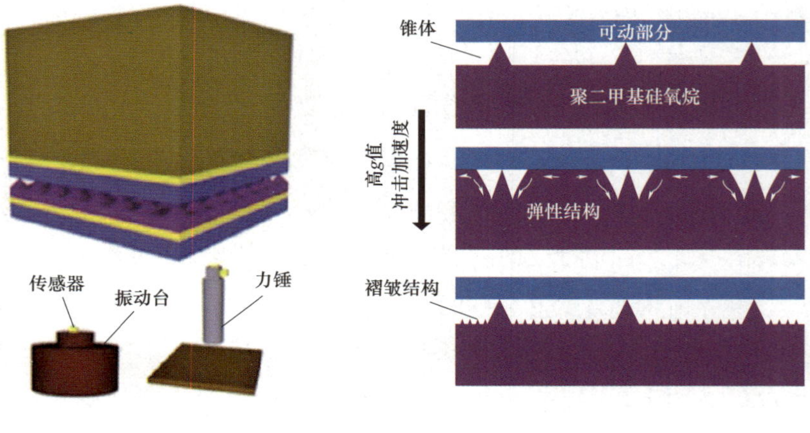

(b) 加工图

图 4-27　自供电振动传感器的工作机制

3. 研究热点

（1）传感器激励与检测电路。激励是指采用一定的方法将加速度传感器中的谐振器激励处于振动状态，而检测是指当加速度改变谐振器的频率时需要采用有关的电路将谐振器振动频率的变化读出，作为传感器的输出。目前，采用硅材料的加速度计工艺成熟、成本低，但它的主要问题在于硅本身没有压电特性，需要借助于静电力、热膨胀力、电磁力或者通过沉积其他压电材料等各种手段来激励谐振器振动。这些方式是采用闭环的电路方案来激励和检测谐振器的振动，虽然它能够提高传感器的带宽、动态响应和线性度，但同时也容易引入噪声干扰，限制传感器精度的进一步提高。另外，复杂的电路也会限制加速度传感器与微陀螺、原子钟等器件的微纳集成。因此，研究高精度闭环式的激励和检测电路，优化现有闭环电路中的不同环节，降低传感器的噪声和提高传感器的精度是一大研究热点。

（2）工艺误差。石英晶体作为天然的谐振器加工材料，具有硅材料所不具备的 2 个优势：固有的压电特性和良好的谐振器材料特性，前者使谐振式振动传感器易于激励振动，后者保证传感器具有高的品质因数、低噪声和高精度。但是，相对于硅材料的微加工工艺来说，石英的微加工工艺还是处于早期的湿法腐蚀阶段，加工方法单一、精度低。同时石英材料复杂的晶向结构也导致湿法腐蚀很难加工出复杂的传感器整体结构，成品率难以控制导致成本较高。而感应耦合等离子体刻蚀（inductively coupled plasma，ICP）作为干法刻蚀工艺的一种，具有刻蚀速率快、精度高、表面形貌好、选择比高、各向异性好、均匀性好等优点，是 MEMS 加工中的常用技术之一。开展基于 ICP 技术的石英深干法刻蚀工艺的研究，通过工艺的优化，得到更深的刻蚀深度和更好的陡直度，对复杂结构石英 MEMS 芯片的加工和石英谐振传感器新结构的开发具有重要意义。

（3）封装技术。谐振式振动传感器的封装就是提供给传感器芯片和测量电路印刷电路板合适的与外界系统和媒质的电连接、保护、支撑及人机接口的方法或装置。硅谐振式振动传感器由于需要引入外部激励，从而使振动传感器的结构和制作工艺十分复杂。同时，为了获得较高的品质因数，硅谐振式振动传感器通常需要进行真空封装，其难点在于封装应力的降低和高真空度的长期稳定保持。而石英谐振式振动传感器通常需要与硅等基底进行组装，这就难免会引入部分残余应力，影响振动传感器的性能。因此，研究诸如低温直接键合技术和硅转接板（through silicon via，TSV）通孔技术等先进的 MEMS 封装技术，对器件的小型化、降低传感器的残余应力、提高品质因数和工作可靠性都具有重要意义。

4. 典型应用

近年来我国不断加快电网建设步伐，电网智能化水平不断提高，当前巡检的方式仍是以人工巡检为主，但电力设备繁多，运维难度大，人工巡检在时间和效率上难以满足要求，缺乏高效可靠的监测手段，应对安全风险的监测能力不足，这对运维工作提出了巨大的挑战。

MEMS 传感技术融合物联网、5G 等通信技术，可实现对电力关键设备的全时间、全空间智能感知，通过数据的全面采集，实现电力设备数字化，进而向智能化方向发展。由于电力设备的特殊性，传统的电子传感器难以匹配电力监测的需求，因此研究开发适用于电力设备、电力运行环境监测的高性能专用传感器具有重要意义。通过在变压器上部署振动传感器，可对变压器器壁振动状态进行有效采集，进而实现对变压器异常振动的有效捕捉；通过在导线上部署振动传感器，对导线舞动状态、微风振动状态特征进行在线监测，并在此基础上结合边缘计算、人工智能、大数据分析等技术，可实现状态监测、故障识别、故障预警的智能化运维系统，全面提升电网的智能化水平，提高电网运行可靠性。

4.1.3.3　MEMS 温度传感技术

1. 技术原理

温度传感器是利用温度敏感元件和转换电路实现温度测量的传感。根据温度测量方法的不同，温度传感器可分为接触式和非接触式两种。接触式即感温元件与被测对象直接接触，进行热量交换，如热电偶、热敏电阻、半导体温度传感器等；非接触式即通过测量一定距离处被测物体发出的热辐射强度来确定被测物的温度，如热红外辐射、热电堆温度传感器。

MEMS 温度传感器与传统的温度传感器相比，具有体积小、质量轻、成本低、功耗低、可靠性高、适于批量化生产、易于集成和实现智能化的特点。它正在许多应用领域取代传统的传感器。

目前应用较多的接触式 MEMS 温度传感器有谐振式 MEMS 温度传感器，其原理是基于石英晶体谐振器对温度的热敏感性，利用谐振频率随温度的变化而产生频率偏移的特性进行温度测量。谐振式 MEMS 温度传感器的工作原理示意图如图 4-28 所示，利用压电材料的逆压电效应，当给压电体施加交变电场激励时，压电体便在逆压电效应的作用下产生机械振动而形成一个压电振子。谐振频率是压电振子最重要的特性参数之一，当作用于压电振子的外界参量即温度改变时，其谐振频率也会发生改变，基于温度—频率特性实现温度测量。

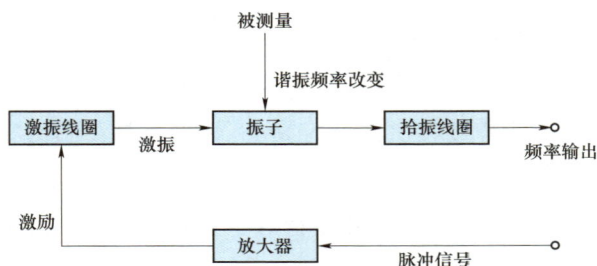

图 4-28　谐振式 MEMS 温度传感器工作原理示意图

典型的非接触式 MEMS 温度传感器有红外热电堆温度传感器，是由多对热电偶相互串联起来形成的，其工作原理与热电偶相似，红外热电堆温度传感器内部基本结构示意及传感器实物图如图 4-29 所示。热电偶两端由两种不同材料组成，当一端接触热端、另一端接触冷端时，由于塞贝克（Seebeck）效

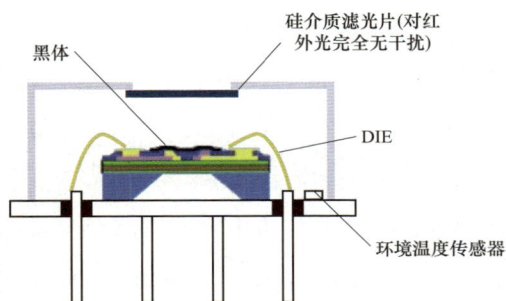

(a) 内部基本结构示意图　　　(b) 实物图

图 4-29　红外热电堆温度传感器内部基本结构示意及传感器实物图

83

应在两种不同材料之间会产生一个电势差,利用电势差的大小与两种不同材料之间的温度差关系进行测温,即红外热电堆温度传感器可将一系列热电偶串联在一起,提高传感器的探测灵敏度。

2. 研究现状

MEMS 温度传感器在汽车空调温度、环境温度、人体温度、工业设备温度检测等领域已有较成熟的研究应用,在电力电缆接头、电气设备测温方面的研究应用也积累了大量经验。在电网领域,由于电气设备电磁环境恶劣、安装空间受限且监测量大,大大降低了普通电子式温度传感器的可靠性、实用性。随着物联网技术的发展,使得具有高集成度、体积小、低成本、低功耗、高可靠的 MEMS 温度传感器在电力监测、检测中的应用成为可能。目前,电力设备温度在线监测方面有利用声表面波(surface acoustic wave,SAW)温度传感器实现开关柜内部电力电缆接头温度监测,有采用红外测温枪实现设备表面温度检测等。而利用 MEMS 温度传感器实现电力设施温度在线监测的应用较少,有开展 MEMS 温度传感器集成无线通信模块实时监测电力电缆接头、电力设备温度的相关研究,但典型应用少,在传感器灵敏度、稳定性等方面有待进一步提升。

3. 研究热点

温度传感器正朝着高精度、多功能、高可靠性及安全性等高科技的方向迅速发展。

(1)提高测温精度和分辨力。在 20 世纪 90 年代中期最早推出的智能温度传感器,采用的是 8 位 A/D 转换器,其测温精度较低,分辨力只能达到 1℃。目前,已相继实现多种高速度、高分辨力的智能温度传感器,所用的是 9~12位 A/D 转换器,分辨力一般可达 0.5~0.0625℃。部分芯片采用高速逐次逼近式 A/D 转换器,以进一步提高温度传感器的转换速率。

(2)多功能化。集成利用芯片内部 256 字节的带电可擦可编程只读存储器(electrically erasable programmable read only memory,E2PROM),可实现用户信息存储功能。另外,从单通道向多通道的深入研究为研制和开发多路温度感知创造了良好条件。在功能模式上,单次转换模式、连续转换模式、待机模式以及低温极限扩展模式的研究进一步拓宽了其应用场景。

（3）可靠性及安全性设计。为防止因静电放电而损坏芯片，需增加专用保护电路，以承受上千伏的静电放电电压。同时为了避免系统受到噪声干扰，需在温度传感器的内部研究噪声判别及排除机制，以提高传感器可靠性。

4. 典型应用

电力设备所处环境复杂，运行状况受多方影响，极易导致设备故障。且电网输变配电设施众多，尤其是电力电缆接头、接续金具、各种开关、变压器等设备，极大地增加了运维难度与工作量，常规的人工巡检方式难以满足及时性、准确性的需求。因此，亟待有效的监测手段实现大量设备的状态感知。而温度的升降反映了设备运行状态和许多物理特征的变化，电气设备运行异常或故障通常表现出温度的异常变化。因此，可将 MEMS 温度传感器应用于输变电设备温度状态监测中，MEMS 温度传感器具有高集成度、低功耗、低成本、小体积、高可靠、高精度的特点，可实现输电、变电、配电大量电力设施温度状态的同时监测与异常预警，及时发现设备异常，排除安全隐患，对保障电力设备的安全稳定运行具有重要意义。同时，可对电力设备所处环境的温度进行实时监测，提升电网防灾减灾水平。

4.2 边缘计算技术

随着电力现场智能传感器的泛在部署，海量异构信息被上传至云数据中心进行计算。这将带来电力系统云端数据爆炸、网络通信信道拥堵、数据处理实时性差等问题，难以满足电力系统安全稳定、快速响应、实时计算需求。

边缘计算技术是解决这些问题的重要手段之一。边缘计算是在靠近数据源头的网络边缘侧，融合网络、计算、存储、应用核心能力的大部分功能，可就近提供边缘智能服务，满足电力系统在敏捷联接、实时业务、数据优化、应用智能、安全与隐私保护等方面的关键需求。

本书将从在线分析与自主计算技术、嵌入式实时边缘智能技术和边缘计算轻量化容器技术等方面简要介绍边缘计算技术及其在电力物联网中的应用，旨在体现边缘计算技术对电力物联网的重要性和实际意义。

4.2.1　在线分析与自主计算技术

1. 技术原理

在线分析与自主计算技术是指通过边缘传感器采集原始数据，并部署特定的人工智能算法，利用采集到的原始数据来对机器学习（machine learning，ML）进行训练，从而实现器件级的执行、分析及自主计算。这种计算方式具备安全性高、隐私保护、可扩展性强、位置感知及低流量的优势。

微型机器学习（tiny machine learning，TinyML）技术是在线分析与自主计算中最为关键的技术之一。TinyML 源自于物联网，特指超低功耗的机器学习在物联网各种终端微控制器中的应用。TinyML 通常功耗为毫瓦量级甚至更低，可支持各种不同电池驱动的设备，需要始终在线应用。这些设备包括智能摄像头、远程监控设备、可穿戴设备、音频采集硬件及各种传感器等。TinyML 主要可以应用于边缘计算和节能计算领域，可以缓解边缘 ML 和云端 ML 中无法突破的多种问题，包括数据隐私、网络带宽、时间延迟、可靠性和能源效率。

在算法方面，TinyML 算法的工作机制与传统机器学习模型几乎完全相同，通常在用户计算机或云端中完成模型的训练，经过训练后进行模型压缩处理，之后将训练好的算法部署在电力物联网终端微控制器中。TinyML 着眼于降低算法的计算复杂度和延迟时间，利用模型压缩技术，在尽可能减少算法精度影响的条件下缩小现有的算法模型规模。

在硬件方面，TinyML 通过设计专用的微控制单元（microcontroller unit，MCU），结合机器学习算法的特性，将更多的计算能力集成到更紧密的物理空间中，以更低的功耗和延迟来执行智能算法的训练和推理。

2. 研究现状

TinyML 是当前新兴的研究方向，2019 年举行 TinyML 首场峰会，英伟达、安谋（Advanced RISC Machines，ARM）、高通、谷歌、微软等公司大力推进 TinyML 研究工作，在算法、网络、轻量化模型方面取得了重大突破。TinyML 已到可大规模商用的阶段。

高通推出了超低功耗的 always-on 计算机视觉解决方案，该方案具有超低功耗，可始终保持开启状态，系统电源为小于 1mA 标准锂电池，典型帧率为

1～30FPS；苹果公司启动开发高效、低功耗的 TinyML 应用，这些应用不需要强大的处理能力，也不需要连接到云端，在本地设备上便可处理本地数据。ARM 公司 2020 年公布了 ARM Cortex－M55 和 Ethos－U55 两款芯片，可以实现在没有云端连接的设备上，执行机器学习的能力，从而推进 TinyML 应用；碧波公司（Green Waves）采用多个 RISC－V 内核，在超低功耗下实现 TinyML 应用。其第二代产品 GAP9 拥有 10 个 RISC－V 核心。其中，1 个作为结构控制器，另外 9 个形成计算集群。这些控制器和计算集群，运行于独立的电压和频率域。通过支持最先进的 FD－SOL 处理技术，进一步降低了功耗；Eta Compute 公司的 ECM3532 适用于低功耗 IoT，拥有两个核心，Arm Cortext－M3 和 DSP，可实现长待机状态下的图像处理和传感聚合，功耗仅为 100μW。该芯片具有 512KB 闪存和 256KB 容量的静态随机存储器（static random access memory，SRAM），Eta Compute 公司展示的 TinyML 案例包括语音、图像和视频识别，以及在工业传感场景中的应用。

3. 研究热点

（1）自主可控微控制器。目前用于 TinyML 的微控制器多依赖国外，多基于 ARM 指令集架构，且配套的编译工具均为封闭生态。在复杂多变的国际形势下，研究基于开源指令集的微控制器具有重要意义。

（2）高性能加速器架构。由于 ML 算法是 TinyML 的核心，因此需要对机器学习加速器架构进行设计和研发，可尝试的研究方向包括片上加速器、异构神经网络加速器、基于新型存储器件的加速器、软硬件协同设计及面向新型应用的加速器。

（3）异构多核架构融合。研究 MCU 与数字信号处理器（digital signal processing，DSP）、图形处理器（graphics processing unit，GPU）、浮点运算器（floating point unit，FPU）等异构多核架构融合技术，满足电力行业多样化应用需求，拓展应用范围，以支持 TinyML 的部署，进而促进在线分析和自主计算的执行。

4. 典型应用

通过在器件内部实现小波分析、谱分析等先进信号处理算法，结合抗干扰、状态辨识诊断等轻量级人工智能算法，可实现变电设备就地化声—振联合监测、输电线路舞动及振动特征辨识、强电磁环境微弱信号提取等应用。在线分析与自主计算技术用于变电设备声—振联合监测应用如图 4-30 所示。

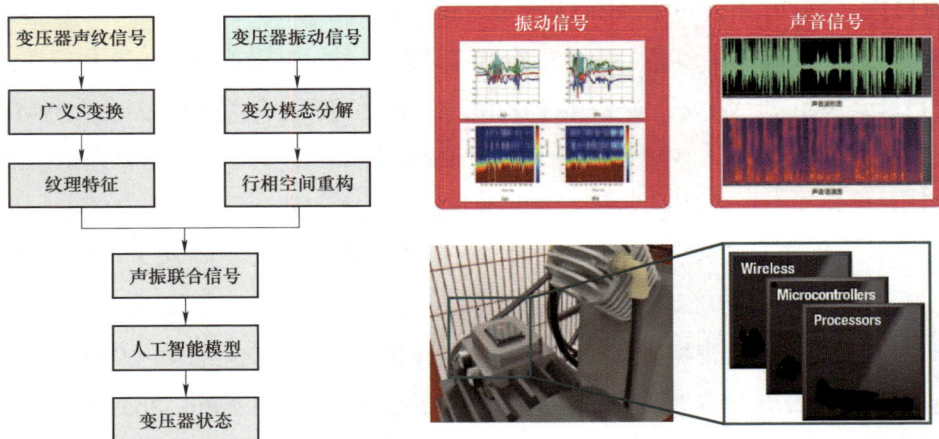

<table>
<tr><td>(a) 变压器状态自主计算流程图</td><td>(b) 自主计算技术装置实物图</td></tr>
</table>

图 4-30　在线分析与自主计算技术用于变电设备声—振联合监测应用

4.2.2　嵌入式实时边缘智能技术

1. 技术原理

嵌入式实时边缘智能技术是指让嵌入式边缘设备拥有实时执行智能算法的能力。通过在边缘侧嵌入式设备上部署深度学习，从而实现对边缘设备的实时诊断分析。虽然近年来深度学习技术快速发展，在各种任务上不断刷新传统模型的性能，但由于模型的参数数量庞大，存储代价高昂，这些性能优异的深度学习模型难以部署在资源有限的边缘设备上。通过硬件设备的升级可解决计算资源不足的问题，但硬件设备价格昂贵，高性能的计算设备难以大范围推广和部署。因此如何在资源有限的情况下进行模型的训练和推理成为当前亟须解决的问题。

模型深度压缩技术是实现嵌入式实时边缘智能的关键技术，旨在保证模型精度情况下对模型进行精简，在保障准确率的情况下，得到轻量化的网络。压缩后的网络具有更少的参数和更简单的网络结构，可以降低计算和存储的开销，因而可以部署到资源有限的边缘终端设备上。

2. 研究现状

嵌入式实时边缘智能技术主要包括剪枝、模型量化、知识蒸馏技术等。

剪枝通过裁剪掉深度学习模型中冗余的网络结构和参数,从而降低网络复杂度,提高网络的泛化能力。深度学习模型由众多神经元相连接,每一层根据神经元的权重将信息向下传递。但是有一些神经元的权重较小,这类神经元对整个模型影响也较小。若将这些权重较小的神经元删减掉,则可以在保证模型准确性的同时减少模型规模。通常剪枝分为全连接层剪枝和卷积层剪枝。神经网络剪枝训练如图 4−31 所示。

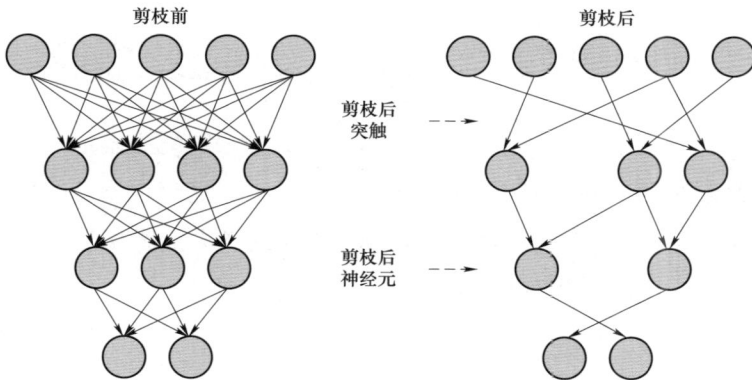

图 4−31 神经网络剪枝训练

模型量化是指降低深度学习模型中参数的比特数来压缩模型。通常使用 8−bit(位)或者 16−bit 的整型数来代替传统的浮点数。模型量化在尽可能保证模型准确度的情况下,减少模型参数存储所占用的空间。更为激进的则采用二值神经网络,即将原本神经网络中 32−bit 模型参数量化为 1−bit 进行存储。经过对网络进行剪枝和量化的步骤,能够使原有网络的节点和连接减少 9∼13 倍。对于剪过的稀疏网络结构,可以使用压缩系数行列的格式来进行存储,并且通过存储索引差异来取代绝对位置值,并将这些差异进行编码,通过相对索引的方式来表示矩阵的稀疏度如图 4−32 所示,卷积层可用 8−bit 表示,而全连接层则可用 5−bit 表示。当遇到大于限值的差异值时,考虑使用补 0 的方式来避免溢出。

知识蒸馏技术是指将一个神经网络中的知识"浓缩"到另一个神经网络

中。前者网络为教师（teacher）网络，后者为学生（student）网络。神经网络中的知识体现在神经网络的参数中。知识蒸馏首先训练一个规模较大的 teacher 网络并达到较高的准确率，接着构建一个轻量化的 student 网络来拟合 teacher 网络，让 student 网络尽可能得到和 teacher 网络相似的映射输出。通过知识蒸馏可将一个规模较大的 teacher 压缩成一个轻量化的 student 网络。

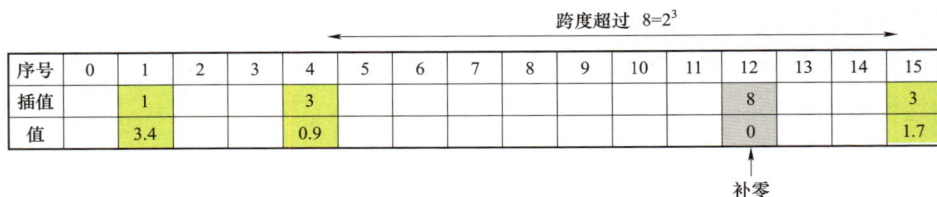

跨度超过 8=2³

序号	0	1	2	3	4	5	6	7	8	9	10	11	12	13	14	15
插值		1			3								8			3
值		3.4			0.9								0			1.7

补零

图 4-32　通过相对索引的方式来表示矩阵的稀疏度

除了上述介绍的经典技术，还有低秩分解、加法网络等技术，目前开展的主流研究是尝试将多种模型压缩技术进行综合运用。通过模型压缩，尽可能在保证准确率的情况降低深度学习模型的规模，从而能够部署在资源有限的边缘设备上，对于实现电力物联网边缘智能具有重要意义。

3. 研究热点

（1）网络结构搜索技术。网络结构搜索（neural architecture search，NAS）属于自动机器学习范畴。网络结构搜索通过各种算法自动搜索神经网络结构，旨在设计出轻量化、性能优异的神经网络模型。目前主流的搜索算法包括基于梯度的搜索算法、基于进化算法的搜索算法、基于强化学习的搜索算法。通过网络结构搜索进而设计出轻量化的模型。

（2）自适应模型剪枝。自适应模型剪枝基于强化学习技术，实现模型剪枝参数的确定及优化，可以省去传统模型剪枝的稀疏化训练过程，可根据不同任务和场景，实现模型压缩比的最优匹配。

（3）低比特量化技术。目前主流的量化方法多为 8-bit 量化，仍然对边缘设备内存和计算资源有较高的要求。4-bit 或者更低比特的量化技术可以大幅提升模型的训练和推理速度，具有极高的研究价值。

4. 典型应用

利用嵌入式实时边缘智能技术，将海量数据处理过程从云端下沉到边缘，可以大幅降低信息的传输成本，支撑电力物联网设备的实时缺陷诊断，提升电力生产运行现场安全作业水平。在输电领域，将嵌入式实时边缘智能技术与固定摄像头、直升机、无人机、巡线（巡检）机器人等立体巡检手段结合起来，在输电现场实现对数据快速分析处理，实现故障实时识别；在变电站故障识别中，利用嵌入式实时边缘智能技术，对变压器的多种模态进行监测，通过对变压器油色谱、振动、声纹等特征进行采集并开展故障分析诊断，实现变压器状态实时评估和故障就地诊断。嵌入式实时边缘智能技术在电力领域的应用如图 4-33 所示。

(a) 输电线路缺陷检测

(b) 变压器故障诊断

图 4-33　嵌入式实时边缘智能技术在电力领域的应用

4.2.3　边缘计算轻量化容器技术

1. 技术原理

边缘计算轻量化容器技术可隔离不同应用的运行环境，将用户服务封装在容器里形成容器镜像，从而实现灵活方便的服务启停、弹性扩容和缩容，是支撑电力高级业务的重要基础之一。利用边缘计算轻量化容器技术，可以利用算力较强的边缘计算设备来执行多个边缘计算服务。

边缘计算轻量化容器技术不虚拟任何硬件，使用宿主机的系统内核，通过命名空间技术隔离不同容器来实现虚拟化，软件定义容器技术原理图如图 4-34 所示。容器的虚拟化技术可以将物理资源抽象集中，逻辑划分，重新分配为虚拟实体。虚拟实体必须满足隔离性，包括用户隔离（权限隔离）、进程隔离、网络隔离、文件系统隔离等。虚拟实体只能感知其内部的资源，并且自以为是独占整个资源空间。它既不能感知其所在宿主机的真实资源，也不能感知其他虚拟实体的资源。下面对边缘计算轻量化容器技术进行较为详细的介绍。

图 4-34 软件定义容器技术原理图

（1）容器的资源隔离与管理。容器利用命名空间技术来实现资源隔离，命名空间提供封装系统资源的手段，使得每个容器都拥有自己的独立资源，为容器调度提供了技术基础。同时利用源自控制组群（control groups，Cgroups）机制来实现资源管理。

（2）容器的运行状态数据。在 Cgroups 中的 cpuacct、memory、blkio 以及 net_cls 等子系统分别记录了容器当前占用的 CPU、内存、I/O 以及网络的资源量，下文将从四个方面分别介绍如何获取容器的运行状态数据。

CPU：容器中 CPU 的调度默认有两种策略，一种是完全公平调度，Cgroups将依据容器的配额按照比例来分配时间片；另一种是实时调度，Cgroups 将依据周期给实时进程分配固定的时间片。无论是哪一种 CPU 调度策略，cpuacct都提供了不同的函数用来统计容器当前的 CPU 使用情况，具体包括统计容器中所有任务使用 CPU 的时间、统计容器中所有任务使用每个 CPU 核心的时间、统计容器中所有任务分别在用户态和内核态使用 CPU 的时间。

内存：容器的内存控制提供了存储系统中完整的内存和页面管理功能。提供了大量的函数，具体包含以下功能：限制容器能够使用的内存上限；统计容器当前占用的内存容量；统计包含 tmpfs 在内的缓存占用量；统计交换区的容量；统计文件系统中从硬盘换入内存的页面个数；统计文件系统中从内存换出到硬盘的页面个数。

I/O：容器中 I/O 设备的调度默认也有两种策略：一种是完全公平队列调度，Cgroups 将按照权重来分配能够使用 I/O 设备的利用率；另一种是限制资源使用上限，每个容器能够使用 I/O 设备的份额是固定的。无论是哪一种 I/O 设备调度策略，blkio 都提供了不同的函数用来统计容器当前的 I/O 使用量，具体包括统计容器使用 I/O 设备的时间、统计容器使用 I/O 设备的数据量、统计容器使用 I/O 设备进行的操作数、统计容器因为等待 I/O 设备而消耗的时间。

网络：容器中网络设备的控制功能提供了数据包和网络传输量的统计，具体包括统计容器上传和下载的网络传输量、统计容器发送和接收的数据包个数、统计发送和接收数据包中出错的个数、统计发送和接收数据包中丢包的个数。

由于 Cgroups 提供了全面的容器运行状态数据的统计，使得通过访问 Cgroups 来分析容器当前状态成为可能。

（3）容器化应用调度策略。每当有用户向系统提交新的任务等待执行时，系统将决定如何给应用分配资源，以及如何调度到合适的计算节点上运行。容器化应用的特点是一个应用由多个容器组成，每个容器拥有独立的资源控制能力。为降低在边缘侧设备下调度和部署应用的难度，系统将应用规划到一个特定的资源池中，而应用包含的容器则共享这个资源池中的资源。用户在提交任务时，需要指定该应用所需的 CPU 个数、内存体积、I/O 速率及网络带宽，这些资源限制指标给应用调度模块提供了最基本的信息。然后应用调度模块会向监控系统请求集群中所有计算节点的资源使用状况，根据系统预设的调度算法进行调度。

2. 研究现状

自边缘计算轻量化容器技术提出以来，容器引擎（Docker）、D2iQ（原名中间层 Mesosphere)、谷歌（Google）等公司纷纷推出自己的容器云计算平台，面向虚拟机管理的开放式云端平台（OpenStack）也开始提供对于 Docker 的支持。2017 年 10 月，在 DockerCon 2017 欧洲大会上，Docker 宣布将在容器引擎平台（Docker Platform）和莫比开源项目（Moby Project）中集成开源容器编排系统（Kubernetes）。下一版本的 Docker EE 将支持用户在同一集群中运行集群管理（Swarm）和 Kubernetes 工作负载。作为企业级的容器平台，Docker EE 通过私有注册及更多的安全特性，提供了一种集中化控制平台和软件供应链管理。2018 年 5 月，Docker 发布了 Docker 企业版的 2.0 版，主打可以跨 OS、跨云的企业级容器管理平台，也强调可以通过 Kubernetes 来管理跨云容器调度。Dokcer 企业版 2.0 拥有联合应用程序管理（federated application management，FAM）功能，可帮助操作人员管理多个集群。

边缘计算轻量化容器技术保障了应用隔离需求，同时提供了轻便的资源分配方式，解决应用运行与系统环境的依赖，弥合应用跨节点迁移的鸿沟。

3. 研究热点

（1）在线动态迁移技术。在线动态迁移技术是实现边缘计算轻量化容器技术的重要保障。通过研究软件定义与容器技术资源在线动态迁移算法，可实现进程的快速虚拟切换，降低响应时间。利用动态迁移框架数据分流设计，可实现数据的备份与保护，出现故障时自我修复，进而提高设备的安全性与可控性。

（2）边缘轻量缓存技术。由于数据流量爆发，对网络资源的需求攀升，导致服务器出现流量拥挤状况，边缘轻量缓存技术能很好地解决流量负载问题，它可以在边缘节点中预缓存终端用户所需的内容，从而降低网络中的流量负载。

（3）边缘计算框架技术。边缘计算框架技术是实现边缘计算轻量化容器技术的重要基础。利用边缘计算框架可实现在终端设备上部署边缘计算。通过将边缘计算直接部署在个人计算机网关、路由器、交换机等边缘设备，来为边缘设备提供资源管理、安全校验、设备接入等基础功能。边缘计算框架大大简化了边缘计算的部署过程，利用边缘计算框架技术可以更好地对容器进行管理和资源调度，从而推进电力物联网边缘计算的实现。

4. 典型应用

应用边缘计算轻量化容器技术，可以开发具有可视化、可操作的图形交互界面，方便电力人员通过图形界面来展示和管理系统的各项功能；同时可以利用边缘计算轻量化容器技术并行发布高效的业务应用，使用独立的资源，可以实现数据自动备份与保护。边缘计算轻量化容器技术在丰富用户体验的同时，不仅不影响不同应用之间的性能，还可实现软硬件资源的高效利用与隔离，消除独立开发 App 之间的安全漏洞，确保应用和数据的安全。边缘计算轻量化容器技术在输电线路边缘智能终端的应用如图 4-35 所示。

图 4-35　边缘计算轻量化容器技术在输电线路边缘智能终端的应用

4.3　安全连接技术

电力物联网体现出电力流、信息流和业务流高度融合的显著特点，是坚强可靠、经济高效、清洁环保、透明开放、友好互动的能源信息网络。"互联网＋电力"是电力物联网的基本内涵，网络与信息安全是电力物联网发展的关键支撑。

本节主要探讨电力物联网安全连接技术的现状和发展趋势，简要介绍目前较为先进的通信、组网及安全手段。

4.3.1 广域窄带物联网技术

1. 技术原理

广域窄带物联网（narrow band internet of things，NB-IoT）是一种低功耗广域网络，专为低带宽、低功耗、远距离、大量连接的物联网应用而设计。可为低功耗电力设备广域数据连接提供支撑，只消耗有限带宽，可直接部署于全球移动通信系统（global system for mobile communications，GSM）网络、通用移动通信系统（universal mobile telecommunications system，UMTS）网络、长期演进（long term evolution，LTE）网络或基于非授权频段，从而降低部署成本、实现平滑升级。广域 NB-IoT 提供面向低数据速率、大规模终端数目及广覆盖要求等复杂电力场景的端到端解决方案，可以实现各类智能传感器及终端设备的海量接入，助力传统的电网升级，实现电力系统广域采集、精准感知。

NB-IoT 系统采用基于 4G LTE 演进的分组核心网（evolved packet core，EPC）网络架构，并结合 NB-IoT 系统的大连接、小数据、低功耗、低成本、深度覆盖等特点对现有 4G 网络架构和处理流程进行了优化。

NB-IoT 的网络架构如图 4-36 所示，其包括 NB-IoT 终端、演进的统一陆地无线接入网络（evolved universal terrestrial radio access network，E-UTRAN）、基站（evolved node b，eNodeB）、归属用户签约服务器（home subscriber server，HSS）、移动性管理实体（master of mechanical engineering，MME）、服务网关（serving gateway，SGW）、公用数据网（Public Data Network，PDN）网关（PDN gate way，PGW）、服务能力开放单元（service exposure function，SCEF）、第三方服务能力服务器（secure communications server，SCS）和第三方应用服务器（application serverer，AS）。和现有 4G 网络相比，NB-IoT 网络主要增加了 SCEF 来优化小数据传输和支持非 IP 数据传输。为了减少物理网元的数量，可以将 MME、SGW 和 PGW 等核心网网元合一部署，称为蜂窝物联网服务网关节点（cellular serving gateway node，C-SGN）。

为了适应 NB-IoT 系统的需求，提升小数据的传输效率，NB-IoT 系统对现有 LTE 处理流程进行了增强，支持两种优化的小数据传输方案，包括控制面优化传输方案和用户面优化传输方案。控制面优化传输方案使用信令承载在

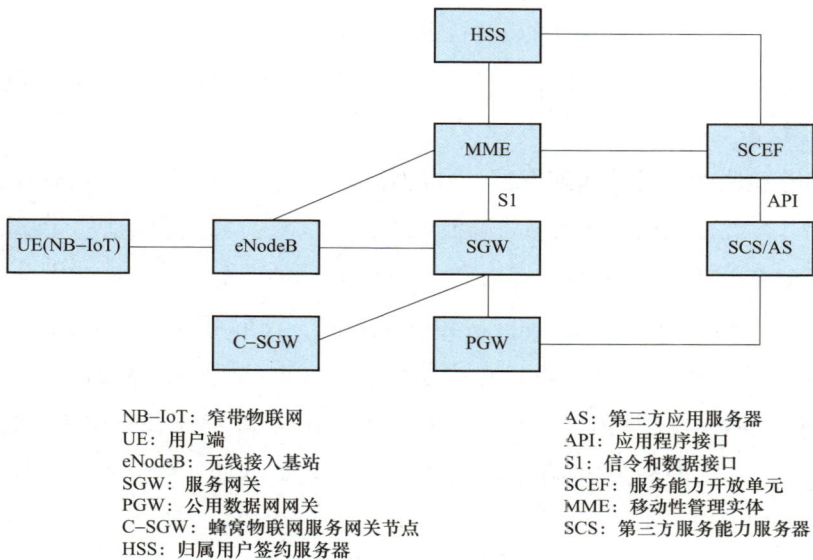

NB-IoT：窄带物联网　　　　　　　　　AS：第三方应用服务器
UE：用户端　　　　　　　　　　　　　API：应用程序接口
eNodeB：无线接入基站　　　　　　　　S1：信令和数据接口
SGW：服务网关　　　　　　　　　　　SCEF：服务能力开放单元
PGW：公用数据网网关　　　　　　　　MME：移动性管理实体
C-SGW：蜂窝物联网服务网关节点　　　 SCS：第三方服务能力服务器
HSS：归属用户签约服务器

图 4-36　NB-IoT 的网络架构

终端和 MME 之间进行 IP 数据或非 IP 数据传输，由非接入承载提供安全机制；用户面优化传输方案仍使用数据承载进行传输，但要求空闲态终端存储接入承载的上下文信息，通过连接恢复过程快速重建无线连接和核心网连接，进行数据传输，简化信令过程。

现阶段广域 NB-IoT 技术具有以下优势：

（1）覆盖范围优势。基于广域 NB-IoT 高灵敏度优势，其支持 M2M 体系下海量数据连接与更新，加之广域 NB-IoT 连接的便捷性，增加了网络自身的覆盖面积，满足物联网环境下通信流程与环节的各项需求。

（2）功耗优势。广域 NB-IoT 由于其终端以及各种设备待机时间较长，待机时间可以高达 10 年，具有超长的待机与良好的功耗控制优势。广域 NB-IoT 低速率窄带物联网通信技术的功耗优势，使得其模块成本控制难度较低，保证了通信运营企业足量的盈利空间，同时也大大降低了广域 NB-IoT 设备更新换代的难度，保证了物联网通信技术体系的无缝调整，减少了不必要的资源浪费与人员费用支出。

（3）数据链接能力。广域 NB-IoT 结构的特殊性，使得广域 NB-IoT 与传统的通信技术相比有着良好的连接能力，可满足海量用户信息获取需求，广域 NB-IoT 一个扇区最多可以支持同时 10 万用户端的在线连接,并且在满负荷的情况下,广域 NB-IoT 技术可保持一个较低的延时率,提升用户的满意度。

2. 技术现状

随着物联网业务的迅速发展,物联网业务对通信技术提出了增强覆盖、降低功耗、扩大可连接终端数量、降低成本四个重要要求,而当前的无线通信技术并不能有效承载物联网的应用。为了迎合不同的业务需求,第三代合作伙伴计划(3rd generation partnership project,3GPP)国际标准组织在 2015 年 9 月立项提出了一种新的窄带蜂窝通信低功率广域网络(low-power wide-area network,LPWAN)技术,即 NB-IoT 技术。NB-IoT 技术的强覆盖、低功耗、低成本、大连接四个关键特点能够很好地满足物联网业务的需求,成为物联网通信技术的热点。

各大制造企业及研究学者对 NB-IoT 的立项起到了重要的推动作用。2014年 5 月,华为联合沃达丰在 3GPP 的 GSM/增强型数据速率 GSM(enhanced data rate for GSM evolution,EDGE)无线接入网(GSM EDGE radioaccess network,GERAN)研究项目中提出窄带机器通信(narrow band machine to machine,NB-M2M)技术。同年,高通公司提交了窄带正交频分复用(narrow band orthogonal frequency division multiplexing,NB-OFDM)技术。2015 年 5 月,NB-M2M 与 NB-OFDM 合并为窄带蜂窝物联网(narrowband-cellular IoT,NB-CIoT)。2015 年 7 月,爱立信提出窄带长期演进方案(narrow band long term evolution,NB-LTE)方案。2015 年 9 月,NB-CIoT 与 NB-IoT 进一步融合形成了 NB-IoT,这就表示 NB-IoT 标准制定项目正式启动。2016 年 6 月,3GPP 国际标准组织正式通过了 NB-IoT 技术协议,其中 3GPP 标准核心部分也已经冻结,2016 年 12 月,完成 NB-IoT 的接入网性能标准、一致性测试标准制定。

3. 研究热点

面对复杂的电网环境,研究应用于智能传感、智能终端、智能设备的工业级广域 NB-IoT 通信模块,能够实现主站与采集终端、主站与电能表之间的工业级远程无线通信及电力集中采集终端和计量电能表的数据传输,支撑进一步优化电力行业数据传输通信质量,提升电力营销业务管理效率,降低日常运维成本,进而形成具有核心国产化技术的配套通信产品及实用的解决方案;研究针对电网海量数据的安全模型，实现异常或易受攻击的传感器节点的检测和感知；研究广域 NB-IoT 快速故障检测技术和局部故障检测算法，支撑精确识别广域 NB-IoT 的故障节点，实现高效运维。

4. 典型应用

电力系统是一个庞大而复杂的系统，要保证其安全、高速、有效的运营，就必须对线路、设备等各种资产的信息有准确、高效的获取能力，进而达到对系统各要素资源的合理分配。随着电力行业物与物之间通信点爆炸式的增长，传统蜂窝通信技术已经无法满足电力业务全采集、全覆盖的需求。

广域 NB-IoT 技术充分利用通信架构优势，具有高密度、大面积、多层次铺设的电力传感器节点，采用广域监测和通信手段，涵盖发电、输电、变电、配电、用电所有环节，完成对输电线路在线实时监控、用电计量、智能巡检等业务场景的全方位智能感知，广域 NB-IoT 技术在智能电网中的应用如图 4-37 所示。可建立可靠、稳定的传输网络，完成电力全网信息的实时在线监控，保障智能电网的高效节能和供求互动。

图 4-37　广域 NB-IoT 技术在智能电网中的应用

4.3.2　5G 工业互联网技术

1. 技术原理

5G 工业互联网架构包含接入、控制和转发三个功能平面。控制平面生成全局控制策略，再交由接入平面与转发平面执行。接入平面包含各种类型基站和无线接入设备。基站间逐渐强大的交互能力和多样化的组网拓扑，使无线接入协同控制更加灵活，也使无线资源利用率得到提高。控制平面重新组合网络功能，使控制功能集中化，控制流程简单化，实现接入和转发资源的灵活调度。按照不同服务需求编排的网络功能，可实现网络资源的定制化、网络能力的开放化。转发平面包括用户面下沉的分布式网关、集成边缘数据缓存和服务加速等功能，可在控制平面的集中控制下提升数据转发效率和灵活性。

为了支持低时延、大容量和高速率的各种业务，能够更高效地实现对差异化业务需求的按需组网功能，核心网对传统的网络功能进行了解耦及重新划分和组合，继而形成面向服务的全互联协议（internet protocol，IP）5G 工业互联网核心网架构，5G 核心网架构如图 4-38 所示。该新型架构将软件系统架构中"微服务"的理念引入控制面设计，使得网络功能可以灵活组合、独自演进。

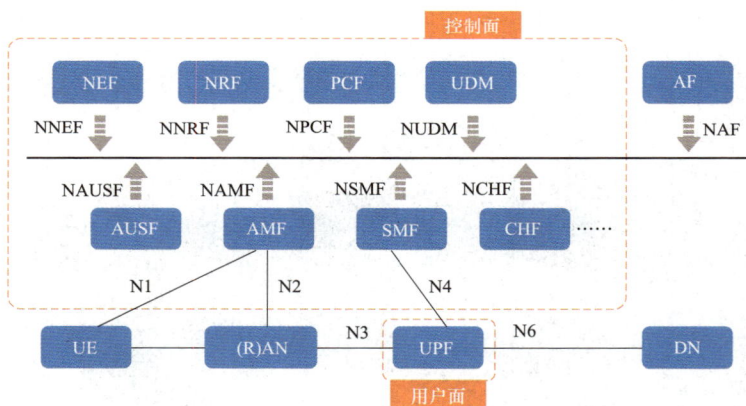

图 4-38　5G 核心网架构

5G 工业互联网核心网中网络功能分为公用控制网络功能（common control network function，CCNF）和专用控制网络功能（special control network function，SCNF）。CCNF 是一组基础控制网络功能的集合，用于支持 5G 工业互联网核心网多个业务实例之间公用基本功能操作，CCNF 的网络功能主要有鉴权服务功能（authentication service function，AUSF）、接入和移动性管理功能（access and mobility management function，AMF）、网络切片选择功能（network slice selection function，NSSF）等；SCNF 是一组专用控制网络功能的集合，用于支持 5G 网络独有应用场景的功能操作，SCNF 的网络功能包括会话管理功能（session management function，SMF）、策略控制功能（policy control function，PCF）、应用功能（application function，AF）、用户平面功能（user plane function，UPF）等。

核心网中各个网络功能之间采用基于服务的接口和参考点进行通信，以提高接口实现效率，降低开发难度。如接入网通过 N1、N2 和 N3 接口与核心网相连。这种核心网架构，能够充分利用网络虚拟化的优点，各网络功能可根据需求实现逻辑上的按需组网，并映射到基础设施实例上，以匹配通信服务需求。实现硬件平台的通用化、功能软件的开放化，使整个网络更加扁平。

基于这种新型的网络架构体系，5G 网络通过网络虚拟化技术，在通用的基础架构上根据不同的需求构建不同服务功能的端到端逻辑网络。

2. 技术现状

我国的 5G 工业互联网技术高速发展，基础电信企业和大型工业企业强强联合，在多个行业加快布局，已形成 20 余种融合应用类型，重点聚焦工业制造、能源电网、智慧港口等领域。中国商飞与中国联通、华为、中国信通院等合作探索通过 5G 全连接工厂实时管控工厂生产状态，不断消除工厂运营中的资源浪费，使生产实现高度精益化。南方电网公司联合中国移动、华为等，利用 5G 切片技术在深圳开展 5G 承载配用电业务改造试点，确保企业内网便捷、高效、安全应用。目前，5G 工业互联网技术已逐渐由巡检、监控等外围环节向生产控制、质量检测等生产内部环节延伸。

3. 研究热点

（1）大规模天线技术（Massive multiple–input multiple–output，Massive MIMO）技术。5G 网络使用毫米波频段，天线的收发面会非常窄，基站必须使用多天线阵列。Massive MIMO 对空间的利用率很高，能够快捷地增加信道容量，不同天线之间的干扰较小。但是为了让波束方向与用户匹配，Massive MIMO 后台的算法复杂度会大大增加。

（2）超密集组网技术。超密集部署的发射节点状态的随机变化，使得网络拓扑和干扰类型也随机动态变化，加上多样化的用户业务需求保障，同时为了降低网络部署、运营维护复杂度和成本、提高网络质量，超密集组网技术必须配合更智能的、能统一实现多种无线接入制式，覆盖层次的自配置、自优化、自愈合的网络自组织技术。就当前的研究成果来看，超密集部署场景下的自组织网络（self-organizing networks，SON）技术（自配置、自优化、自愈功能）也是研究的热点。

（3）网络切片技术。软件定义网络（software defined network，SDN）和网络功能虚拟化（network functions virtualization，NFV）的组合虽然功能强大，但仍然不能解决所有的问题，由于现实中存在多种传统网络，5G 工业互联网架构将不得不考虑如何解决异构网络之间的兼容性问题、如何规范编程接口、如何发现灵活有效的控制策略、如何进行不同架构网络协议适配、南北向接口的数据规范、数据采集处理等一系列问题。

4. 典型应用

5G 是新一代移动通信技术，不仅可以带来良好的移动互联网体验，还将成为智慧能源、智能制造、智能医疗、智能政务、智慧城市以及自动驾驶等领域的关键支撑技术。工业互联网是代表了新一代信息技术与制造业深度融合创新大方向的生态系统，既包括生产设备、材料和产品等硬件领域，也包括各种管理软件、数据和服务领域。5G 开启万物互联的数字化新时代，工业互联网是 5G 最主要的应用场景，"5G+工业互联网"将是产业融合的重要方向，可进一步促进各生产要素间的高效协同，助力企业实现数字化转型升级。

4.3.3　微功率无线传感网技术

1. 技术原理

微功率无线传感网是一种结合了传感器的无线通信组网，它通常包括数据采集节点、汇聚节点。采集区数据通过无线传感网络以单跳或多跳的方式传输至监控中心，从而实现信息的交互。典型无线传感网络结构如图 4-39 所示。

无线传感网络中常见的拓扑结构有星形、树形和网状形等。星形拓扑结构是一种组网简单且延迟低的网络结构，也是目前使用较为广泛的一种拓扑结构。它是将各终端采集节点与中心节点直接相连而构成的一种网络结构形式。终端与终端之间不能进行通信，中心节点负责与网络中的各终端节点进行通

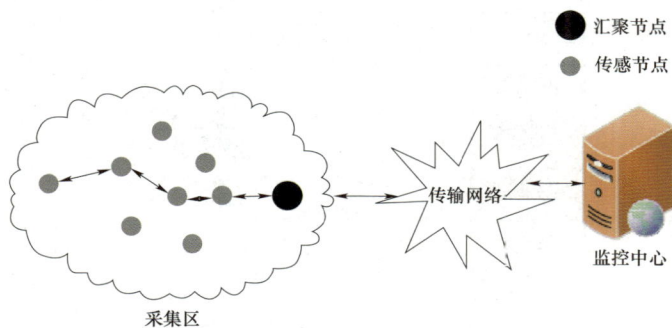

图4-39 典型无线传感网络结构

信，所有的数据将汇集到中央节点上。由于传输方式为单跳的形式，所以其距离覆盖范围受无线通信技术的限制。

将星形拓扑结构进行扩展即可看成是树形结构，它是一种分级结构，每个节点又可看作是父节点，子节点对父节点依赖较大。数据经过多次跳转传递到汇集节点，覆盖范围较广，但是功耗和成本也随之增加。如果某一个节点坏掉将影响到该条支路的信息传递。

网状形拓扑结构由互连节点构成，每个节点都具备数据的发送和路由中继的作用，随着距离的增加所需的节点也就越多，同时节点的负荷与功耗也会增大。源节点可以根据不同情况进行路径选择，将数据传输至目标节点，以此来确保数据传输的可靠性。但是这种结构对于信息的传输依赖于网络或路径的质量，实现起来较为复杂，成本也较高。

（1）蜜蜂（ZigBee）技术。ZigBee是建立在IEEE 802.15.4低速率个人局域网络（low-rate personal area network，LR-PAN）上的网络的协议。ZigBee协议栈如图4-40所示，ZigBee的协议主要覆盖网络层但同时也包括应用层的一些功能，主要是定义不同的应用模型。

每一个ZigBee网络有一个中央协调节点通过网状网络（Mesh）连接一些全功能路由节点，后者通过星形网络连接一些低功能终端节点，ZigBee组织的网络架构如图4-41所示。

ZigBee使用源驱动（ad-hoc on-demand distance vector，AODV）的路由协议，也支持另一种树结构（hierarchical routing algorithm，HERA）的路由议。ZigBee网络层有直接地址路由（Direct Addressing），也就是在网络包头中

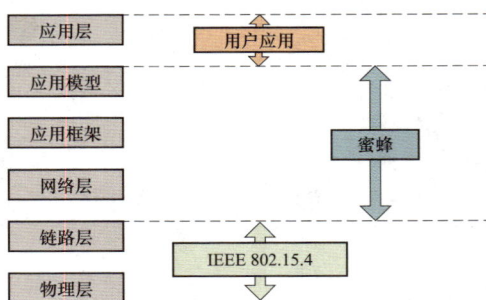

图 4-40 ZigBee 协议栈

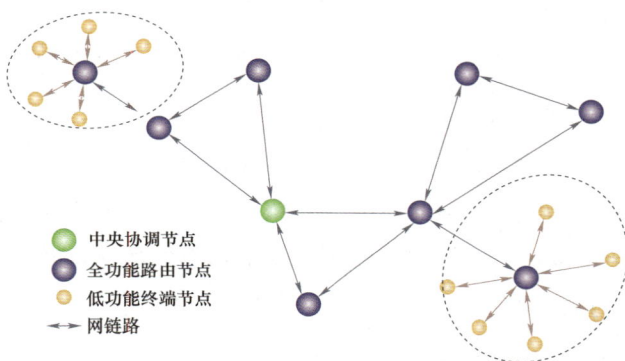

图 4-41 ZigBee 组织的网络架构

包括源节点和目标节点的信息。另一种是间接地址路由（Indirect Sddressing），有一个控制节点，一般为协调节点（Coordinator），维护一个地址绑定表格，为每一个源地址的数据发现目标地址，这样数据帧里就不需要保存目标节点地址，每一个节点只需把数据发送到控制节点，然后由控制节点发送到目标节点。这样不仅可以降低负载开销，也不需要维护网络所有点对点的路由信息，使得路由建立和维护得到简化。

（2）6LowPAN 技术。互联网协议第 6 版（internet protocol version 6，IPv6）低功耗个人局域网（IPv6 low power personal area network，6LowPAN）是基于互联网工程任务组（internet engineering task force，IETF）规范的低功耗无线传感网络设计的解决方案，6LowPAN 网络架构如图 4-42 所示。6LowPAN 是建立在 IEEE 802.15.4 LR-PAN 上的网络层技术，是可以取代 ZigBee 的一种竞争技术，具有和互联网协议兼容（IPv6），以及兼容其他不同的底层无线传感网络的特点，如蓝牙低功耗网络。

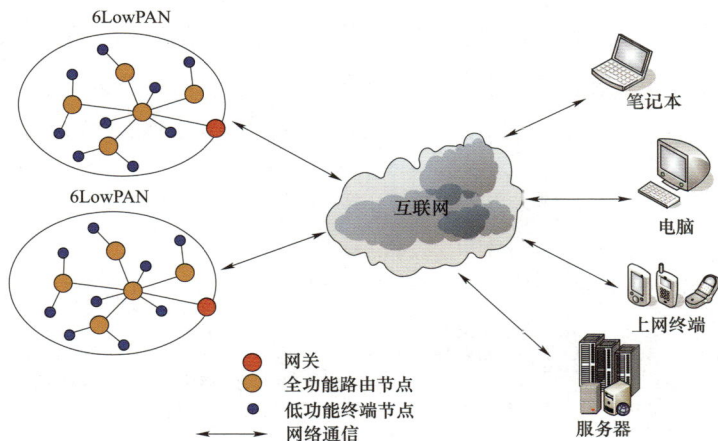

图 4-42 6LowPAN 网络架构

在不同的子 6LowPAN 之间，或与其他 IP 设备，可以直接使用 IPv6 路由。而在每一个 6LowPAN 内，则使用低功耗有损网络路由协议（routing protocol for low-power and lossy network，RPL）实现路由。RPL 是一种简化的距离矢量（Distance Vector）路由协议，6LowPAN 网络路由如图 4-43 所示。每一个 6LowPAN 有一个中心节点，以它为根节点建立一个面向目标的直接无环图（destination oriented direct acyclic graph，DODAG）树结构，RPL 也是一种基于树结构的路由协议。

6LowPAN 虽然是一个网络层（L3）的协议，但是它使用一种非常优化的包头压缩技术，ZigBee 和 6LowPAN 网络

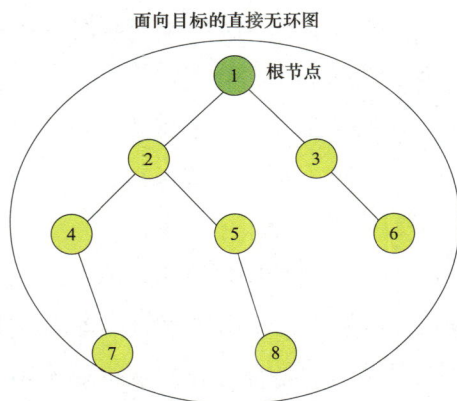

图 4-43 6LowPAN 网络路由

层数据包的比较如图 4-44 所示。在链路层（MAC）的负载里，6LowPAN 需要增加一个 Dispatch 包头（1byte）和一个 IPv6 压缩包头 HC1（1byte）就可以了。剩余的数据帧全部可以作为 IPv6 的负载内容（Payload）。其中用户数据报协议（user datagram protocol，UDP）的压缩包头 HC2（4 bytes）、剩余的 108 bytes 可以全部作为 UDP 的负载内容。所以和 ZigBee 相比，6LowPAN 的负载开销

是非常低的。而 ZigBee 的负载开销包括网络层的源地址、目标组（cluster）地址加上目标节点地址、应用层的用户配置文件（profile）和其他开销。一个典型的 6LowPAN 的栈协议占用 30kB 内存，而 ZigBee 的协议栈则占用 90kB 内存。

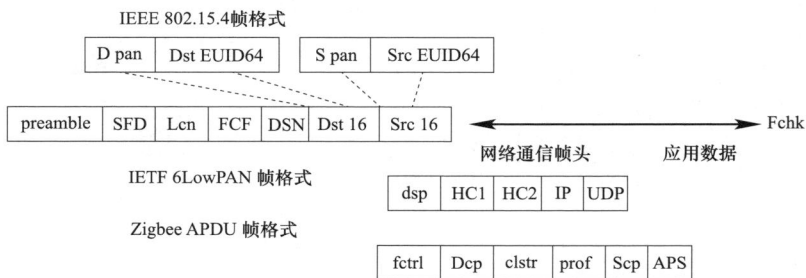

图 4-44　ZigBee 和 6LowPAN 网络层数据包的比较

6LowPAN 还有一个功能就是可以选择节点之间使用二层或者三层路由协议（Mesh under or Route over）。6LowPAN 的路由方式如图 4-45 所示，同样作为基于 IEEE 802.15.4 无线网络的网络技术，6LowPAN 总的来说比 ZigBee 有很大优势。

在网络路由协议的优化上不断有新的研究成果，主要的方向包括移动节点的动态入网、离网，降低建立和维护路由网络（树结构、路由表等）的开销。

2. 技术现状

（1）蓝牙低功耗网络技术（bluetooth low energy Mesh，BLE Mesh）。BLE Mesh 网络规范使用蓝牙的广播信道实现一个可控泛洪（Managed Flooding）的网络层协议，蓝牙 Mesh 网络如图 4-46 所示。在一个范围内的网络节点分为不同类型，其中低功耗节点（low power node，LPN）使用节能模式收发，即在超低的任务执行周期（Duty Cycle）下运行。助力节点（Friend Node）只负责给指定的 LPN 节点缓存和转发信息，能耗会比 LPN 节点高。中继节点（Relay Node）负责转发所有收到的信息，只要没有超时（TTL＝0）。转发节点基本上处于扫描接收状态，因此必须有足够的供电。BLE Mesh 在网络层不负责路由，真正的受主寻址和数据传递是在传输层（Transport Layer）上面的应用层实现的。应用层使用模型（Model）的概念，将网络节点按照不同的应用和在应用中的不同功能来定义行为、状态、信息内容、信息格式等。

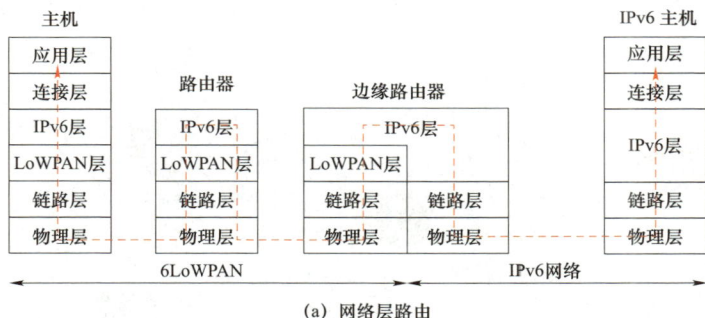

（a）网络层路由

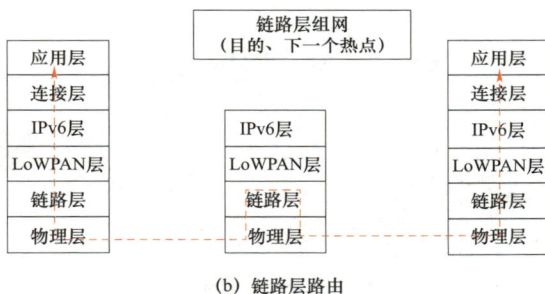

（b）链路层路由

图 4-45　6LowPan 的路由方式

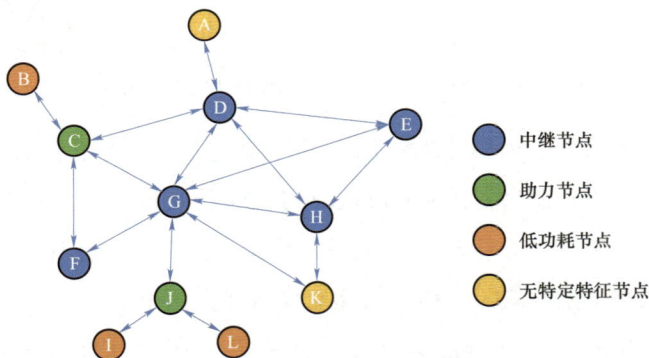

图 4-46　蓝牙 Mesh 网络

（2）基于 BLE5.0 超低能耗 Mesh 网络技术。与其他的 Mesh 网络技术类似，基于 BLE5.0 超低能耗 Mesh 网络也是一个多层级树架构，Mesh 网络架构如图 4-47 所示。传感节点（Sensor Node），可以有两种模式，一种是间接传感节点（Indirect SN），另一种是充当直接传感节点（Direct SN），相当于蓝牙

107

Mesh 的助力节点（Friend Node），可以为一个或多个间接传感节点提供转发功能。汇聚节点相当于蓝牙 Mesh 的中继节点（Relay Node 或者 Router），一般具有足够的电源供给。中心节点相当于 ZigBee 的协调节点（Coordinator）。

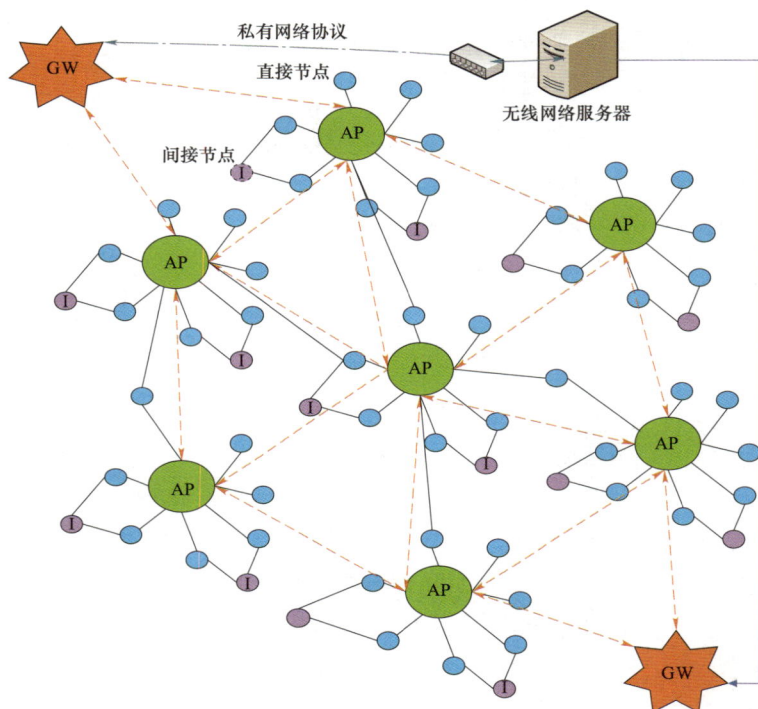

图 4-47　基于 BLE5.0 超低能耗 Mesh 网络架构

该方案假设基础：传感器网络的数据传输是上行或者下行的，一般情况下不会有传感节点到传感节点（peer to peer，P2P）的数据传输。特殊情况下，P2P 的数据传输也可以用一个上行加一个下行传输来实现。这样在不支持任意点到任意点的数据传输的前提下，路由的建立变得非常简单。类似于 ZigBee 的间接地址路由（Indirect Addressing），可以降低负载开销，同时简化路由维护方法。为了增加数据传输的可靠性，方案同时支持多路径选择性路由。这样基于 BLE5.0 超低能耗 Mesh 网络可以用一个多父节点树（Multi-parent Hierarchical Tree）来表达。

3. 研究热点

（1）使用 BLE5.0 的芯片制作无线传感器，无论是成本还是性能（主要是能耗）都是最佳选择。但是电力应用场景（室内、室外、长距离）具有多样性和复杂性，传感器和控制器种类众多，对超低功耗、高信道效率的需求，都不是现有 BLE Mesh（典型应用如家庭灯光控制）能够满足的。建立一种低帧头字节消耗的链路层网络技术解决方案是当前研究的重点。该方案适用于不同应用场景（室内高密度、室外高/低密度、长距离等），空口协议和数据格式都是通用的，Mesh 网络可以自主建立路由，支持网络节点动态加入和离开，以及掉电自动修复。

（2）现有链路层的 Mesh 协议的标准 802.15.5 和 802.15.10/10a 都是 P2P，也就是为任意点到任意点的数据传输设计的，因此无论是地址空间的占有量，还是路由的建立都有非常大的开销。可基于 BLE 的链路层 Mesh 协议栈，同时利用 BLE5.1 的定位技术改进网络自主建立、动态维护的方案。研究如何与6LowPan 集成，也就是在一个 BLE 的 PAN 内用超低能耗 Mesh，然后在和其他的 PAN、IP 设备之间，使用 6LowPAN 建立网络，利用 6LowPAN 支持的Mesh under 的路由选择来实现。

4. 典型应用

电力现场有很多设备、环境需要监测，如电力电缆的接头温度状态、输电线路电流、变压器运行声音等。利用无线传感器网络可以搭建测温、噪声、故障电流、电力电缆隧道水浸等的感知网络，将大量的现场传感器连接起来，采集传输信息到监测中心，从而了解电力现场的环境和设备本体的运行状态，避免复杂的通信连接线路和网络。无线传感网络技术应用如图 4-48 所示。

(a) 无线温度传感器   (b) 无线水浸传感器

图 4-48　无线传感网络技术应用（一）

(c) 无线故障电流传感器　　　　　　　　　　(d) 无线噪声传感器

图 4-48　无线传感网络技术应用（二）

4.3.4　传感标识安全加密技术

1. 技术原理

传感标识安全加密技术（见图 4-49）融合了设备编号（identification，ID）与轻量级安全加密技术。传感器内置双界面射频电子标签单元，通过统一编码资产规范向其电子产品代码（electronic product code，EPC）区域写入唯一的传感标识，实现传感器唯一有效编码，该编码可用来判断该传感器是否为系统内有效设备，进而结合物联网交互技术，建立多种轻量级安全加密机制。

图 4-49　传感标识安全加密技术

2. 技术现状

传感标识安全加密技术是物联网发展中的关键技术，是实现万物互联的基础，也是大规模建设和部署物联网应用与服务的先决条件。国内外各行各业都在加快物联网标识安全体系建设和管理工作，通过制定行业内物联网标识安全标准，规范和指导行业内产品标识安全体系，实现标识管控、产品信息追溯、轻量级安全加密等。

随着物联网的普及与发展，传感节点设备的部署规模会越来越庞大，海量的传感节点标识信息量巨大。建设有效的传感标识安全管理体系规范，能够对传感器网络中异主、异地的传感节点实现信息智能关联、信息共享。国内针对

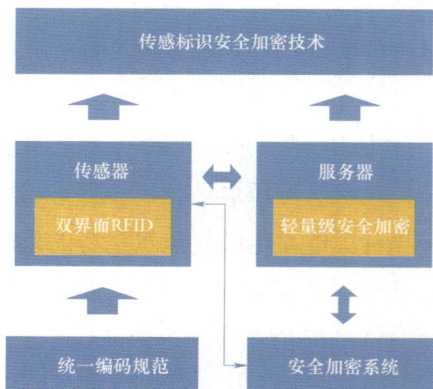

传感标识安全加密技术方面的研究还处于起步阶段。

3. 研究热点

（1）双界面 RFID 技术。支持第二代甚高频 EPC 全球标准协议（UHF EPC global Generation-2）和独立的集成总线（inter-integrated circuit，IIC）通信协议。通过 IIC 接口，MCU 可以完成对 RFID 芯片的访问、读写配置命令数据和运行数据等功能，构建射频系统和控制系统的桥接，从而实现设备微型化、轻量化加密。

（2）传感标识安全模型。构建编码和设备的关联映射关系，实现身份关联，其目的是将不同域中的传感器通过统一身份标识信息关联在一起。基于身份关联，实现跨域访问，达到不同系统中的标识能够互认。

（3）安全信任评价标准。传感标识安全加密技术应具有一套统一的信任评价标准，该标准以传感器的信息完整性和行为记录等作为参数，在一定的周期内对该传感器给出一个该周期的信任值，在传感标识安全模型中，该评价值可以作为跨域资源访问时的参考，当信任值低于某个阈值时，系统可能会限制其跨域的权限。

4. 典型应用

基于传感标识安全加密技术可以支撑多层次加密技术，其多层次加密验证流程如图 4-50 所示。第一层加密：传感器出厂时，通过加密系统向其 EPC 区域写入传感唯一标识。传感器启动运行时嵌入式固件针对传感标识进行用户有效性判断，如果用户无效，传感器将进入睡眠模式，不启动其相关业务处理逻辑。第二层加密：传感器采用登录名（传感标识）、密码（出厂时通过加密系统写入 USER 区域）尝试连接服务器，服务器与加密系统通信，并验证登录名、密码，验证成功后将传感器连接成功通知发送至应用服务器，应用服务器从数据库中取出传感器对应口令，发送验证口令至服务器。第三层加密：服务器将验证口令转发至传感器，传感器使用内置的加密芯片对口令进行加密并发送至服务器，服务器将加密口令转发至应用服务器，应用服务器使用对应的解密芯片/算法进行解密并验证口令，如果正确连接成功，如果错误将强制断开连接。

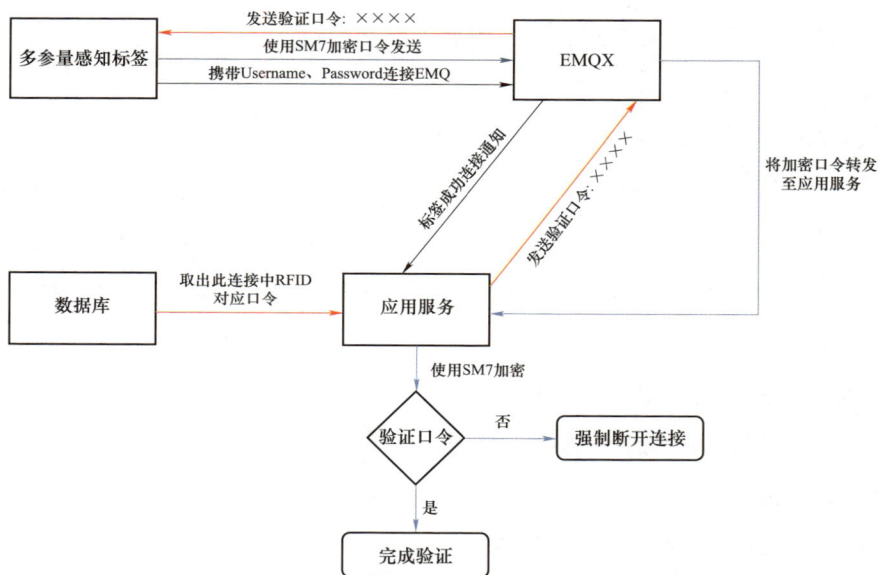

图 4-50　多参量感知标签系统多层次加密验证流程图

4.4　微 源 取 能 技 术

在"双碳"目标的指引下，以新能源占比逐渐提高的新型电力系统建设如火如荼，电网复杂程度快速升级。为了保障电网的安全稳定运行，就需要进一步延伸其可观测性。随着认知的革新，出现了在线监测等新技术，这对传感器稳定性、寿命等提出了新的挑战。受限于设备种类的多样性和电网环境的复杂性，传感器等在线监测设备往往难以接入配电网或专用低压线路取电，而微源取能技术就提供了一个潜在的能源解决方案。得益于片上系统技术和传感器设计、制造技术的快速发展，低功耗或超低功耗传感器开始成为在线监测的生力军，这也是微源取能技术实用化的保障。

在电力系统应用场景下，微源取能技术是指通过将电力输送过程中所产生的富余电场能、磁场能、热能、机械能或自然能量，如太阳能、风能等，收集并转化为电能，再经过整流、滤波、稳压、变压等处理后，在储能元件的辅助下，为传感器等负载提供稳定、可靠能量供给的技术。为了使读者更深入地了解微源取能技术，下文将对电场取能、磁场取能、振动取能、温差取能和光照取能技术进行着重说明,并对超级电容这一储能元件的应用和其对于在线取能技术的意义进行梳理和介绍。

4.4.1 电场取能技术

1. 技术原理

电场取能技术或电场能采集技术是指通过在输电线路周围设置接触式或非接触式导体极板的方式,收集(高压)交流电输送过程中在线路周围产生的电场能量的技术。其利用交变电场会极化和去极化置于其中导体的原理,引出交流电动势,再通过电容—电容、阻抗—电容等串联分压支路降压并供给低压设备使用。电场取能的两种主要取能支路如图 4−51 所示。电容—电容分压支路通常以输电线路—导体和导体—大地作为两组极板,以空气作为电介质,形成串联电容通路,如图 4−51(a)所示;而阻抗—电容分压支路则是将负载直接连接到输电线路上,再配以大小合适的导体极板,以负载本身和导体—空气—大地电容形成阻抗—电容通路,如图 4−51(b)所示。电容—电容分压支路具有配置方便、绝缘要求相对较低等优势,但因输电线路—空气—导体电容的电容值大小有限,能量收集效率相对较低。与之相对的,阻抗—电容分压支路,通过直接连接的方式换取较大的输电线路—导体阻抗,保证了可观的收集效率。但安装时一般需要停电,对绝缘设计的要求也相对较高,普适性和灵活性不及电容—电容分压支路。

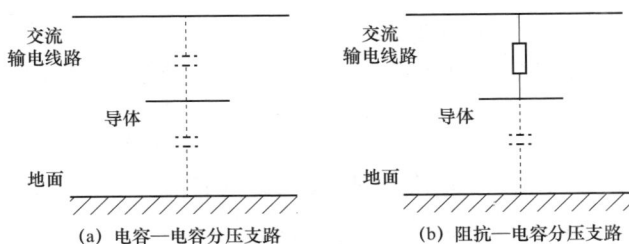

图 4−51 电场取能的两种主要取能支路

电场能取能(导体)极板的设计可依据形状分为平板形(包括栅状极板)、圆筒形两大主要类型,如图 4−52 所示。虽然还有球冠形等结构,但并不常见。平板形的取能极板具有设计简单、安装便利等优势,但由于平板和输电导线之间能形成的电容相对较小，这类极板在输电电压等级低时需与输电线路直接相连，形成阻抗—电容分压支路以确保合理的功率输出量级。而圆筒形极板，通过最大化输电线路—极板间电容值，对于取能支路的选取保有更高的自由度。但这类极板的安装过程通常较为复杂，对整个电场取能装置绝缘性能的要求也更为严苛。

电场取能装置通过极板感生的交流电动势，一般在经过整流、滤波、稳压和变压等环节后，才能满足储能装置和负载的使用要求。典型电场取能电路结构示意图如图4-53所示。图中所示整流方法为全波整流，但根据实际情况也可使用半波整流。实际应用时，电压等级的变换既可以通过先整流再直流变压的方式来实现，也可以通过先交流变压再整流的方式来实现。在前者中，通常利用斩波电路实现直流电压的调整；而后者则通过变压器直接降低电压，再进行整流。值得一提的是，通过对变压器阻抗的设计和调整，可以在降低电压的同时形成阻抗谐振，从而优化取能功率。

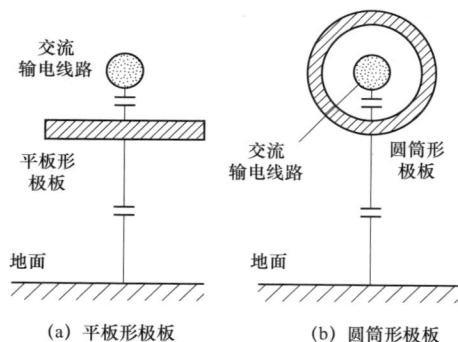

图4-52 电场取能装置取能极板的形状   图4-53 典型电场取能电路结构示意图

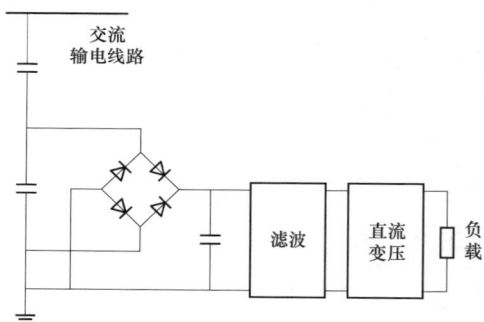

2. 研究现状

国内外多个课题组对电场取能技术有着不同程度的研究。在国内，如华南理工大学李立涅教授带领的课题组，就曾对基于平板形（栅状）极板的电场取能装置进行过深入的研究。其研究覆盖了极板选型，取电回路设计、变压器的利用等，充分证明了电场取能技术的可行性；该课题组设计的谐振式电场取能装置可以在50kV通电导体周围，获取257mW的稳定电功率输出。山东大学的黄金鑫等人提出了球冠形极板的设计思路和方法，目的是更高效地收集各个方向的电场能。在国外，如美国乔治亚理工学院的罗希特·莫赫（Rohit Moghe）等人，通过在输电线路上连接附加额外极板的方式增加输电线路—取能极板间电容值。其试验装置在没有谐振取能技术的辅助下，利用电容—电容取能支路可以在35kV导线周围获得17mW的稳定电能功率输出。奥地利格拉茨技术大学的休伯特·藏（Hubert Zangl）等人，首次引用变压器进行阻抗变换以优化电场能采集效率，其研究理论分析了导线电压及导线高度对取能装置输出电压和电流的影响；其试验取能装置在150kV输电线路周围可以稳定输出370mW电能。电场取能装置提供的毫瓦级稳定电功率输出已经能够满足绝大多数在线监测传感器的用能需求，且其相对稳定可靠，受雨雪冰冻天气影响小，配合超级电容等储能元件就能保证传感器在线路故障情况下的正常运行。

3. 研究热点

电场取能技术的研究热点是面向从架空线路取能并给各类在线监测装置供能的应用场景，对输电线路周围合适的取能位置、高效的取能极板（电容）构造和高效的取能回路结构等进行研究。

（1）对高效取能位置的选取。通过软件仿真、实地勘测等方式选取尽可能普遍适用于各类输电线路的电场能采集地点，在保证安全的情况下权衡电场能采集功率、极板位置和极板大小的关系，获取最佳取能表现。

（2）研究安全、高效的电容分压通路构成方法。优化极板形状并有效利用绝缘子、变压器、杆塔等电力系统设施和设备，在保证安全的前提下提升取电电容的电容值，获得更高的取电功率。

（3）优化取能回路结构。优化设计降压变压器原边阻抗值，与分压通路形成谐振，最大化取能功率；优化设计能量管理电路，降低损失和消耗。

（4）从优化负载的角度入手，降低取能装置的设计难度。研究、设计集成度更高、功耗更低的集成传感装置和在线监测设备或优化监测和信息上传方式，应用间歇式唤醒等工作方法，增强电场取能技术的实用性。

（5）研究适用于直流输电线路的电场取能技术。

4. 典型应用

相较本书所涉及的其他取能技术，电场取能技术具有取能装置设计简单、取能功率大小稳定且不受气候条件和天气状况影响等优点。但电场取能装置对其取能的输电线路的电压等级有明确要求，一般在千伏以上。如果送电电压等级低，电场取能技术则不能输出足够功率，无法满足负载的用电要求。在电网环境下，其典型的应用包括为电压、电流、微气象参数、线路弧垂、覆冰、导线温度及杆塔倾斜在线监测装置等提供电能供应。一般主要适用在 20kV 以上电压等级的输电线路周围电场能较为富集的地点，如同轴电力电缆周围、母排周围等。

4.4.2 磁场取能技术

1. 技术原理

磁场取能技术或电磁感应取能技术是指通过在交流输电线路周围设置感应线圈或电流变换器的形式，利用法拉第电磁感应原理直接从导线取电的技术。取电机理可以简单概括为：交流输电线路中交变的电流会产生变化的磁通并在感应线圈中感生出交变的感应电动势，从而直接为相连的负载提供电能。磁场取能技术是目前最为成熟的微源取能技术之一，具体实现可以参考电流互感器的设计，其应用方法如图 4-54 所示。感应线圈除了直接嵌套在输电线路上以外，如图 4-54（a）所示，还可以采用图 4-54（b）中的配置方法，从架空线路的地线上取能。这种方法实际上是收集交流架空输电线路感应到架空地线上的电能。虽然输电线路—地线和地线—大地间的电容组也会借助交变电场从输电线路向地线上输送一些能量，但相比电磁感应所传导的能量，可以忽略不计。相比图 4-54（a）中所示的方法，这种方法虽然牺牲了一定的取能效率，但足以支撑绝大部分传感器的在线运行；同时，其具有安装简单、安全、绝缘要求低、便于维护和无需停电安装作业等优点。另外，还有一些衍生的取能线圈布置方法，这里就不再一一赘述。这些方法虽然在一定程度上提高了取能功率，但存在影响继电保护装置动作等潜在问题。和电场取能技术一样，磁场取能技术是一项只适用于电力系统环境的微源取能技术，但相比电场取能技术，磁场取能技术具有取能效率高、输出功率大等优势，适宜为大功率在线检测设备和传感器提供电能。

在磁场取能装置中，通过电磁感应产生的交流电一般需要经过整流、滤波、稳压和变压等处理才能满足储能装置和负载的使用要求。典型磁场取能电路结构示意图如图 4-55 所示。为避免线路电流突然增大等突发因素对电磁感应取能装置的损害，可以设置泄流支路；具体设置方法如图 4-55 所示，在输电线路电流过大时，开通泄流支路能有效控制输出电压，防止电路元件、储能装置和负载受到波及。

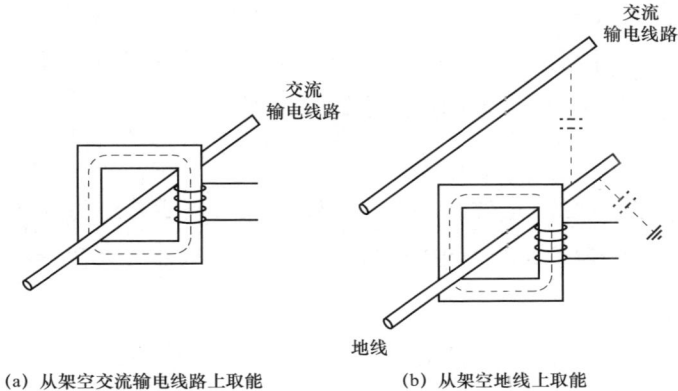

(a) 从架空交流输电线路上取能   (b) 从架空地线上取能

图 4-54 磁场取能应用方法示意图

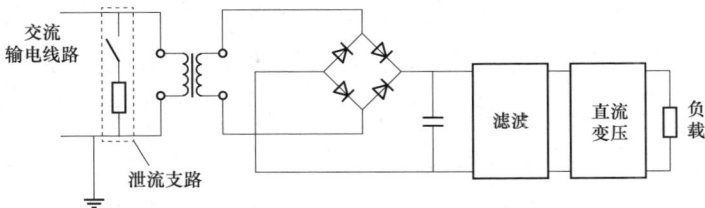

图 4-55 典型磁场取能电路结构示意图

2. 研究现状

国内外的多个研究团队、电力公司均对磁场取能技术做了深入的研究。国内重庆大学的蒋兴良课题组，对于输电线路和地线电磁取能都做了全面的分析，其团队研制的试验电磁感应取能装置已在 200kV 和 500kV 输电线路上投入试运行，可输出 10W 量级的功率；其安全性、雷电防护等指标均得到了应用验证。清华大学李澎等人和华中科技大学的尹项根等人也提出了几种磁场取能装置的设计方法，均能实现毫瓦级以上的功率采集。国外巴西圣保罗大学的里卡多·里昂·瓦斯奎兹-阿内兹（Ricardo Leon Vasquez-Arnez）等人详细分析了从架空地线感应取能的取能装置配置方法，并在此基础之上提出了利用地

117

线与地线或大地组成闭合回路进行取能的新方法。此外，为了实现较大的取能功率，Vasquez-Arnez 等人对取能回路范围内的地线进行了对地绝缘处理，并在线路上进行了试验验证，从 525kV 交流输电线路取电时，可输出 100W 量级的功率。日本东京电力公司提出了一种航标灯的新型供电方法，利用的就是一套从地线取能的电磁感应取能装置，在从 500kV 输电线路取能时，可提供 1.26kW 电能。总体上看，磁场取能技术目前发展比较成熟，能够采集较大的功率，并且已在工程实践中应用。

3. 研究热点

磁场取能技术的研究热点是面向从架空线路取能并给各类在线监测装置供能的应用场景，研究地电位取电方法，解决磁场取能技术受绝缘条件限制等问题。

（1）地电位取电。磁场取能装置一般都被设置在高电位处，适宜为高电位处的设备供电，但若要为处于低电位和地电位的装置供电，就必须克服绝缘问题。虽然有研究者提出通过射频、光纤等方式将能量从高电位发送或输送至低、地电位，但由于输送功率十分有限，集中在毫瓦等级，使得其应用范围被大大限制。

（2）分裂导线取电。从（特）高压线路分裂导线子导线高效取能的方法也是一个重要的研究课题，该研究能提升磁场取能技术与高电压输电线路的兼容性，使之拥有更为广泛的应用范围和前景。

（3）优化负载。研发高集成度、低功耗的传感器和在线监测装置，主要攻关方向是集成传感器的研发和制造。

（4）适用于直流输电线路的磁场取能技术也将是一个重要的研发方向，这会对直流输电线路监测装置的研究和应用起到巨大作用。

4. 典型应用

相较本书涉及的其他取能技术，磁场取能技术具有取能效率高、输出功率大等特点，可以满足如在线组网等大功率用电需求。典型的应用场景包括微电压电流传感器、微气象传感器、线路弧垂、覆冰监测装置和导线温度传感器等供能。图 4-56（a）展示了磁场取能装置为传感器供电的应用案例。值得一提的是，磁场取能技术适宜为攀爬线路的巡检机器人供能，既能满足其大功率用电需求，也能辅助机器人安全行进。

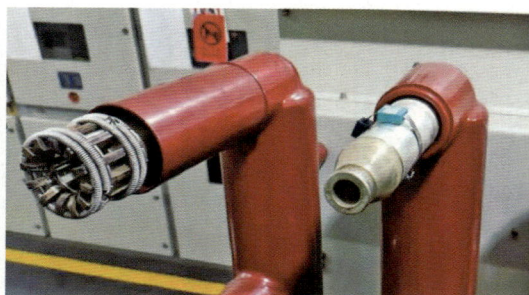

（a）基于磁场取能的温度传感器　　　　（b）基于太阳能的线路弧垂传感器

图 4-56　磁场取能装置现场应用

4.4.3　振动取能技术

1. 技术原理

振动取能技术主要通过电磁感应现象、正压电效应和静电感应三种方式来实现机械振动动能向电能的转化。电磁感应振动取能装置主要通过振动收集机构使线圈与永磁体发生相对运动从而切割磁力线，在线圈中产生交流电流，电磁感应振动取能装置如图 4-57（a）所示。正压电效应振动取能装置则利用压电材料在连续振动下极化的程度甚至方向会发生改变的特性，形成一个交变电源。正压电效应指的是压电材料将机械能转化为电能的效应，正压电效应振动取能装置如图 4-57（b）所示。压电材料分子自带极性，当压电材料未受外力时，分子排列混乱、朝向随机，所以压电材料整体不呈现极性；此时若在其两侧设置金属极板，极板上不会积累电荷。若压电材料被拉伸，外力会迫使分子朝同一方向旋转，这就使得压电材料整体体现极性，同时使得电荷在两极板上积累。反之，当被压缩时，压电材料分子会向另一方向旋转，使得压电材料整体极性反转，两极板电荷电性改变。制备压电振动取能装置的简单方法：将压电材料长端的一侧固定在振动物体上，另一侧配重，当振动发生时，配置在压电材料两侧的极板就会产生交变的电动势。相比电磁感应振动取能装置，压电振动取能装置的取能效率较低，但通常情况下由于其不需要机械机构或者只需要简单的机械机构，其寿命往往更为长久。还有一种振动取能机理，利用静电感应振动取能，如图 4-57（c）所示，主要依靠改变电容两极板间间距从而从电容中抽取电荷；但它在开始产生电量之前，需以一个外部电源（如电池）在电容之间产生原始电压差，这使得其启动电路设计相对复杂，其适应性在大多数情况下不如前两种取能机理。

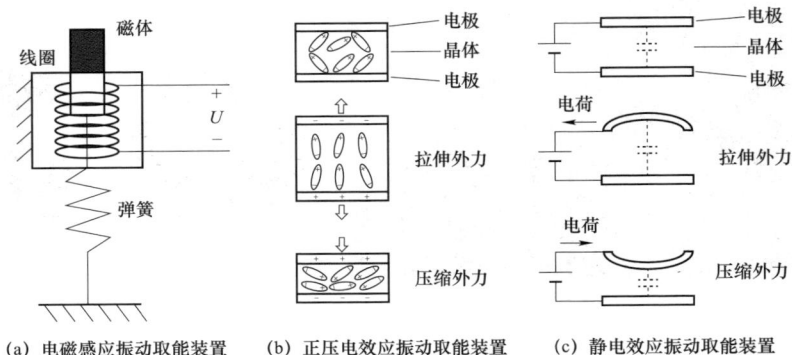

(a) 电磁感应振动取能装置　(b) 正压电效应振动取能装置　(c) 静电效应振动取能装置

图 4-57　振动取能装置原理示意图

振动物体表面可以获得功率的一阶近似表达式为

$$P = \frac{m\xi_e A^2}{4\omega(\xi_e + \xi_m)^2} \tag{4-2}$$

式中：A 为质量块 m 的加速度；ω 为系统的振动频率；ξ_e 为电致阻尼系数；ξ_m 为机械阻尼系数。根据粗略的分析可知，能量随质量和加速度的增加而增加，随振动频率和阻尼系数的增加而减少。无论取能装置的结构或者取能机制如何，模型都将适用。值得注意的是，随着 MEMS 技术的发展，目前振动取能装置已有微型化演变趋势，除了利用电磁感应、压电效应和静电感应实现机械能向电能的转化外，还产生了利用摩擦起电效应完成能量转化的技术，如尼龙—聚四氟乙烯纳米摩擦发电机等。

振动取能装置的电能处理、收集电路结构与电场取能和磁场取能装置的取能电路结构相似，都由整流、滤波、稳压、直流变压等环节组成，典型的振动取能电路结构如图 4-58 所示。多数振动取能装置设计得对驱动信号频率比较

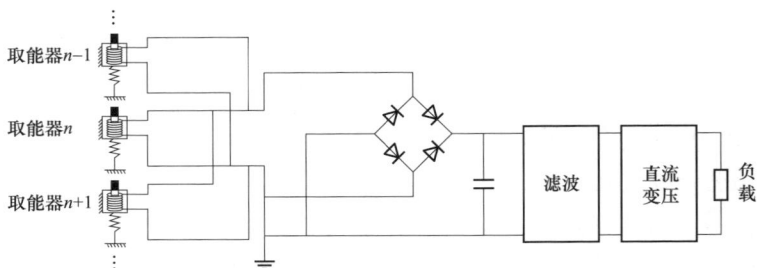

图 4-58　典型的振动取能电路结构示意图

敏感，只能在某个窄带内提供峰值功率；当然可以如图 4-58 所示的那样利用复合发电器来实现多频带的能量收集，但是这将减小器件的总能量密度。所以通常情况下，振动取能装置需针对特定的应用进行设计，以期得到最大化的取能输出功率。

2. 研究现状

振动取能作为一项相对成熟的取能技术，已被广泛应用于各类无线系统中。其被视为太阳能等取能技术在一些特定工业环境下的最佳替代技术，可以有效利用工业活动中存在的各种优质振动源，为取能负载提供安全、可靠的电能供应。虽然国内外的研究团队对于振动取能装置的设计、应用和优化等均有深入、翔实的研究，但针对电网应用场景的探索还较少。现有的研究，如史蒂芬·毕比（Stephen Beeby）等人提出的电磁感应取能装置，已经实现商业化，在 20Hz 的极低频率振动下可完成 0.28mW 的功率收集。泰德·斯塔（Thad Starner）和约瑟夫·帕拉迪索（Joseph Paradiso）提出了使用聚偏二氟乙烯（PVDF）压电聚合物制备压电振动取能装置的方法，被用于从人类的日常活动中收集动能。针对基于电容的静电感应振动取能装置，宫崎（Masayuki Miyazaki）团队和戈森·戈辛·亚拉利奥格鲁（Goksen Goksenin Yaralioglu）团队也分别提出了设计方案。总的来说，振动取能装置的输出功率比电场和磁场取能装置要小些，工频下功率输出多集中在毫瓦量级，但其优势是可以被部署应用在电网中电场、磁场能欠富集的地点，与电场取能技术和磁场取能技术形成互补。如相比于导线和杆塔周围，变压器周围可供收集的电场能和磁场能往往比较有限。而作为能有效利用因变压器漏磁而产生的机械振动的取能方法，振动取能将可能成为未来变压器在线监测设备的可靠供电支撑。

3. 研究热点

在电网应用场景下，振动取能技术的研究热点是面向被部署于电场、磁场能量欠富集地点的在线监测装置，深入研究可高效收集和利用变压器等设备因漏磁而产生机械振动的方法。

（1）设计更高效的振动收集装置。优化振动收集机构并提升其在工频等常用的较低工作频率下的能量收集效率，进而提升其电能输出功率。如应用MEMS 等先进技术优化线圈结构、增加线圈匝数等。

（2）优化负载。研究并设计集成度高、功耗小的集成传感器和监测设备以配合振动取能技术相对有限的功率输出量级。可以优化在线监测设备的工作方式，间歇性测量和上传数据，提升振动取能技术的实用性。

（3）研究多振动机构的协同工作方法。攻关融合或有效隔离振动监测装置和振动取能装置的方法，减小甚至避免装置间的相互干扰（串扰），简化设计。设置多个压电振动取能机构时，还应注意解决取能不均造成的取能效率下降问题。

（4）研究应对异常工况的方法。研究如何在变压器等设备发生不正常振动时，保证对传感器等用电负载的正常供电等问题。

4. 典型应用

面向变压器状态监测装置的用能需求，振动取能装置可以提供长期、稳定的电能供应；虽然机械结构的使用可能使其面临使用寿命的限制，但综合考虑，其运维成本依旧低于太阳能、风能等取能方式。另外，振动取能装置还可用于收集线路舞动能量、微风振动能量和风能等，为输电线路在线监测装置、风力发电场风叶/舱体传感器监测装置等提供能量。振动取能技术是电网运行环境下电流、电场取能技术在电、磁场欠富集地点的潜在替代技术，其与MEMS 元件和集成电路兼容性好，是未来实现自供能集成传感器研制的支撑技术之一。

4.4.4 温差取能技术

1. 技术原理

温差取能技术或热电微源取能技术是指利用半导体的塞贝克效应将温度差，即热能转化为电能并收集的技术。塞贝克效应最先是由托马斯·约翰·塞贝克（Tomas Jhon Seebeck）于 1821 年从金属材料（导体）上发现的，导体（金属）的塞贝克效应如图 4-59（a）所示，其指的是如果两种不同的金属导体连接成回路，且两接头的温度 T_1 和 T_2 不同时，则回路中产生电动势，会有电流出现。温差电动势与两接头的温度势及两种材料的性质有关，可用温差电动势率 S_{12}，即单位温差产生的电动势来描述这一效应。后来人们发现，半导体也有塞贝克效应，半导体的塞贝克效应如图 4-59（b）所示，其产生的主要原因是热端的载流子向冷端扩散的结果。如 P 型半导体，由于其热端空穴的浓度较高，则空穴便从高温端向低温端扩散；在开路情况下，就在 P 型半导体的两端形成空间电荷（热端有负电荷，冷端有正电荷），同时在半导体内部出现电场；当扩散作用与电场的漂移作用相互抵消时，即达到稳定状态，在半导体的两端就出现了由于温度梯度所引起的电动势——温差电动势。N 型半导体温差电动势的方向是从低温端指向高温端（塞贝克系数为负）的，相反，P 型半导体温差电动势的方向是从高温端指向低温端（塞贝克系数为正）的，因此利用温差电动势的方向即可判断半导体的导电类型。虽然金属和半导体材料都可以被用来产生温差电动势，但半导体材料中的塞贝克效应比金属导体中显著得多。金属中温差电动势率为 $0\sim10\mu V/℃$，而在半导体中常为几百微伏/摄氏度，甚至达到几毫伏/摄氏度。因此金属的塞贝克效应主要用于温差电偶（温度计），而半导体的塞贝克效应可用于温差发电或温差取能。

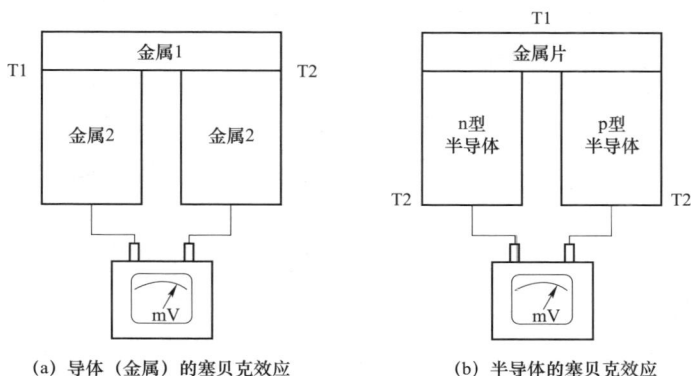

(a) 导体（金属）的塞贝克效应　　(b) 半导体的塞贝克效应

图 4-59　塞贝克效应

和光伏器件一样，温差发电器件的输出功率与自身的材料和面积紧密相关。总的来说，热电臂面积和串联的热电臂数量必须保持平衡，前者决定了输出电流，后者决定了输出电压。另外，可收集的最大能量还取决于可用的温度差，由卡诺效率表示

$$\eta_{Carnot} = (T_H - T_L)/T_H \qquad (4-3)$$

式中：η_{Carnot} 为卡诺效率；T_H 为高温端温度；T_L 为低温端温度。

$$P_{max} = k\Delta T/L \qquad (4-4)$$

式中：$P_{\max}$ 为从热流中获得的最大功率；k 为热导率；ΔT 为温度差；L 为热电臂长度。

则实际获得的电功率 P_p 为

$$P_p = P_{\max} \eta_{\text{Carnot}} \qquad (4-5)$$

沙德·伦迪（Shad Roundy）等人计算指出，当导热率 k 为 140W/mK，长度为 1cm 时，高于室温 5K 的温度差将产生 7W/cm^2 的热流。给定卡诺效率后，最大可产生 117mW/cm^2 单位面积的功率。但是多数热电器件的输出无法达到上述理论值。

温差取能装置和本书中所提到的电场、磁场和振动取能装置不同，输出的是直流电压；而且当两极间拥有稳定的温度梯度时，将能输出稳定的直流电压。所以在应用的时候，温差取能电路无需整流元件或模块，在特定情况下甚至不需要储能元件的辅助。温差取能装置典型应用电路结构示意图如图 4-60 所示。和光伏系统一样，使用塞贝克效应发电时，除非拥有足够多的热电臂，否则只能依靠 DC—DC 转换电路来实现输出电压的上调。

图 4-60　温差取能装置典型应用电路结构示意图

2. 技术现状

随着温差取能技术研究的深入，新推出的碲铋化合物（Bi_2Te_3）热电器件已可满足无线传感器节点的供能需求。迈克尔·施耐德（Micheal Schnieder）等人提出了一种利用铝冶炼炉排气管上温差发电的温差取能装置并被商业化；无需储能单元的辅助，可利用 20℃ 的温差以 16cm^2 的热电臂面积获得 60mW 的功率输出。哈拉尔德·伯特纳（Harald Böttner）等人利用碲铋化合物在 5℃ 温差下以面积为 1mm^2 的热电臂成功输出 0.67mW 的功率，提高了热电转化效率。此外，日本精工（Seiko）团队开发了利用人体和环境间温差取电的手表等。总体来说，工业环境中产生的温度梯度足以支撑温差取能装置输出可观量级的功率，而利用人体温度的温差取能装置输出有限，通常只适用于为集成电路提供电能。针对温差取能技术在电网环境下的应用，可利用变压器等设备产生的高温与环境温度形成温度梯度，输出足以维持在线监测装置工作的能量。

3. 研究热点

在电网环境下，温差取能技术的研究热点是面向电网中产生大量热能的变压器等设备，克服绝缘、工作环境温度高等问题，研究如何产生最大、最稳定的温度梯度，为在线监测装置提供电能。

（1）提升绝缘性能。可以从改进温差取能装置的封装材料、形状等方面入手，利用仿真、试验等手段，优化装置表面电荷分布，从而减少放电发生的可能性。

（2）提升耐温性能。高温工作环境会使得化学电池的寿命缩短，可利用超级电容技术等新型储能技术和方法，寻求化学电池的优化替代器件。

（3）优化取能位置。针对变压器等设备，在不影响设备安全运行并不违背绝缘要求的前提下，寻找最好的采温地点并优化温差取能装置形状，从而获得最佳取能功率。

4. 典型应用

温差取能技术在电网环境下的应用主要集中在为电网在线监测装置的供能上。由于温差取能装置能获得的功率很大程度上取决于热电臂数量和周围环境所能提供的温度梯度，所以更适于为变电站等设施中的在线监测装置供能，如为变压器的油温在线监测装置供能。相比于振动取能技术，温差取能技术能够提供更高的输出功率，带动更多的负载，并且只要存在温差（可利用地热能等），其也可以满足直流输电线路和变电设备的监测需求；但也受限于其对温度梯度的要求，通常来讲，温差取能器件不太适宜与集成电路和集成传感单元相结合，对此问题的解决方法也是未来的一个潜在攻关方向。

4.4.5 光照取能技术

1. 技术原理

光照、太阳能取能技术是利用半导体界面的光生伏特效应将光能直接转变为电能的一种技术。光伏发电已经被广泛应用于世界各地，是清洁能源的最主要来源之一。下面将主要针对微源取能技术在传感和在线监测等方面的应用，从不同角度对光照取能技术做介绍和说明。用于光照取能的光生伏特效应主要是指半导体 PN 结的光生伏特效应，光伏效应原理如图 4-61 所示；如果光线照射在 PN 结上，具有足够能量的光子将从共价键中不断激发产生电子—空穴对。而这些电子和空穴在复合之前，将因空间电荷的电场作用而相互分离。电子向带正电的 N 型半导体区域运动，空穴向带负电的 P 型半导体区域运动，这就将在 P 型半导体和 N 型半导体之间产生一个向外的可测试电压。对晶体硅太阳能电池来说，此时若在硅片的两边加上电极并接入电压表，一般情况下将测得 0.5～0.7V 的典型开路电压数值。有多种材料可被用于制备光伏板或光伏电池，而根据材料的不同，对光的转化率也不同。如非晶硅（α-Si），一般拥有约 11% 的能量转化率，而铜铟镓硒（CIGS）则拥有 19% 左右的转化率。与之前介绍的微源取能技术相比，光照取能技术对于储能元件的依赖性最强；如果没有储能元件的配合，在阴天、雨天和夜晚等，光伏取能装置都无法有效为负载提供能量，支撑负载正常运行。

光伏电池所产生的电流大小与光照强度有关，产生的电压则相对固定。例如，如果想获取 2V 的输出电压，就需要将三块硅太阳能电池串联或者利用 DC—DC 变换器，牺牲输出电流换取高电压。典型的光伏取能电路结构如图 4-62 所示，与热电取能相比，增加了最大功率追踪（maximum power point tracking，MPPT）模块。光伏电池的输出功率不仅取决于光伏电池的特性，也取决于光照强度、负载和环境温度，为了时刻获得特定环境下的最大输出功率，可以选用 MPPT 模块来辅助光伏电池运行。MPPT 模块的原理简单来说就是实现光伏电池组件的输出阻抗和负载阻抗相匹配（相等）而最优化功率传输，具体方法有定电压跟踪法、短路电流比例系数法、差值计算法、扰动观测法和电导增量法等；近年来，随着人工智能技术的发展，智能 MPPT 方法也开始崭露头角。

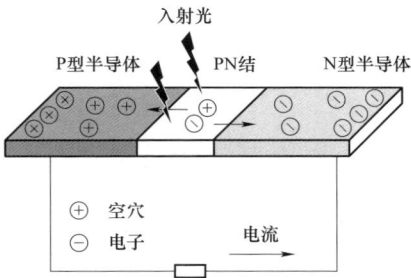

图 4-61　光伏效应原理示意图　　　　图 4-62　典型的光伏取能电路结构

2. 技术现状

人们对传统硅太阳能电池在无线传感网络的应用已经做了大量讨论，如沙德·伦迪（Shad Roundy）等人研制了一种简单的无电池无线传感器，它只有火柴盒大小，当光伏电池将电容充电到阈值电压时，传感装置就会读出温度并用低功率 1.9GHz 发射器发送数据包。弗莱德·姜（Fred Jiang）等人建立了一个复杂的系统，将小型光伏电池和超级电容、锂电池联合使用，为全功能的伯克利·泰洛斯 B（Berkeley Telos B）模块供电，并利用带有比较器的 DC—DC 转换器决定使用何种电源。器件可以根据日照周期对电源进行自动切换。另外，哈拉尔德·霍普（Harald Hoppe）等人建立了小型封装的有机物光伏系统，尼尔坎斯·德雷亚（Neelkanth Dherea）等人提出了铜铟镓硒光伏系统，均有较好的设计灵活性和耐用性。

3. 研究热点

针对光照取能技术在电网在线监测方面的应用，主要的研究热点是研究如何利用光照取能技术为室内、室外的监测设备提供稳定的电能供应，并减少光伏取能装置的运维成本和其对环境造成的污染。

（1）优化室内光照取能表现。针对室内取能问题，研究如何利用室内有限的光照强度获得足够的电能功率输出，可从两个角度出发：① 改进光伏电池本身，提升其光电转换效率；② 可从减小负载耗能的方向入手，研制集成低功耗传感器并使之与光伏电池结合，从而满足应用要求。

（2）研究自清洁方法。针对光伏取能装置在室外运行时必须解决的表面污损问题，研究自清洁方法，保证太阳光的吸收效率。

（3）提升运行寿命。针对光伏电池寿命短的问题，引入更为先进的超级电容技术替代锂电池的使用，从而提升使用寿命并降低运维成本。

（4）研究回收利用方法。光伏电池不能自然降解，需研究可靠、低成本的回收利用技术，减少废弃的光伏电池对环境造成的危害。

4. 典型应用

光伏取能装置在电网中可为电压、电流、微气象参数、线路弧垂、覆冰、导线温度及杆塔倾斜在线监测装置等提供电能供应，是目前应用最为广泛的一种传感器微源供电源。光伏取能技术应用如图 4-63 所示。

(a) 视频监控系统

(b) 微气象架空系统

(c) 红外监控系统

图 4-63 光伏取能技术应用

4.4.6 超级电容技术

1. 技术原理

超级电容又称化学电容,是通过极化电解质来储能的一种电化学元件,根据制造商和所应用储能机理的差异,其形状和组成材料多种多样。但所有超级电容器的共性是,它们都包含一个正极、一个负极、这两个电极之间的隔膜,而极板和隔膜之间的空隙一般由电解液来填补。典型超级电容结构示意图如图 4-64 所示。

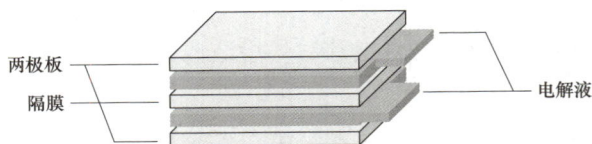

图 4-64 典型超级电容结构示意图

根据不同的储能机理,可将超级电容器分为双电层电容器、法拉第准电容器和不对称超级电容三大类。双电层电容器是建立在德国物理学家亥姆霍兹（Hermann Ludwig Ferdinand Von）提出的界面双电层理论基础上的一种全新的电容器，其工作机理如图 4-65 所示。插入电解质溶液中的金属电极表面与液面两侧会出现符号相反的过剩电荷，从而使相间产生电位差。如果在电解液中同时插入两个电极，并在其间施加一个小于电解质溶液分解电压的电压，这时电解液中的正、负离子在电场的作用下会迅速向两极运动，并分别在两个电极的表面形成致密的电荷层，即双电层。双电层和传统电容器中的电介质在电场作用下产生的极化电荷相似，所以有电容效应。法拉第准电容器的机理是在电极表面或体相中的二维或准二维空间上，电活性物质（如过渡金属氧化物和高分子聚合物）进行欠电位沉积，发生高度可逆的化学吸附、脱附或氧化、还原反应，产生和电极充电电位有关的电容。法拉第准电容不仅在电极表面，而且可在整个电极内部产生，因而可获得比双电层电容更高的电容量和能量密度。在相同电极面积的情况下，法拉第准电容可以是双电层电容量的 10～100 倍。此外，不对称超级电容不局限于单一电容生成机理，通过使用不同材料作为正负两电极的方式，结合各类超级电容甚至化学电池的储能特性和优势，强化自身在不同应用中的表现。超级电容器的突出优点有功率密度高、充放电时间短、循环寿命长、工作温度范围宽等；将其与取能装置结合使用时，可大大提高取能装置的实用性，是稳定供能的保障。

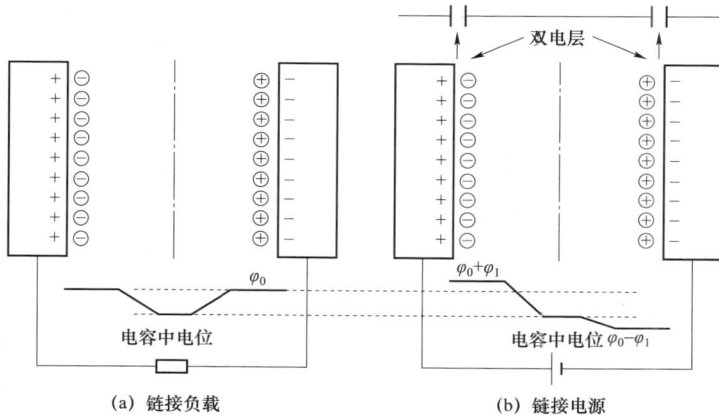

图 4-65 双电层电容器工作机理示意图

在各类微源取能装置中，超级电容常被用作储能单元，从而保证用电负载在各种工况下的正常工作。以光伏取能为例，在光照条件好时，可以利用超级电容将负载无法消耗的能量储存起来，为用电负载的夜间工作供能。典型的磁场取能电路结构如图 4-66 所示。超级电容与负载呈并联关系，是化学电池的强有力代替品。

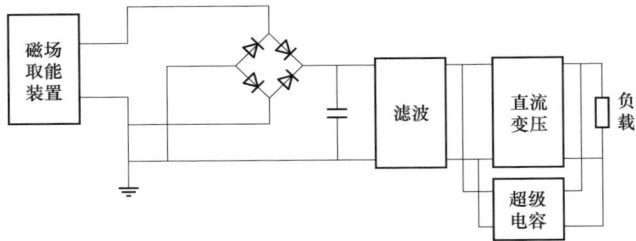

图 4-66　典型的磁场取能电路结构

2. 研究现状

国内外对于超级电容器都有深入的研究，并且已经有多家制造企业推出了适应不同应用的超级电容器产品。值得一提的是石墨烯材料的出现极大地推进了超级电容技术的发展；其独特的二维结构和出色的固有物理特性，如其异常高的导电性和比表面积（specific surface area，SSA），使其成为双电层电容的极佳电极材料和法拉第准电容电极活性成分的极佳载体。关于具体的电容器结构设计和制备材料选择等，这里不再赘述，已有大量文献可做参考。若要在电网在线监测装置中广泛使用，还需要解决超级电容器工作电压低和电压耐受能力差等问题。

3. 研究热点

针对电网环境下各类应用的需求，超级电容技术的研究热点是面向电网自供电在线监测装置，解决超级电容输出电压低（一般小于 2.7V）和电压耐受能力差的问题。

（1）提升输出电压。输出电压低的问题可以通过攻关新的超级电容制备方法来提升输出电压，如探寻新的不对称电容电极材料组合、优化石墨烯电极形状等，或通过研究串联电容分压技术来叠增输出电压；此外，可以通过研发低功耗、低运行电压需求的集成传感器来匹配超级电容的低电压输出。

（2）提升耐压性能。提升耐压等级则需要攻关克服输电线路中由于操作和雷电产生的过电压对超级电容的影响。另外，还需要为超级电容研发或选择合适的防雷措施，从而帮助其更好地适应电网中各类的工作环境。

4. 典型应用

为了令微源取能装置更好地适应电网工作环境，提升其实用性，储能装置的研发和应用至关重要。传统的化学电池存在寿命短、工作温度范围小等重大弊端，不适宜为长期在线工作的监测装置供电。而作为化学电池的有力替代品，超级电容正符合在线监测应用需求。其超长的使用寿命和循环工作寿命使之成为微源取能装置的绝佳辅助储能单元；例如，其可以帮助解决太阳能采集装置寿命短的问题，从而为光照取能技术的应用提供更多选择，减少运维成本。图4-67为一组并联使用的超级电容。

图4-67　并联使用的超级电容

4.5　数据处理技术

4.5.1　数据预处理技术

1. 技术原理

电力物联网智能感知所采集的大规模数据往往具有不完整性、不一致性，数据可能存在噪声、冗余。其中，不完整性指数据属性值遗漏或不确定；不一致性指由于原始数据的来源不同，数据定义缺乏统一标准，导致系统间数据内涵不一；数据噪声指数据中存在异常，与期望值偏离；冗余性指数据记录或属性存在重复。数据应用的性能优劣与其使用的数据、特征的质量息息相关，质量不好的数据会导致不正确甚至具有误导性的统计分析结果。因而，此类数据无法直接用于数据应用，或应用效果差强人意。

数据预处理是指对所收集数据进行高级分析应用之前所做的数据清洗、数据变换、数据规约、数据集成等必要处理。上述数据处理技术在特征提取、数据融合、模式识别之前使用，可大大提高数据应用质量。

（1）数据清洗（Data Cleaning）作为数据预处理中的第一步也是最重要的一步，针对原始的电力物联网数据中可能存在的数据缺失、数据异常等问题，通过填补缺失值、平滑噪声数据、识别并移除异常值和噪声数据、纠正数据的不一致并解决数据整合带来的冗余问题等方式来达到数据清洗的目的。数据清洗是一项繁重的任务，需要从数据的准确性、完整性、一致性和可信性等来多个方面考察、清洗数据，从而得到标准、干净、连续的数据。

（2）数据变换（Data Transformation）在数据清洗的基础上，通过平滑聚集、数据概化、规范化等方式，将清洗后的电力物联网数据转换成适用于数据挖掘的形式。在变换过程中，针对非正态数据，可以通过简单的数学函数变换（如平方、开方、取对数、差分运算等）将不具有正态分布的数据变换成具有正态性的数据；而针对时序数据，对数变换或者差分运算可以将非平稳序列转换为平稳序列；针对连续数据，使用数据分箱等技术将其离散化，并通过对数据的归一化、标准化、中心化提高数据的表现。

（3）数据规约（Data Reduction）在数据变换的基础上，依据对挖掘任务和电力物联网数据内容的理解，寻找依赖于发现目标数据的有用特征，以缩减数据规模，从而在尽可能保持数据原貌的前提下，最大限度精简数据量。经过数据规约处理得到的数据规模减小，但仍能保持原电力物联网数据的完整性，这将大幅缩减数据挖掘所需的时间，降低存储数据成本并减少错误数据对建模的影响，提高建模的准确性。

（4）数据集成（Data Integration）针对精简好的电力物联网数据，将来自多个数据源中的数据结合起来并统一存储，建立电力物联网数据仓库，降低数据存储成本，提高后续对数据进行高级分析时的数据调用效率。在数据集成的过程中，通常会遇到多源数据表述不一致或数据冗余等问题，针对这些问题，数据集成技术通过识别和解决不同数据值之间的冲突、移除重复数据和冗余数据的方式实现数据仓库的建立。

总的来说，数据预处理通过数据清洗、数据变换、数据规约及数据集成对原始的电力物联网数据进行处理，使处理后的数据具有准确性、完整性、一致性、可信性等特点，并被转换储存为适用于进一步的数据挖掘形式。

2. 技术现状

在国内外，数据预处理技术已成为机器学习及深度学习领域不可缺少的应用技术。如 IBM 公司的沃森知识目录（Watson Knowledge Catalog），百度的全功能人工智能开发平台（Baidu Full featured AI Development Platform，BML）等都通过对原始数据进行数据清洗获得"干净、整洁"的数据，并以这些数据为基础构建数据仓库，通过减少复杂、冗余的数据来提高项目中任务模型的工作效率，降低项目运营成本。悉尼大学的高俊斌等人通过将数据变换的思想与人脸识别领域模型结合起来，通过对数据进行归一化、标准化等变换处理，有效提高了人脸识别模型的精度。清华大学的张斌等人通过将数据规约技术与大规模电力负荷曲线聚类任务结合起来，有效提升了聚类性能。

数据预处理作为一种普遍应用于各个领域的技术，得到了各国科学家的广泛研究，在电力系统中，数据预处理也有着广泛的应用前景，值得进一步探索研究。

3. 研究热点

（1）数据清洗技术。数据清洗技术是应用模型运行良好的基础。在实际应用中，数据清洗技术是需要针对不同的任务场景单独设计的。所以形成一种面向电力系统的数据清洗技术非常必要，这有助于后续对电力系统数据的挖掘。

（2）数据规约技术。针对电力系统中数据的复杂性高、数据量大的特点，通过研究数据规约技术，对这些数据进行精简，能有效提高应用模型的运行效率，并降低数据储存的难度与储存硬件的压力。

（3）数据集成技术。由于电力系统中的数据具有多源化的特点，同一数据可能会有多种形式的表示特征，因此，研究电力系统中的数据集成技术能有效去除数据冗余，减少数据负荷，提高数据挖掘效率，降低运营成本。

4. 典型应用

输变电设备的运维检修是电力系统中的重要一环,随着人工智能技术的发展,基于人工智能的运维检修技术逐渐成为主流,其数据来源多种多样(如图 4-68 所示),主要包括非结构化的影像数据和结构化的在线监测数据与气象环境数据,前者主要由现场人员、站内机器人、巡线无人机、固定监控装置采集,通常为紫外/红外/可见光感知影像,后者主要由电传感、力学传感、局部放电传感等装置自动量测、压缩、处理后传输存储到数据库中。这些数据来源广泛,格式各不相同,难以直接用于运维检修,因此,对多源数据进行精简整合是十分重要的。

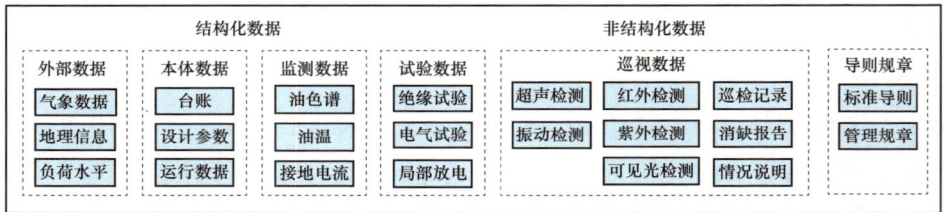

图 4-68 基于人工智能的输变电设备运维检修应用的数据来源

利用数据预处理技术,将多种来源的数据进行数据清洗,剔除异常数据,并对缺失数据进行修复,以得到多源干净数据,避免错误数据对智能模型的干扰;进一步利用数据变换与数据规约技术提高数据的表征能力,精简数据规模,实现降低数据储存成本,提高数据利用率;结合文本数据及人工指导,对精简后的数据进行数据集成,构建运维知识图谱,支撑后续对输变电设备健康状态综合评估、状态预测、缺陷识别与故障预警等高级应用。

4.5.2 压缩感知技术

1. 技术原理

传统的数据采集必须满足香农采样定理,即奈奎斯特采样定律,否则恢复的模拟信号会产生失真。奈奎斯特采样定理要求信号的采样频率必须高于信号中最高频率的 2 倍以上才能对信号的全部信息进行有效重建。按照传统的奈奎斯特采样率采集数据,不仅需要较高的采集频度,还会对数据的传输和存储造成压力。

压缩感知（compressed sensing / compressed sampling，CS）是一种针对信号采样的技术，它通过建立稀疏字典等手段，实现"压缩的采样"，准确地说是在采样过程中完成数据压缩的过程。压缩感知理论指出：如果信号是可压缩的或在某个变换域是稀疏的，那么就可以用一个与变换基（稀疏基）不相关的观测矩阵将高维信号投影到一个低维空间上，然后通过求解一个优化问题就可以从这些少量的投影中以高概率重构出原信号。可以证明，这样的投影包含了重构信号的足够信息。

信号的稀疏性或可压缩性是重要的前提和理论基础。信号的稀疏性可以简单理解为信号中的非 0 元素数目较少或大部分元素为近似为 0 的数值或系数。自然界存在的真实信号一般不是绝对稀疏的，而是在某个变换域下近似稀疏，即为可压缩信号。理论上任何信号都具有可压缩性，只要能找到其相应的稀疏表示空间，就可以有效地进行压缩采样。

这里用一个例子解释压缩感知的原理：假设 x 是长度为 N 的一维信号，稀疏度为 k，也就是原信号；Φ 为观测矩阵（$M \times N$），它将高维信号 x 投影到低维空间，得到 y，即测量值或观测量。$y = \Phi x$ 为长度 M 的一维测量值，且 $M < N$。那么，压缩感知问题就是在已知测量值 y 和测量矩阵 Φ 的基础上，求解欠定方程组 $y = \Phi x$ 得到原信号 x 的问题。然而，一般的自然信号 x 本身并不是稀疏的，不满足重构的先决条件，需要在某种稀疏基上进行稀疏表示。所以，令 $x = \Psi s$，Ψ 为稀疏基矩阵，s 为稀疏系数。于是需要求解的方程就变为 $y = \Phi \Psi s$，求解出 s 后再利用 $x = \Psi s$ 求解出原信号 x。压缩感知原理如图 4-69 所示。

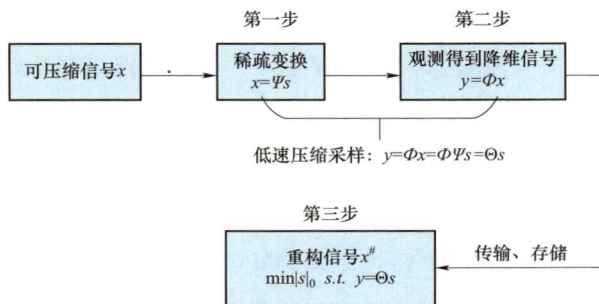

图 4-69 压缩感知原理图

综上所述，压缩感知的应用和实现就是设计和优化稀疏矩阵 Ψ 和观测矩阵 Φ，并利用压缩后的测量数据 y 反推 s 和 x 的过程，即信号的稀疏表示、测量矩阵的设计和信号的恢复。对于信号的稀疏表示，经典的稀疏化方法有离散余弦变换、傅里叶变换和离散小波变换等。在设计测量矩阵时，为了能够从观测数据准确重构信号，需要使得观测矩阵与稀疏基矩阵的乘积满足有限等距性质，从而保证原空间到稀疏空间的一一映射关系。通常情况下，这是通过使得稀疏基和观测基不相关来实现的，如使用独立同分布的高斯随机矩阵作为测量矩阵。除了高斯随机矩阵，还有随机伯努利矩阵、部分正交矩阵、托普利兹循环矩阵和稀疏随机矩阵等。

2. 技术现状

在国外，美国的莱斯大学最早开始研究压缩感知理论，并应用该技术研发了单像素相机，极大地降低了相机的硬件成本。美国麻省理工学院提出了压缩感知理论在脉冲核磁共振装置中的应用成果。在国内，中国科学院电子研究所余慧敏等人把压缩感知方法应用到雷达的 3D 成像领域，有效提升了成像速度；中国科学技术大学陈浩等人把压缩感知理论融入核磁共振的医学成像中，不仅提高成像速度，还提高了图像重建的精确性；哈尔滨工业大学高畅等人把压缩感知方法应用在语音信号识别领域，得到的分类结果要优于传统方法，并能更加全面地获取语音信号的信息内容；上海交通大学李元祥等人提出基于压缩感知理论的人脸识别方法，有效提升了识别准确率。西安交通大学的丁晖等人利用"时间稀疏化"的采集数据对某 500kV 变电站电抗器进行了潜在运行故障的识别，在完整保留设备状态参量变化特征的前提下，有效降低了电力设备状态参量数据采集的时间密集性。

CS 作为一种新兴的技术，在图像处理、传感网络、盲源定位、雷达成像等领域均得到了国内外学者的广泛关注和研究。但在电力系统中的应用尚处于初步探索阶段，未见国内外相关研究报道。

3. 研究热点

（1）研究面向电力物联网应用的观测矩阵构建技术。观测矩阵与稀疏变换基的不相干特性是压缩感知理论具有良好性能的基础。随机高斯分布的观测矩阵具有普适的不相关特性，所以被广泛采用。但在实际的应用中，这种观测矩阵存在存储矩阵元素容量巨大、计算复杂度高的缺点。所以形成一种面向电力系统应用的矩阵非常必要，这将有助于最优化压缩的效率和重构的表现。

（2）研究信号在冗余字典下的稀疏分解技术。研究如何用超完备的冗余函数库取代基函数，称之为冗余字典，字典中的元素为原子。该方面的研究主要涉及两个问题：① 如何构造一个适合某一类信号的冗余字典。② 如何设计快速有效的稀疏分解算法。常用的稀疏分解算法大致可分为匹配追踪和基追踪两大类。

（3）研究分布式压缩感知技术。针对单个信号压缩感知的研究和应用已经开展得比较深入，但是对分布式信号处理的研究仍略显不足。如对于一个包含大量传感器节点的传感器网络，每个传感器都会采集大量的数据，这些数据将会传输到一个控制中心，也会在各个节点之间传输。显然，在这种分布式传感器网络中，数据传输对功耗和带宽的需求非常大，那么，研究如何对分布式信号进行压缩以减少通信压力就显得尤为重要了。

4. 典型应用

在配电开关柜中，温度是最为主要的感知参量之一，利用时间—空间双域压缩感知技术，可以实现开关柜及内部设备的实时运行状态感知。针对时间压缩感知技术，通过既有型号开关柜的大量历史温度数据，建立稀疏字典，实现温度参量的最大化压缩采样，可以有效降低采样频率；针对温度场的空间压缩感知技术，通过 ANSYS 等热力学仿真软件进行实际运行的开关柜温度场精细化仿真，并将仿真所得到的温度场数据提取，作为空间压缩感知的原始输入数据进行分析，辅助建立稀疏字典，并确定温度传感网络结构中最少传感节点数和相应的传感节点布局位置，进而得到温度传感节点最优部署方法及最优压缩采样频率，实现低成本、高可靠的数据采集。通过对设备状态全局分布数据重构，并与仿真结果进行进一步比对、验证，可以实现高准确度数据重构。压缩感知技术的应用将大幅减小传感回传数据的规模，可达到 4～10 倍的压缩比，将有效降低通信所耗费的电源电量及广域通信资源，为传感器的长寿命、低功耗运行提供有力支撑。基于压缩感知技术的温度传感器部署实例如图 4–70 所示。

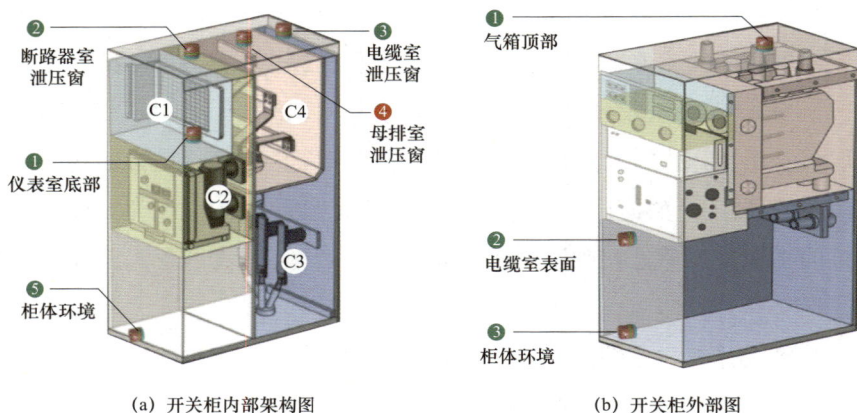

(a) 开关柜内部架构图　　　　　(b) 开关柜外部图

图 4-70　基于压缩感知技术的温度传感器部署实例

4.5.3　数据融合技术

1. 技术原理

电力物联网智能感知所采集的大规模数据在通过数据预处理后，为了更好支撑电力物联网智能分析应用，需要经过特征挖掘提供关键信息。特征挖掘是通过某种计算方法，从设备监测原始数据中提取能够更好地表征与描述数据特性的参数值，从而利用该参数值更好地对数据进行分类等操作，使机器学习等模型的应用效果达到最佳。简言之，特征挖掘是利用数据领域的相关知识来创建能够使机器学习算法达到最佳性能特征的过程。特征挖掘是机器学习流程中一个极其关键的环节，正确的特征可以减轻构建模型的难度，从而使机器学习效果更佳。

特征挖掘包括许多子问题，如特征选择、特征提取和特征构造。数据特征的质量会直接影响智能模型的预测性能。特征选取较好时，能更好地支撑智能模型训练，模型应用效果更好。特征挖掘是一个迭代的过程，在此过程中需要不断地设计特征、选择特征、建立方法、评估方法，进而得到最终的特征。下面是特征挖掘的迭代过程：① 特征初步提取。从原始数据中初步提取特征，暂时不考虑其重要性，对应于特征构建。② 设计特征。根据需求，进行自动提取特征，或者通过手工构造特征，或者两者混合使用。③ 选择特征。使用不同的特征重要性评分和特征选择方法进行特征选择。④ 评估模型。使用选择的特征进行建模，同时使用未知的数据来评估模型精度。

2. 研究现状

国内外研究人员围绕特征挖掘开展了大量技术探索，在特征自动提取、特征自动选择方面取得了进展。在国外，研究人员早期把特征选择问题与模拟退火算法、禁忌搜索算法等结合起来，以概率推理和采样过程作为算法的基础，在算法运行中对每个特征赋予一定的权重，然后根据阈值对特征重要性进行评价。针对时序数据的形状特征、时间依赖特征、序列变换特征，采用象形化时间序列网络（Shapelet）、图卷积递归神经网络（GCRNN）、长短期记忆网络（LSTM）、序列转换模型（Seq2Seq）、自编码器等方法对时序数据进行特征提取。在国内，清华大学金森提出局部放电的时序特征信息提取方法，显著提升放电辨识精度。华北电力大学朱可佳提出一种基于小波包能量—TFCC 的特征参数提取方法，支撑变压器声纹故障准确辨识。电子科技大学的张浩采用基于自适应增强算法（Ada Boost）的特征线性组合算法和基于提升树的非特征线性组合算法来实现电力结构化数据特征的自动生成。华南理工大学的白肇强针对电商平台的用户行为数据，介绍了特征挖掘的相关知识与概念，并在进行特征挖掘与试验验证的过程中提出了多项新的工程实现方案。安徽大学的余大龙在相关特征选择算法（Relieff）的基础上，融合了两种不同的数据降维算法和子模优化的性质，研究了基于特征选择的数据降维算法在电力文本和设备图像特征选取中的应用。

特征的优劣要根据数据和应用需求的具体情况而定，而数据和应用需求千差万别，难以归纳出特征挖掘的通用实践原则，需要根据具体情况设计专用的特征挖掘应用。

3. 研究热点

（1）研究多源数据的特征提取技术。特征提取的对象是原始数据，它的目的是自动构建新的特征，将原始特征转换为一组具有明显物理意义、几何特征、纹理、统计意义或核的特征。如通过变换特征取值来减少原始数据中某个特征的取值个数等。对于数值数据，可以在设计的特征矩阵上使用主要成分分析来进行特征提取从而创建新的特征。对于图像数据，可能还包括线或边缘检测。

（2）研究面向应用需求的特征选择技术。特征选择的方法有多种，在应用模型精度允许的情况下，应选择尽量少的变量和特征，以尽量提高应用模型的可靠性，这就要求根据具体的数据基础和业务场景来筛选合适的特征进行建模分析。同时，通过特征筛选助于排除相关变量、偏见和不必要噪声的限制来提高模型开发的工作效率和模型的鲁棒性。特征选择有基于嵌入的方法、基于封装的方法、基于过滤的方法三种基本方法。

（3）研究基于数据规律的特征构造技术。特征构造指的是从原始数据中通过人工构建新的特征，需要大量的时间去研究真实的数据样本，思考问题的潜在形式和数据结构，同时能够更好地应用到预测模型中。特征构造要求能够从原始数据中找出一些具有物理意义的特征。假设原始数据是表格数据，一般可以使用混合属性或者组合属性来创建新的特征，或是分解、切分原有的特征来创建新的特征。

4. 典型应用

以变压器声音信号的特征挖掘为例，变压器的声音信号特征包括变压器运行状态的关键价值信息，声音信号特征选取的好坏很大程度决定能否准确评估变压器的运行状态，因此如何有效提取变压器声纹特征及合理地选择变压器声纹特征是关键问题。声纹特征作为输入用来对模型进行训练，训练完成的模型输入测试集可以反馈变压器的运行状态，倒频谱是频谱对数的快速傅立叶变换，它可以反映非平稳信号的特点。倒频谱作为一种特征参数，在声纹识别领域得到了广泛的运用。频谱在分析包括几个边带集或谐波系的声音信号时，容易出现重叠混乱现象，而在倒频谱中，它们将被分离，其分离过程类似于频谱将声音信号中的周期信号分离。

基于倒谱系数可通过梅尔频率倒谱系数进行特征提取，该方法基于人耳听觉特性，将梅尔频率倒谱频带在梅尔刻度上进行区分，将实际频率映射在梅尔刻度，达到以人耳听觉特性为标准，将语音信号更好地在频率上凸显特征的目的，梅尔频率倒谱系数提取步骤如图 4-71 所示。

从变压器声纹数据中提取到的梅尔倒谱系数特征如图 4-72 所示。

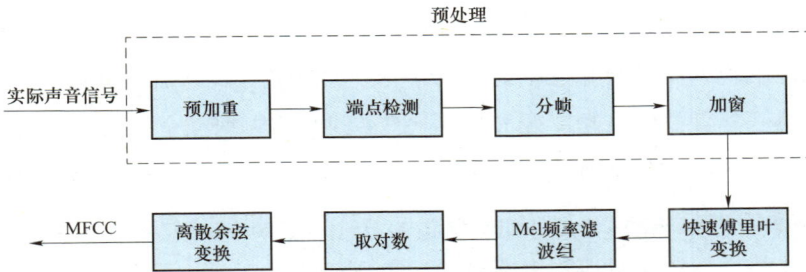

图 4-71　梅尔频率倒谱系数提取步骤示意图

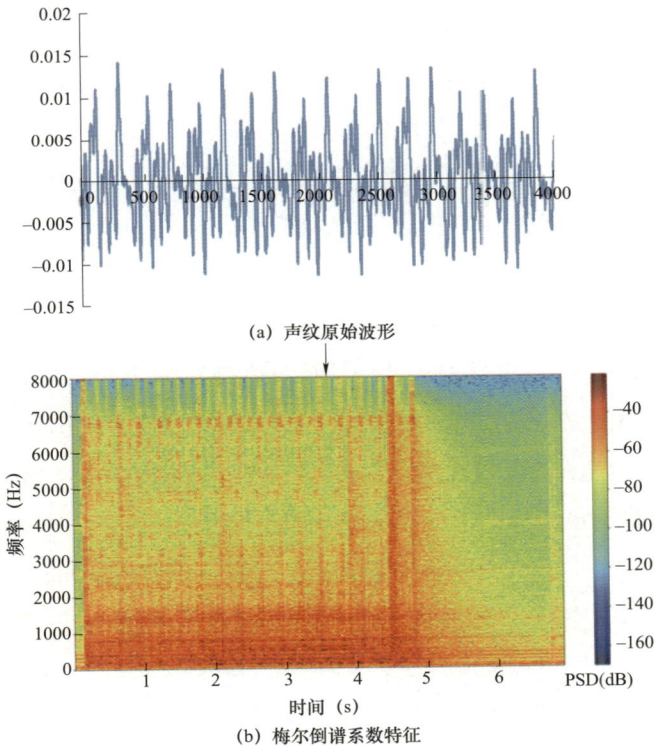

(a) 声纹原始波形

(b) 梅尔倒谱系数特征

图 4-72　变压器声纹监测数据的梅尔频率倒谱系数特征

4.5.4　特征提取技术

1. 技术原理

电力物联网智能感知所采集的大规模数据具有种类多、体量大等特点，为了在数据预处理、特征挖掘的基础上，进一步对多源数据进行融合互补，更好满足电力物联网应用需求，需要针对数据融合技术开展研究。数据融合技术的基本原理就像人脑综合处理信息一样，充分利用多源传感器监测数据，通过对多源传感观测信息的合理支配和使用，把多种监测数据在空间或时间上的冗余或互补信息依据某种准则来进行组合，以获得被测对象的一致性解释或描述。简言之，数据融合是将多个传感数据信息集中在一起综合分析以便更加准确可靠地描述外界环境，从而提高系统决策的正确性。

根据不同数据融合方法的差异性，数据融合可分为数据级、特征级、决策级三种融合方式，不同层次上的融合算法特点有所不同。

数据级融合是最低层次的融合方式，直接对传感监测数据进行分析、关联和融合，然后根据最终的结果支撑特征提取和决策。该方法具有数据损失小、精度高等优点，但对数据的要求也高。常用的方法有贝叶斯估计法、自适应加权平均法、卡尔曼滤波法、贝叶斯最大熵法等。

特征级融合属于中间层次的融合方式，从每个传感器的监测数据抽象出其特征，提取出特征向量，并对特征向量进行融合。该方法的优点是使实时处理变得简单，缺点是丢失了部分信息，使得融合的性能略有下降。常用的方法有神经网络法、参量模版法、聚类分析法、K阶最近邻法、特征压缩法、多假设法等。

决策级融合是最高层次的融合方式，首先对多个传感器的监测数据分别做出决策，然后按照一定的规则进行局部决策的融合处理。该方法的优点是抗干扰能力强、通信量需求小，缺点是相对其他方法，精度较差。常用的方法有 D—S 证据理论、模糊集理论等。数据融合技术结构如图 4-73 所示。

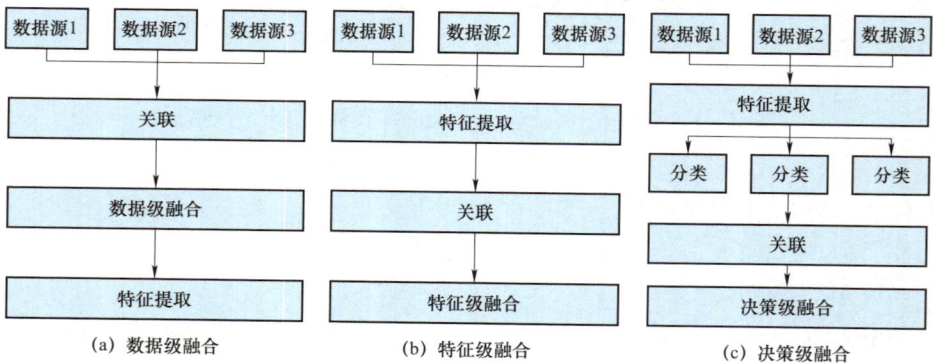

图 4-73　数据融合技术结构图

三个融合层次各有各自的优势与不足，并不是融合层次越高效果就越好。在实际应用中，需要根据具体的应用背景选择合适的融合层次和算法。

2. 技术现状

国内外针对不同类型的数据融合技术展开了技术研究，在理论基础与应用方面取得了进展。在国外，美国国防部实验室联合理事会最早开始研究数据融合理论，并应用该技术实现了飞机、导弹等的跟踪定位。韩国庆北大学提出了在无线多传感器系统中使用混合算法进行聚类和聚类成员选择，减少了传感器在数据融合层面的盲播，信号开销变小。在国内，华北电力大学的刘云鹏等人将特征层融合引入到变压器故障诊断中，通过对设备早期故障发生时的不确定性分析，有效降低信息的随机性，提高输出的有效性和精度。重庆大学的王有元等人采用层次分析法将单特征参数模型集成到评价指标体系和多目标模型中，同时确定各层次的权重，建立了特征层信息融合的寿命评估模型。国网浙江省电力有限公司电力科学研究院的郑一鸣等人结合离线信息、在线监测数据、运行环境、家族缺陷等多源信息，对变压器评价指标体系进行了重新梳理和分类。

目前，数据融合理论在电力领域的应用正处于方兴未艾的阶段，可为设备寿命预测、状态评价等方面应用提供数据基础。随着电力系统规模的不断扩大，各类传感器的广泛部署及电力信息化水平的迅速提升，能量管理系统、设备管理系统及各类信息平台等积累了大量多源异构的电力设备数据。这些数据将带动数据融合理论走向更多的应用场景。

3. 研究热点

（1）研究多光谱数据空间信息融合技术。由于可见光、红外图谱数据是二维数据，在分析复杂场景时，无法有效区分目标和背景，容易造成设备状态的误判，需要与三维点云数据进行融合分析。为了提高状态分析的可靠性，可采取多光谱数据融合的方案，融合包含不同光谱图像、点云数据的时间同步和空间同步。在标注点云时，由于点云的稀疏性，单靠点云，很难判断目标和类别，如果有时间同步的图像，就可以进行判断。针对以上问题，进行多光谱图像与点云融合，实现色彩、温度等信息与点云的空间信息融合。

（2）研究多源传感监测数据融合技术。在工业监空领域中，基于每个传感器的检测数据，可以提炼出有关设备运行状态的特征信息，进而利用获得的特征信息，按照权重组合、向量外积和内积、数据拼接等形式组合成新的数据特征，进而支撑设备缺陷诊断决策。

（3）研究多源数据的信息补充技术。电力设备多来源数据融合除了在加强准确性方面有应用外，还由于多种数据集可以相互补充信息而应用到电力物联网多个应用中。研究人员提出了多种集成多源数据集的方法，以从多个源域提取互补的知识。利用不同电力设备之间的潜在相关性融合不同的数据集，可以形成较为完整的数据集。

4. 典型应用

以电力变压器状态检修为例，主要采用基于溶解气体分析的故障诊断方法，该方法在实际应用中常常出现诊断精度不够高的问题。这是由于考虑数据不全面所致。相关研究显示，变压器的运行状态与湿度、环境温度等气象因素存在强相关性。通过结合气象数据来优化传统溶解气体分析法，将有效提高故障诊断准确率，帮助运行人员制订检修方案，有方向、有重点地进行检修工作。因此，数据融合技术在电力领域中有着广泛的应用前景。

在油浸式变压器的状态评估中，溶解气体监测数据是重要的评判依据。溶解气体监测数据的分析是采用气相色谱仪分析溶解于油中的气体，根据气体的组成和各种气体的含量判断变压器内部有无异常情况，诊断其故障类型。相关研究表明，溶解气体分析法存在一些不足，因为油中气体也可能由周围环境气体渗入，所以应避免只依靠溶解气体单一指标进行评价，应利用变压器的多种状态检测数据进行综合判定。因此可在溶解气体因素的基础上增加环境气象因素、油温、负载率等多种特征量，进而对融合后的数据判断变压器故障风险。结合实际历史数据的故障评估试验分析，相比于传统单独依靠溶解气体分析，基于数据融合进行变压器故障评估时，变压器故障风险预警准确率将提升 10%以上，基于融合数据的变压器故障评估指标体系如图 4-74 所示。

4.5.5　模式识别技术

1. 技术原理

电力物联网智能感知所采集的大规模数据在通过数据预处理、特征提取、

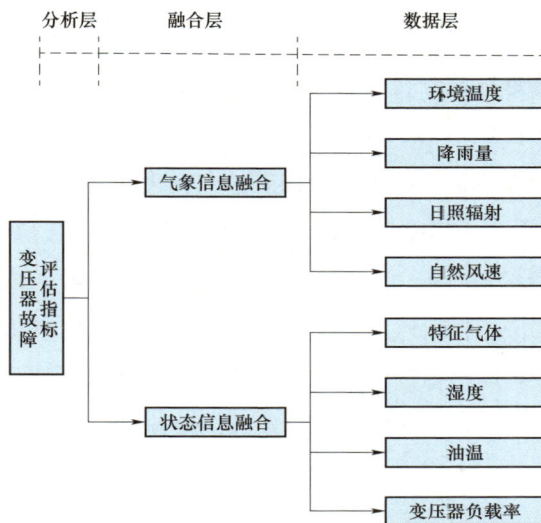

图 4-74　基于融合数据的变压器故障评估指标体系

数据融合后，需要最终经过模式识别形成高级分析应用。在模式识别问题中，将电力物联网中设备的周边环境信息与设备本身信息统称为"模式"，通过计算机技术来研究模式的自动判别与响应，实现电力物联网智能感知。从处理问题的性质和解决问题的方法等角度，传统机器学习理论将模式识别划分为有监督学习（Supervised Learning）、无监督学习（Unsupervised Learning）两大类别。二者的主要差别在于，各实验样本所属的类别是否预先已知。其中，有监督学习的代表算法包括朴素贝叶斯、k 近邻算法、决策树、对数概率回归等；无监督学习的代表算法包括 k-means 聚类、局部保持投影、高斯混合等，但是由于没有正确标注的反馈修正，其准确度目前不如监督方法。传统机器学习方法具有实现简单理论性、可解释性强的特点，但是随着待处理数据的规模和复杂度急剧上升，传统机器学习方法在处理这类数据上难以获得令人满意的表现。

随着深度学习理论的突破，以神经网络（neural network，NN）为基础的模式识别技术因其适应性强，易于转换且适用于大规模数据集上的特点，已广泛应用于多种实际任务。目前，基于深度学习的计算机技术在电力设备可视缺陷检测、健康状态监测、故障诊断分析等领域得到了快速的发展。在电力系统中，利用深度神经网络的强拟合能力，以卷积神经网络（convolutional neural networks，CNN）和图神经网络（graph neural networks，GNN）为核心的故障诊断分析技术能够更好地分析拟合设备数据与对应状态之间的转换关系，这类技术通过网络中感受野和权值的共享大大地减少了网络参数，降低了训练难度，也避免了参数过多引起过的拟合问题；在电力可视设备缺陷检测方面，基于单阶段（YOLO 系列、SSD、RetinaNet 等）和多阶段方法（Fast RCNN、Faster RCNN、Cascade RCNN 等）的缺陷检测技术也取得良好的效果，其核心在于通过提取一次/多次数据特征，使用多层卷积神经网络完成从特征到分类、回归的预测工作；在电力设备健康状态检测方面，基于时序特征设计的神经网络（RNN、LSTM、GRU 等）也都取得了良好的性能，这类网络通过保留设备特征在时间上关于健康状态的检测信息，与实时数据相结合，有效实现了设备健康状态的检测。

随着电力物联网中数据获取方式的不断增加，针对单一模态数据设计的模型难以应对越来越复杂的任务，因此多模态学习成为电力物联网中模式识别技术的新兴研究方向。多模态机器学习（multi-modal machine learning，MMML）能够将物理信号、图像、视频、文本、音频等多模态信息进行融合，从而进行更好的特征表示、提取与识别。多模态学习需要基于机器学习、计算机视觉及自然语言处理等多个人工智能细分领域技术开展，按照融合的层次将多模态融合分为数据层、特征层和决策层三类，分别为对原始数据进行融合、对抽象的特征进行融合和对决策结果进行融合。需要注意的是，多模态的学习模型并不是简单地将不同模型进行拼接，在不同场景开启各自"开关"，而是真正从模型机理上将多源特征进行融合学习。

随着多模态数据获取量的不断增加，数据标注的需求也显著增多，但由于人工标注的成本过于昂贵，且不适用于涉密项目，为了解决数据标注稀缺问题，基于迁移学习的模式识别技术吸引了众多研究者的关注。迁移学习使用一个资源丰富的模态信息来辅助另一个资源相对贫瘠的模态进行学习，这在小样本学习中具有良好的发展前景。在设备运维检修业务中，由于设备、技术、资源、规程等各方面的因素，采集到的部分状态变量的数据资源较为丰富，而另外一些信息则较为稀少。如果能进行模态互补，从不同侧面对设备状态或故障进行综合分析，则会进一步提高判断准确率。目前，部分学者在多时段、多信息、多判据等层面进行了信息融合技术的探索,取得了不错的效果,但真正意义上的多模态机器学习仍处于起步阶段。

2. 技术现状

随着数据获取方式的不断增加,基于多模态数据的模式识别技术已成为研究热点。国网天津市电力公司电力科学研究院的黄志刚等人将基于多模态电网数据建立的知识图谱和对设备实时多模态状态与处置动作融合得到的多模态表示特征结合起来,通过强化学习的方式获得电网调控策略,得到的策略不仅可解释性强,且预测准确性高。国网湖北省电力有限公司电力科学研究院的阮羚等采用非线性指标评价函数对状态量进行归一化处理,应用人工神经网络和证据理论,提出了一种多信息融合的变压器状态评估模型。重庆大学的陈伟根等提出了一种基于神经网络、支持向量机和聚类算法形成初级诊断结果出现分歧时的多证据体变压器内部故障诊断新方法,提升了故障诊断可靠性。

多模态数据带来的样本标注稀缺问题也是研究的重点。北京交通大学的吴俊勇等人将迁移学习技术融入电力系统暂态响应评估中,增加了评估系统面对新场景数据的训练效率,且保证了很高的准确率。国网江苏省电力有限公司南京供电分公司的陈雪薇等人基于迁移学习算法构建既有建筑电力数据和新建建筑电力负荷间的联系,通过既有建筑负荷历史数据训练所得模型来预测新建建筑电力负荷,使误差保留在7.8%以内,可为实际电力负荷预测计量提供参考。

电力物联网中基于多模态数据的模式识别技术正处于起步阶段,需进一步实现对多模态数据的探索与融合,通过对融合特征进行推理实现电力物联网中各项任务需求将是未来的研究重点。

3. 研究热点

(1)研究基于小样本学习的电力设备运维技术。针对电力设备运行状态评估与预测中典型正样本(异常状态数据)的绝对数量稀缺问题,传统的机器学习或深度学习技术难以解决,而小样本学习技术能够在正样本有限的条件下更有效地解决评估和预测问题。

(2)研究基于迁移学习的电力设备运维技术。由于电力系统中,不同设备所处环境均存在一定的差异,这对电力设备运维模型的泛用性和鲁棒性有很高的要求，使用基于迁移学习的电力设备运维技术能够最大限度地将已有的运维模型的知识应用到新的设备环境中，降低环境差异对运维模型的影响。

（3）研究基于多源数据的电力设备运维技术。目前，电力系统中的数据来源多种多样，但针对电力设备的运检维修系统通常只能使用部分数据进行分析推理，使得针对不同数据需要不同的运维模型，大大增加了电力设备的运维成本。因此，研究基于多源数据的电力设备运维技术不仅可以有效利用多源数据，并且能够使用统一的运维模型处理不同的源数据，该技术既可以通过利用多源数据提高运维模型的检测性能，又能降低电力设备的运维成本。

4. 典型应用

（1）电力设备运行状态评估与预测。为解决传统方法的弊端，学术界采用数学分析方法与机器学习算法开展了设备状态评价模型研究工作，一方面利用数学模型客观化计算评价权重，分析各种状态量指标与变压器状态之间的关系，确定其中密切相关的关键特征指标、相对重要性及评价权重，再对变压器状态进行评价，常用的数学分析方法包括层次分析法、熵权法等；另一方面基于训练样本，利用机器学习算法直接构建状态量与变压器状态评价之间的预测模型，常用的机器学习算法包括人工神经网络、贝叶斯概率、聚类分析等。

设备健康状态评估是典型的正样本（异常状态数据）绝对数量稀缺引起的非均衡样本与小样本问题，越是造价高昂、作用关键的设备，如大型电力变压器，电力公司在日常运维过程中越是注重其健康状态，为了保证供电可靠甚至采取提早退役、高频更新设备的策略。因此非正常状态变压器历史案例样本数量极其稀缺，给机器学习模型训练带来了严重的过拟合隐患，需要进一步发展非均衡样本学习、小样本学习等方法。

（2）基于计算机视觉的电力设备故障诊断。基于计算机视觉的电力设备故障诊断架构如图 4-75 所示，通过无人机、直升机、巡检机器人、固定摄像头等装置采集影像数据，基于标注缺陷故障目标的类别及具体位置来构建输电图像样本库。基于计算机视觉的电力设备模型主要采用基于深度学习的人工智能算法，构建基于卷积神经网络的目标检测模型，实现输变电设备识别、图像分割、状态监测、故障诊断、绝缘子覆冰与灰密识别等功能，针对输电线路杆塔、导地线、绝缘子、金具、基础、接地、附属设施、通道等 8 大类场景缺陷隐患建立识别模型，通过对不同缺陷的标记、训练、校验、优化等不断的迭代，生成具有实用化价值的高精度、强泛化的输电线路设备本体和通道监测缺陷隐患识别模型，主要极大减轻人员在高压线路、变电站等高危环境下的作业危险，提高了危险环境下的巡检质量和效率。

图 4-75 基于计算机视觉的电力设备故障诊断架构

（3）基于数据知识双驱动的故障诊断。首先需要基于当前输变电设备案例数据，结合设备家族性缺陷、运行数据、气象数据等多源信息，采用生成对抗网络、样本合成等方法进行数据增殖，平衡正负样本比例。然后按照数据是否有标注、时序记录是否完整等情况，尝试分类、聚类、预测等算法；并引入运检知识图谱中的相关经验规则进行学习引导与知识推理。最终给出缺陷故障的分级识别与诊断，第一级判断设备缺陷故障类别，第二级识别设备缺陷故障部位，第三级可进一步进行设备缺陷故障融合诊断。

1）判断设备缺陷故障类别方面。针对设备巡检影像提取的样本，通过超分辨率重建方法进行处理，生成高分辨率图像；结合基于 Mask-RCNN 特征金字塔网络对缺陷信息进行诊断分析，并将缺陷坐标映射回原图作为实际缺陷位置。

2）识别设备缺陷故障部位方面。通过特征提取技术提取对象的几何、纹理、颜色、空间关系等特征，形成特征表达。如通过稀疏编码或视觉单词模型等，并进行特征子集选择，也就是对特征样本进行特征降维，再训练特征分类器，分类器完成对输入图像表达特征的分类，从而达到对设备的识别。

3）设备缺陷故障融合诊断方面。通过智能图像处理技术实现主设备的识别，通过主设备的识别获取设备工况信息，以卷积神经网络为诊断核心算法，对获取的设备图像进行状态分类，再融合设备状态信息，调用层级实时记忆（hierarchical temporal memory，HTM）算法及推理知识，最终得到设备的状态情况和可能的故障诊断信息。

5 电力物联网智能感知应用

电力物联网的建设目标对信息感知的深度、广度、密度、精度提出了更高的要求，电力系统中需要实现电气量、物理量、状态量、行为量、环境量、成分量、空间量的广泛采集，形成电力系统感知基础数据，拓展电力系统实时监测能力，构建源—网—荷—储—资产全态的信息物理系统，支撑电网运行状态分析。利用感知获取的电力设备设施电气量、物理量、状态量、环境量、成分量，开展电力系统设备故障预警、状态评价、故障研判、效率评估与规划设计，提升电力设备的运行性能，从而避免火灾、爆炸等重大事故发生，保障设备的安全可靠运行。

按照能源开发、输送、分配供应环节，电力系统划分为电源侧、输电侧、变电侧、配电侧、用电侧等应用场景。各种电力应用场景的基础设施、环境工况、设备特性、使用数量上均有差异，使得采用的感知技术与设备、部署建设的信息化系统也会有区别。目前已初步梳理出电力系统正在使用或建设的各种传感器，这些传感器涉及电气量、物理量、状态量、行为量、环境量、成分量、空间量等，成为电力系统安全运行和运维检修的重要监测手段。

5.1 电源侧感知技术应用

5.1.1 感知范围

根据能源提供形式，可将电源厂站分为火电厂、水电厂、核电站、新能源场站等。火电厂是利用煤、石油、天然气或其他燃料的化学能生产电能的工厂，主要组成部分为锅炉及附属设备、汽轮机及附属设备、发电机及励磁机、主变压器,从而把化学能转化为电能输送给各行各业。水电厂是利用水的势能推动水轮机发电产生电能的系统,主要组成部分为水坝、水电厂房、发电系统、变电站等。核电站用铀、钚等作核燃料,将它在裂变反应中产生的能量转变为电能,核电站主要是由反应堆、汽轮机、发电机组成。新能源场站主要有风电场、光伏电站,它们利用风力发电或太阳能发电。这些电源厂站需要对设备、坝体、厂房等基础设施设备和微环境进行监测。

2016 年 2 月,国家发展改革委发布《关于推进"互联网+"智慧能源发展的指导意见》,明确指出要促进能源信息的深度融合,"智慧发电"的概念在国家能源转型的背景下应运而生。"智慧发电"、"智能电网"、德国"工业 4.0"、"中国制造",是第四次工业革命大背景下发电技术的转型革命,国内各发电集团开始积极建设智慧电厂。这一时期,我国的风电、光伏等新能源发电迎来了爆发式增长,装机容量不断攀升。相比传统火电厂,新能源场站的部署分散,地处偏远地区,基础交通较差,定期检修巡检设备难度大。"智慧电厂"通过部署大量传感设备,建立多个信息化系统来实现生产活动的自动化,如新能源场站一般均配置了变电站综合自动化系统、"五防"系统、SCADA 系统、箱式变电站监控系统、能源管理系统、功率预测系统、静止无功发生器(static var compensator,SVG)无功补偿装置等监控系统。针对场站的环境监测一般建设有微型自动气象站,实现风向、风速、温度、湿度、气压等气象要素的测量。光伏电站建设有光功率预测气象站,可采集温度、风速和风向、太阳辐射、雨量、气压、电池板背板温度等多项环境量。针对光伏电站建设的气象监测系统是实现光伏电站状态运行、检修管理、提升生产运行管理精益化水平的重要技术手段,可同时在线监测总辐射、风速、风向、温度、湿度、气压、组件温度等环境参数。

我国发电机组传感器的布局在不同时期有较大的差异。早期建设的机组由于传感器技术落后,不仅在电厂中形成了若干相对独立、封闭的自动化孤岛,更因为未做全面规划,导致传感器件布局不完善,在一定程度上缺失针对现阶段频繁发生的多类故障的监测。为此,现阶段发电领域推进应用数字化的传感技术,在新旧电厂发电机本体、辅助设备上部署更多的传感器,从而推进发电厂站的数字化进程。

在新能源场站应用上,为了提升新能源发电企业对新能源场站运维管理的智能化和精细化水平、降低运维成本、减少设备故障率和持续时间、提高设备发电效率,需要改善和扩大智能感知布局、增加监控和感知手段、拓展人工智能及大数据技术应用,以满足未来电力物联网的发展需求。

5.1.2　感知信息类型

发电侧电源类型的不同,感知需求差异性是比较明显的。传统的火电厂感知需求通常是对锅炉、汽机、发电机组的运行状态监测,以确保电厂的安全运行,汽轮机感知终端布局如图 5-1 所示;新能源发电的光伏电站、风电场重点是对环境气候、电气线路、风电机组、桨叶状态、太阳板组件的状态监测,风力发电机组感知终端布局如图 5-2 所示。

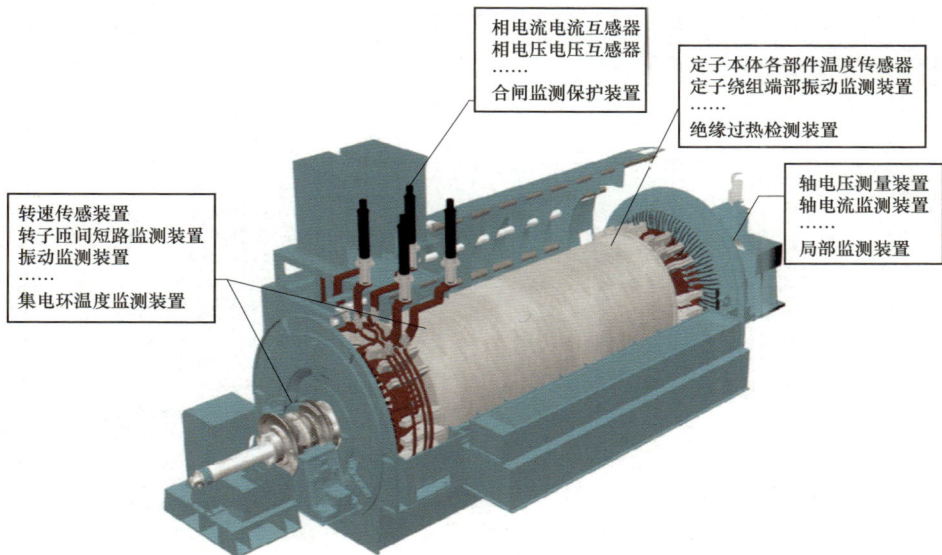

图 5-1　汽轮机感知终端布局示意图

综合发电领域典型发电形式感知终端使用情况,感知状态信息类型主要包括物理量、电气量、环境量等,发电领域感知信息类型如表 5-1 所示。

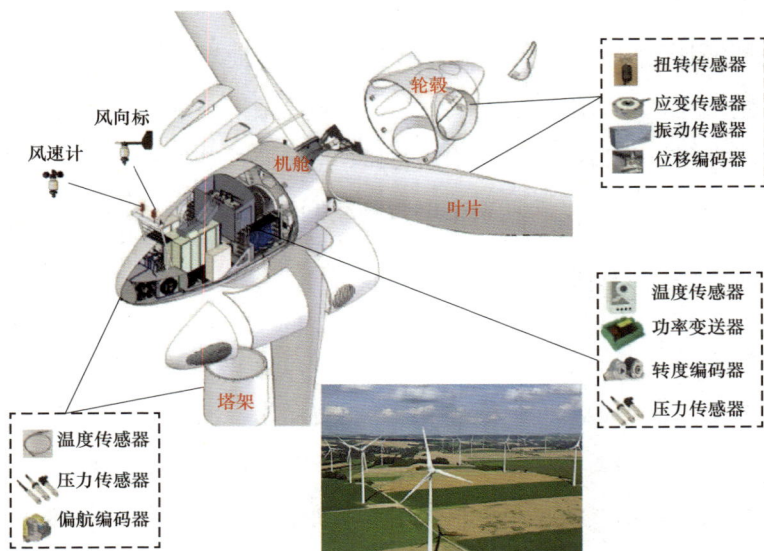

图 5-2　风力发电机感知终端布局示意图

表 5-1　　　　　　　　　　　发电领域感知信息类型

门类	对象	典型感知终端类型
设备本体监测装置	定子	定子本体各部件温度传感器 定子绕组端部振动监测传感器 绝缘过热监测传感器
	转子	转速监测传感器 转子匝间短路监测传感器 振动监测传感器 集电环温度监测传感器
电气系统及其他辅助测点	电气系统	相电流电流互感器 相电压电压互感器 合闸监测保护装置
	其他辅助测点	轴电压监测传感器 轴电流监测传感器 局部放电监测装置
新能源场站设备	风机塔架及机舱	风速、风向传感器 位移传感器 压力传感器 应变传感器
	风机轮毂及叶片	扭转传感器 位置编码器 应变传感器

门类	对象	典型感知终端类型
新能源场站设备	发电机及齿轮箱	振动传感器 压力传感器 功率变送器 温、湿度传感器 转速传感器
	光伏组件	温度传感器
	汇流箱	电压互感器、电流互感器
	逆变器	电压互感器、电流互感器 功率变送器
新能源场站环境	气象环境监测	太阳辐照辐射表 风速、风向传感器 温度传感器 湿度传感器 压强传感器

下面对表 5-1 所列举的传感器进行简要的应用说明。

温度传感器主要用于机组本体内定子铁心、定子绕组及出线端屏蔽部位等的温度监测。温度传感器通常使用薄膜电阻作为敏感元件,该传感器的尺寸小、质量轻、漂移小、反馈时间短。

光纤振动传感器安装在定子绕组鼻端接头、定子绕组引出线或定子绕组端部紧固件的适当位置上,以监测机组固有振动频率是否发生变化。

转子匝间短路监测传感器安装在定子槽楔上用来监测转子匝间短路故障,以避免匝间短路烧坏护环、大轴磁化或轴颈和轴瓦烧伤,以及引发轴系振动等严重问题。

轴电压、电流监测传感器主要安装在汽轮机、励磁机构两端,防止轴电压较高、轴瓦表面缺陷、润滑油油质或流量不达标,以及发电机异常振动时造成油膜击穿,导致轴与轴瓦形成金属性接触,产生相当大的轴电流,烧损轴颈和轴瓦。

风力发电机中通常部署涡流传感器,用于测量轴的间隙,以确保承受压力的轴一直被油膜所覆盖,以保证润滑。

粉煤流量计、液位计、液速计、风速计等安装于管路中。需要解决的是采用无线智能传感器取代原有的机械仪表和电磁式传感器,保证终端集成的高效性，突破以往传感器可靠性不高、布线复杂等工程问题。

在新能源场站中，通常根据不同的应用场景、功能需求和环境条件安装和布置相应的传感系统。应用场景包括偏远及高寒高海拔地区、东南经济发达地区、沿海及潮间带区域等。

在偏远及高寒高海拔地区，需要考虑温度对新能源发电设备的影响，重点监测主要设备部件的运行寿命和老化程度，可采用加载高清摄像机的无人机巡检方式监测光伏组件的清洁及损害情况，以及风电机组叶片的老化程度。

在东南经济发达地区，考虑高比例的分布式光伏电站的现场运维需求，需要配备智能头盔和手持移动设备（如热像仪），在光伏监控系统协助下快速定位故障区域，快速定位故障元件。

在沿海及潮间带，需要考虑台风、雷电和盐雾等因素对风电机组叶片的影响，需要在机舱内增加噪声录波装置，通过信号处理技术分析风机运行噪声，提早发现叶片的老化及故障问题。

5.1.3　典型应用

1. 光伏电站运维监测应用

光伏电站设备种类多，在运行过程中，存在多种故障影响电站的正常发电运行，光伏电站典型故障分析如图 5-3 所示。如光伏组件热斑、光伏组件开路、光伏组件短路、汇流箱熔丝烧毁、汇流箱开路、汇流箱短路、逆变器过热、逆变器过压、逆变器过流等，这些故障对光伏电站的运维能力提出极大考验。

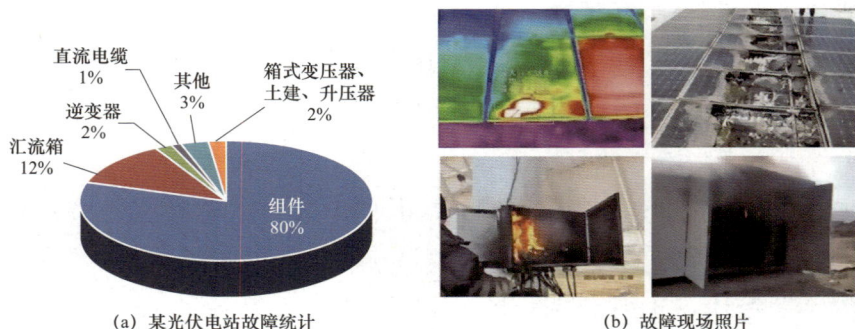

(a) 某光伏电站故障统计　　　　(b) 故障现场照片

图 5-3　光伏电站典型故障统计及现场照片

光伏电站太阳能板是组件级的单元，对组件级的设备状态进行监测。通过智能传感器感知电气量、温度量、光辐照等信息，通过对数据的分析和挖掘，自动判别和定位故障，实施在线智能运维，传输的数据仅为计算结果和报警信息。

光伏组件智能传感器主要由传感器、微处理器、处理电路和软件组成，其结构设计如图 5-4 所示。智能传感器的待测量包括辐射度、环境温度、组件背板温度、组件工作电流和电压等。智能传感器的逻辑判断、统计分析、自检、自诊断和自校准、软件组态、双向通信和标准化数字输出、信息存储等功能有极大提升。

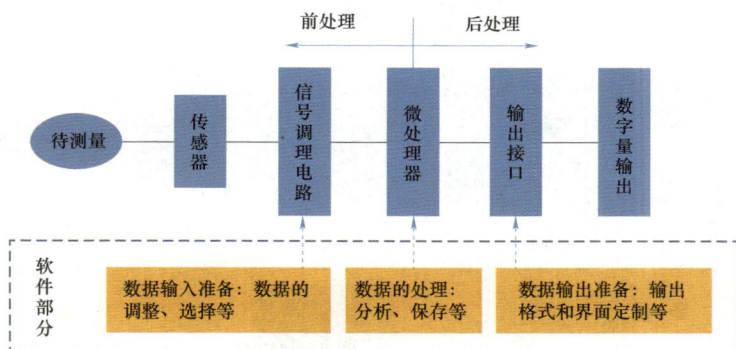

图 5-4 光伏组件智能传感器的结构设计

在光伏汇流箱位置的智能传感器采集每组的工作电流及电压，融合组件级智能传感器上传的监测数据，利用数据分析实现汇流箱工作状态和故障分析，以及本组太阳能板故障（串联失配、并联失配）的深入分析。

在中压电力电缆位置安装电力电缆监测智能传感器（见图 5-5），进行在线局部放电监测、接地/短路电流和电力电缆导体温度异常等监测，实现电力电缆局部放电、在线暂态、永久故障的监测和定位，目标是监测电力电缆异常状态，减少电力电缆故障次数，降低电力电缆故障引起的损失。

通过在光伏电站部署上述智能传感器采集太阳能板、汇流箱、电力电缆的运行物理量、状态量，以及微气象环境量的信息，构建光伏电站智能信息采集系统，如图 5-6 所示。该系统对光伏电站的运行状态实时在线监测，对设备运行异常与故障进行快速诊断、精确定位、智能识别故障类型。

图 5-5 光伏电站中压电力电缆监测传感器

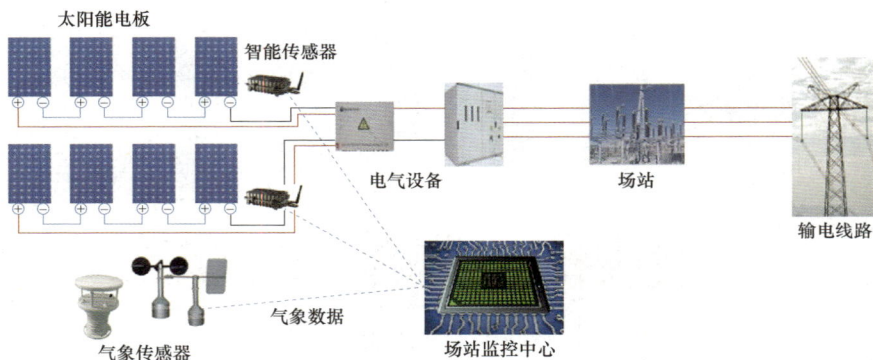

图 5-6 光伏电站智能信息采集系统示意图

据统计，光伏电站智能信息采集系统建设带来的经济效益比较理想，以某地 100MW 电站为例，如果电站达到系统运行效率 80%、年均利用小时数 1115h、脱硫标杆上网电价 0.42 元/kWh，每年增发电量 446 万 kWh，则 4 个月即可收回系统部署的投资成本。

2. 风电场传感器应用

随着我国风力发电制造技术的发展进步，发电成本较低的风力发电成为最有发展潜力的新能源发电形式。风力发电机组包括主控、变流器、变桨 3 个主要部分。主控部分根据风向、风速来给变桨和变频器发出指令，涉及的传感器有检测风向的风向标、检测风速的风速仪、检测机舱振动的振动分析仪、检测风轮转速的转速计。变频器根据主控发出的命令使发电机转动的机械能变为电能，涉及的传感器有用来检测电机转速和轴的转角的电机编码器、检测电压传感器、检测电流传感器。变桨系统根据主控给出的角度命令对桨叶迎风角度进行调节，涉及的传感器有电压传感器、电流传感器、桨叶的位置传感器、检测电机转速的编码器、变桨使用的压力传感器。风电站监测对象及典型传感器如表 5-2 所示。

表 5-2 风电站监测对象及典型传感器

监测对象	传感器	监测对象	传感器
发电机转速、齿轮箱转速、叶轮转速、机舱与塔筒齿轮转速	转速传感器	风机中的制动系统、阻尼板系统等压力监测	压力传感器
风向与风机方向偏航	偏航传感器	发电机输出电参量，如电压、电流、有功功率、无功功率、视在功率、功率因数等	电参量传感器
机舱和塔筒的振动	振动传感器	感知输电电缆的缠绕情况	解缆传感器
风速和风向	加热型风速风向传感器	桨叶角度感知与定位	桨叶位置传感器
齿轮箱温度、控制箱温度、刹车卡钳温度等	温湿度传感器	—	—

风电场运行环境存在以下显著特点：① 设备运行环境恶劣，长期无人值守。② 机组分散，工况复杂多变且可靠性低，维护因难。③ 大部件维护和更换成本高昂，其占风机整机价格和发电成本比例高。④ 定期维护和事后维修影响发电效益。因此，建立状态监测和故障预警系统显得很必要，通过实时状态检测和智能故障预警可有效发现事故隐患并实现快速准确的系统维护，保障机组安全运行，做到防患于未然，同时可显著降低风机的故障率，有效减少维修费用。通过传感器采集风电机组的转速、风速和风向、机组运行状态，对保障风电机组的安全，防范大风恶劣天气对发电机组带来的威胁都有着重要作用。

下面对表 5-2 所列举的传感器进行简要的应用说明。

塔体与主机振动传感器：感知塔体和风机的振动，在出现较大振动时及时采取停机的措施，防止因振动引起金属疲劳、共振现场，保护机器设备。

压力传感器：风机中的制动系统、阻尼板系统等必须在液压系统良好工作状况下才能有序良好的工作，压力传感器可以监测液压系统压力状态。

转速传感器：检测风机的风叶和电机的转速，防止风机的风叶转速过快超过机器的设计限值发生损坏。风电机组的转速传感器部署现场如图 5-7 所示。

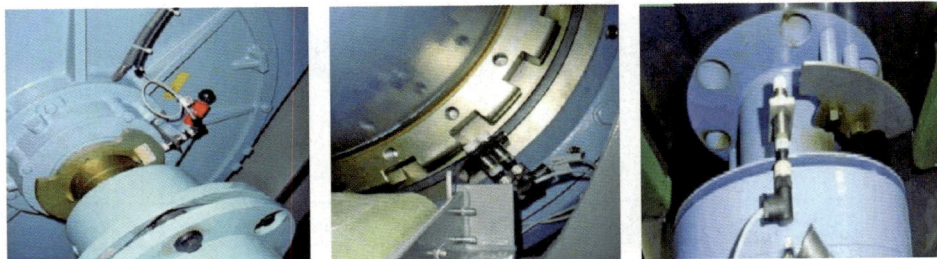

图 5-7　风电机组的转速传感器部署现场

风电机组振动传感器：监测机舱和塔筒的振动情况。风机设备振动是最常见的现象，超过机组耐受限值将发生组件断裂、疲劳失效等故障，严重影响机组安全运行。风电机组振动传感器部署位置如图 5-8 所示。

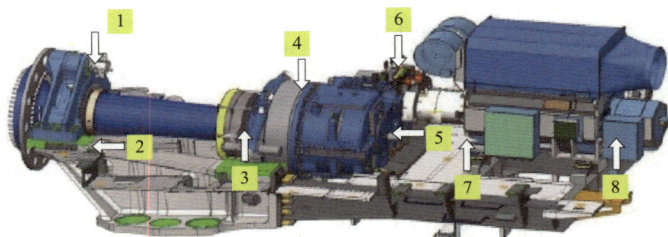

图 5-8　风电机组振动传感器部署位置示意图

1—主轴承径向；2—主轴承轴向；3—齿轮箱输入端水平方向；4—齿轮箱行星级垂直方向；

5—齿轮箱中间轴发电机侧轴向；6—齿轮箱高速轴垂直方向；

7—发电机驱动端径向；8—发电机非驱动端径向

风电机组状态监测系统构建示意图如图 5-9 所示。首先在风机及塔筒上安装振动、转速、压力、位置等多种传感器，监测机组设备的运行状态，通过

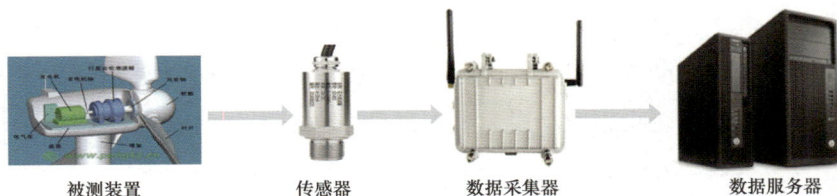

被测装置　　　　　传感器　　　　数据采集器　　　　数据服务器

图 5-9　风电机组状态监测系统构建示意图

160

本地部署的数据采集器收集传感器采集的数据，状态监测数据通过本地通信网络和远距离通信网络传输至风电场站的数据库和管理服务器，供系统平台开展数据的分析、故障诊断与预警。

风电场站机舱、塔筒、环境等设施设备的运行参数、状态参量和环境工况可以通过在线状态监测系统连接起来，构成传感器、采集器、服务器三层的网络架构，风电场站设施设备及环境状态监测系统架构如图5－10所示。该系统可识别风机转速、发电机转速、机内温度、电压、电流、功率、功率因数、电网频率、运行时间、发电电流等参量，监控每台机组控制系统（功率控制、变桨距系统、变流器系统等）显示风力发电厂概况及环境参数。在监控室可以查看到各风机的详细参数，如电能、风速、风向、气温、风机压力、风机温度和转速等，还可以查看到历史趋势图、实时趋势图、报警信息、升压站运行状况及报表信息。通过软件可以对风电场的风电机组进行远程控制，如远程开机、停机、偏航、复位等。

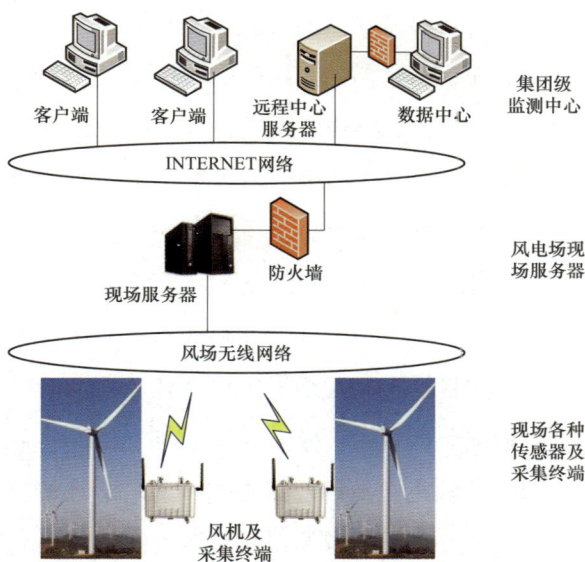

图5－10　风电场站设施设备及环境状态监测系统架构

据统计，风机故障中，由机械故障导致的风机停机时间占总停机时间的50%，传统的机组运行维护成本占风电场维护总成本的25%～30%，风电总投资的 65%以上都消耗在运行维护上，其中齿轮箱维护约占一半以上。采用在线故障预警系统能够至少减少齿轮箱 80%的故障和维护费用，约节约总投资的17%。

5.2 电网侧感知技术应用

5.2.1 感知范围

5.2.1.1 输电侧

架空输电线路规模庞大，运行于地域广阔、环境复杂、气候多变的通道走廊中，雷电、雨雪冰冻、大风和台风等极端天气事件及其次生、衍生灾害呈增加趋势，在施工破坏、山火、地质灾害等外部因素综合作用下，灾害的突发性、异常性和复杂性有所增加，严重威胁输电线路的安全稳定运行；同时，高压电力电缆在城市地下的运行环境复杂，出现火灾、沉降、外破等异常状况会给高压电力电缆安全运行带来巨大的威胁。因此，需要通过多种类型的感知设备应用，对线路安全运行威胁性大、影响范围广的状态参量进行有效监测，全面感知线路本体和通道环境状态，促进通道监测预警信息化水平的持续提升，推动通道运检工作方式和管理模式的变革。

（1）架空线路。在线路中主要针对线路本体及通道环境进行有效感知，其中，本体包括基础、杆塔、绝缘子、导线及附属金具。由于输电线路广泛分布在平原及高山峻岭，直接暴露于风雪雨露等自然环境之中，在电、热、机械等长期负荷作用下会引起老化、磨损，导致性能逐步下降，可靠性降低，进而危及电网安全运行。同时，输电线路杆塔还受到洪水、滑坡等自然灾害的损害，运行环境相当恶劣。此外，输电线路具有分散性大、距离长、范围广、温度和湿度变化范围大、难以巡视及维护等特点，因此对输电线路本体及通道环境进行在线监测成为一项重要的内容。

近年来，输电线路状态监测从最初的人工巡视和定期检修向实时化、自动化、智能化方向快速发展，重要杆塔配备了视频图像监测设备，部分线路安装了导线张力、风偏、温度、振动、倾斜等传感器，实现对输电线路周围风速、温度、湿度、覆冰等参数的感知和监测。但目前此类在线监测设备受装置自身可靠性、气象条件、电磁环境、信号传输等条件的限制，仍存在诸多问题。随着感知技术向微型化、智能化、集成化、网络化、系统化等方向发展，亟须对输电线路的在线监测技术进行深入研究和改进，保证电网安全可靠连续运行。

（2）电力电缆及通道。针对廊道电力电缆，需对电力电缆隧道内的高压电力电缆本体状态、通道环境安防两个方面进行全面感知。随着现在城市的发展，地下电力电缆供电网在不断扩大，越是经济发达的地区，供电需求越大，相应的地下电力电缆网络越发密集。一旦某条线路发生故障，很容易波及周边其他线路，造成大面积停电事件，带来巨大的安全隐患。因此电力电缆通道运维工作量越来越大，运维要求越来越高。电力电缆线路基本都在地下的电力电缆通道内，其特点是电力电缆数量多、排列集中、相互纵横交错、电力电缆供电距离长、通道环境恶劣，并可能存在各类有毒气体及可燃气体。电力电缆通道的特殊环境及复杂线路使得传统人工巡检效率十分低下，并伴随人身安全隐患，人工巡视已不能满足电力电缆通道的运维要求。

通过对输电领域先进传感技术的应用探索和新型传感技术的创新开发，将实现新型传感器系统和多种测量方式的结合，从"空—天—地"全维度全面、立体地反映输电线路运行状况，推动智慧输电线路的发展，保障电网安全运行。

5.2.1.2　变电侧

变电站是电力系统中对电压和电流进行变换，转发电能及分配电能的场所。变电站内的电气设备分为一次设备和二次设备。一次设备是指参与直接生产、输送、分配和使用电能的设备，主要有变压器、高压断路器、隔离开关、母线、避雷器、电容器、电抗器等。变电站的二次设备是指对一次设备和系统的运行工况进行测量、监视、控制和保护的设备，主要包括继电保护装置、自动控制装置、监控装置、计量装置、调度自动化系统，以及为二次设备提供电源的直流设备。

随着变电设备状态检修策略的全面推进和智能电网建设的加速发展，变电状态监测及故障诊断技术得到广泛应用。变电设备状态监测系统的安全性、可靠性、稳定性、经济性，以及测量结果的准确性，直接影响状态检修策略的有效开展以及智能电网设备状态可视化功能和状态的有效监控。

（1）变压器设备状态感知需求。变压器高压侧套管油位监测，当液面低于或高于阈值均发出告警信号。套管接线端子横向拉力监测，接线端子所受横向拉力大于阈值时报警。主变压器呼吸器通气不畅，容器内产生压力时告警。主变压器现场表计、液位等监测数据采集及联合主变压器运行参数的变压器运行状态分析。主变压器铁心接地电流监测及实时数据远程传输，联合主变压器运行参数的变压器铁心故障、运行故障预警。主变压器各类放油阀、注油阀、压力释放阀、冷却器转动部件等状态监测及开闭位置遥测、模拟仿真等。变压器油中溶解气体在线监测，通过油中气体色谱分析及时发现变压器设备缺陷、故障隐患。

（2）避雷器设备状态感知需求。需要监测避雷器的内部泄漏电流、阀芯温度、避雷器动作次数、表面泄漏和内部泄漏电流区分等，以及避雷器磁柱裂纹、沿面污秽、沿面闪络。

（3）断路器设备状态感知需求。需要监测断路器高压油回路的液压油压力、高压油回路渗漏，断路器的灭弧室气压大小，现场油压表和气压表数据的采集和数据远程传输，断路器分合状态、分合次数、分合时间，断路器机构箱的温湿度等。

（4）电容器组设备状态感知需求。需要监测电容器组侧面的外壳形变、外壳电位等，确保容器设备运行安全。

（5）蓄电池/机房/箱柜设备状态感知需求。需要对变电站机房蓄电池充放电情况，蓄电池区域的温度、湿度、烟感、火灾探测等环境监测，对机房的防鼠挡板位置状态、小动物或异常人员闯入监测，对变电站电力电缆夹层的温度、火灾、烟感等消防环境和消防设施监测，对户外敞开式开关柜、弱电柜等开关状态等。

（6）工器具/资料等设备状态感知需求。需要解决安全工器具、接地线、消防工器具的在位监管、生命周期管理、领用分配等，变电站档案资料的在线管理、损毁遗失、不归还等问题。

（7）光缆等通信设备状态感知需求。需要对光缆接头盒水浸、密封状态，光缆光纤故障监测与故障定位，光缆外破发现和识别等监测。

（8）变电站气象环境监测感知需求。需要监测变电站的气象微环境。

5.2.1.3　配电侧

配电网属于电力系统的用户端网络，是电力系统到用户的最后一环，与用户关系最为紧密。配电网具有设备与站点数量多、分布广的特点，配电室、开关站地理位置分散、环境情况复杂、覆盖面广、用户众多，同时容易受用户增容和城市建设影响。

配电网的感知应用以配电变压器、断路器、电力电缆、开关设备等供电设备的状态监测，以及配电站房安防、环境监控等作为配电网感知的重点。强化传感器在配电网中的应用，建立具有配电设备及环境状态感知、主动预测预警、辅助诊断决策功能的配电状态监测系统，可以提高运检业务信息化、数据分析智能化、运检管理精益化水平，从而适应配电网发展需求，为配电网智能巡检工作提供技术支撑。

5.2.2　感知信息类型

5.2.2.1　输电侧

架空输电线路和高压电力电缆通道的监测传感器分为通道环境监测类传感器和线路本体监测类传感器两个大类，根据监测对象的不同，在通道环境监测上又可分为气象环境监测及架空输电线路通道状态和高压电力电缆通道状态监测三类；在线路本体监测层面，分为架空线路的基础、杆塔、导地线、绝缘子串、金具、接地装置、附属设施及高压电力电缆等八类。输电线路用感知终端分类如表 5-3 所示。

表 5-3   输电线路用感知终端分类

门类	感知对象	典型感知终端类型
通道环境监测传感器	气象环境	气象监测装置 雷电监测装置 台风监测装置
	架空输电线路通道状态	图像监控装置 视频监控装置 分布式故障监测装置 防山火红外监测装置 卫星遥感监测
	高压电力电缆通道状态	通道水位监测传感器 通道气体监测传感器 环境温度监测传感器 通道安防监测装置 通道火灾监测装置 通道沉降监测装置 通道外破监测装置 光纤振动监测传感器 机械振动监测传感器 图像视频监控装置
线路本体监测传感器	基础	北斗形变监测装置
	杆塔	杆塔倾斜监测装置
	导地线	覆冰监测装置 微风振动监测装置 舞动监测装置 温度监测装置 弧垂监测装置
	绝缘子串	风偏传监测装置 污秽度监测装置
	金具	金具温度监测装置
	接地装置	接地电阻监测装置
	附属设施	拉线张力监测装置
	高压电力电缆	局部放电传感器 护层接地电流监测传感器 分布式光纤温度监测传感器 电力电缆接头内置测温传感器 电力电缆接头内置局部放电监测装置 分布式故障定位装置 介质损耗监测装置 电力电缆油压监测传感器

输电侧常见传感器典型应用场景如下：

（1）微气象监测。微气象监测装置主要采集线路安装点附近的气温、降雨量、湿度、风速、风向、气压等气象要素，可为线路设计提供线路走廊局部区域历史气象数据，为线路故障跳闸原因的分析提供数据支持。

常用的微气象传感器为集成式多要素一体传感器。其中超声波式测风传感器是应用声波来探测风速和风向的一种测风传感器，其克服了传统机械式风速风向仪的缺陷，不存在启动风速，环境适应性更强，是气象监测装置的一种理想测量技术手段；温度传感器采用铂电阻或数字温度传感器进行测量；湿度传感器采用湿敏电阻和湿敏电容作为测量元件；雨量传感器采用多普勒雷达传感器进行检测，通过感知雨滴的降落速度与大小，计算降水量与降水强度；太阳辐射传感器或日射强度计测量总辐射或直接辐射和散射太阳辐射的总和；气压传感器采用内置数字式硅压阻气压传感器，具有体积小和功耗低等特点。

（2）等值覆冰厚度监测。覆冰监测装置的基本原理是采用拉力传感器取代球头挂环，来测量综合悬挂载荷，再通过覆冰数学模型计算，并考虑无冰时的风荷载和覆冰时的风荷载，得到估算的标准覆冰厚度或近似冰密覆冰厚度。

考虑到装置在计算覆冰厚度的过程中杆塔档距等基础信息的准确性、拉力传感器精度、风速传感器精度以及倾角传感器精度对结果均有较大影响，其计算过程中的不可控量较多，整个覆冰厚度的计算都是考虑理想的均匀覆盖在导线表面，覆冰的物理参数也均是理想考虑，与线路实际运行情况多有不同，计算模型需进一步验证和优化。

（3）杆塔倾斜监测。输电线路杆塔倾斜监测装置通过对杆塔顺线倾斜度、横向倾斜度的监测，结合线路设计参数进行综合分析判断，给出杆塔综合倾斜度、倾斜方向及预警信息。

监测装置通过高精度双轴倾角传感器测出杆塔在顺线路方向和横线路方向倾斜角度，进而计算出杆塔顺线路方向倾斜度、横线路方向倾斜度及综合倾斜度。杆塔倾斜监测的主要内容包括杆塔综合倾斜度、杆塔顺线倾斜度、杆塔横向倾斜度和杆塔偏斜角等参数。

倾角传感器部件是杆塔倾斜监测装置的核心部件，应能抗恶劣环境，尤其是对部件在高低温、高湿度及大雨环境下的可靠性要求较高，另外，还需要能抗腐蚀、防尘。倾斜传感器必须安装在杆塔中线 2/3 处及以上部位，测量方向判断为：顺线路方向为 y 轴方向，面向大号侧为 y 轴正方向，面向小号侧为 y

轴负方向，垂直线路方向为 x 轴方向，面向线路大号侧左手方向为 x 轴正方向，右手方向为 x 轴负方向。

（4）图像/视频监测。视频监测装置主要通过各类摄像头在不同的预置位对线路环境拍摄视频/图片，并将视频和图片上传到输变电设备状态监测系统，其工作原理相对简单直接，可观察线路及塔下情况，对线路的防外破、防山火、导线覆冰、舞动以及通道树木易生长地段监测有较好的监视效果。但存在装置耗电量较大、公网通信费用高、受带宽影响无法长时间高清晰浏览等问题，主要采取的节电策略是装置正常情况下处于休眠状态，需要观看视频时对装置进行唤醒操作，以节省装置耗电量。

（5）输电导线温度监测。输电导线温度监测装置采用接触式测量和非接触测量技术，采集现场导线运行温度，通过无线传输方式将采集数据发到数据集中器里，然后通过数据集中器将数据传输到状态监测主站平台上，通过系统分析软件进行研究和分析，并结合气象环境观测装置计算出导线动态载流量，确定线路当前的稳态输送容量限额，从而根据该容量等级来提高线路输送容量，充分挖掘输电线路的输送能力，可缓解输电能力不足的矛盾，为线路运行部门提供实时数据依据。

接触式导线温度采集单元安装在导线或金具的监测点，采用高精度温度传感器，如铂电阻、热敏电阻或高精度数字温度传感器，采集现场导线运行温度，其测温传感元件与导线、金具表面可接触。

非接触式导线温度采集技术包括红外光谱温度检测和激光温度检测等，其测温传感元件不与导线、金具表面直接接触。

（6）导线风偏监测。导线风偏监测装置通过双轴角度传感器，测量现场的风偏角、偏斜角等参数，准确掌握现场的导线风状况。风偏采集单元采用双轴角度传感器，根据测量重力加速度在加速度传感器敏感 x 轴、y 轴方向上的分量，即可计算出采集单元在两个方向上的角度，进而依据杆塔的相关参数计算风偏间隙。风偏角传感器部件是风偏监测装置的核心部件，同其余在线监测装置要求类似，要求其能抗恶劣环境，尤其是部件在高低温、高湿度及大雨环境下的可靠性。

（7）微风振动监测。输电线路微风振动监测装置由导线振动采集单元、气象采集单元、供电电源和数据集中器组成，微风振动采集单元采用的弯曲振幅法对导线微风振动进行测量，测量的是叠加在导线运动上的小幅度、高频率的振动，是基于两点的相对振幅，测取导地线夹头出口 89mm 处导地线相对于线夹的动弯振幅。

（8）舞动监测。导线舞动在线监测装置主要是实时检测导线在垂直向及水平向的振动，包括振幅及振频、波峰及波谷。该装置由信息采集模块、单片机和射频通信模块构成，信息采集模块利用三维加速度传感器配合陀螺仪拾取导线横向舞动的轨迹，得到 z 向（水平向）振幅及频率，y 向（垂直向）振幅及频率。对采集的舞动数据进行处理，并通过射频模块用短距离无线的方式将数据传送给杆塔网关，然后通过 GPRS 传至后台系统。从原理上看，舞动监测装置能够反映运行线路导线的舞动情况，有效预警线路舞动。

（9）导线弧垂监测。导线弧垂在线监测装置主要是实时监测导线的弧垂变化情况，主要用于线路交叉跨越区域、动态增容等实时监测，保证线路的安全距离。但是由于是间接测量方法，弧垂的计算模型需要线路档距、高差、导线型号等基础数据支撑，计算过程中的不可控量较多，整个弧垂的计算模型和相关参数需进一步验证和优化。

（10）污秽度监测。绝缘子污秽度监测主要通过盐密、灰密、气温、相对湿度等状态量的变化来进行监测，便于运行人员实时了解线路周边环境，实用性较强，符合生产实际所需要。

（11）接地环流监测。接地环流监测用于护层接地环流的缓变数值监测，反映护层接地良好程度、电力电缆老化程度、线芯负荷大小变化等情况；同时高压电力电缆正常运行的情况下，当接地环流值产生突变减小或为零时，结合电调情况及电力电缆运行状态分析诊断模型，可有效判断接地箱被盗或接地线被盗割情况。

（12）分布式光纤温度监测系统。依据后向拉曼（Raman）散射原理和光时域反射定位原理，通过光信号的发生、光谱分析、光电转换、信号放大和处理的等功能，进行电力电缆温度的分布式测量。

（13）局部放电传感器。通过安装在电力电缆接头接地线上的高频局部放电传感器，耦合电力电缆本体及接头处的局部放电脉冲电流信号；通过同轴电力电缆送至数据采集器，对模拟信号经过放大、滤波模数转换、数据库对比分析后回传，实现远程判断电力电缆运行状态。

5.2.2.2 变电侧

变电站在线监测的一次设备主要有变压器（电抗器）、断路器、气体绝缘金属封闭开关设备（GIS）、电容型设备、金属氧化物避雷器等，同时对电网信号的监测分析传感装置也部署于站内。变电设备感知信息类型如表 5－4 所示。

表 5－4 　　　　　　　　　变电设备感知信息类型

门类	感知对象	典型感知终端类型
变压器	局部放电	高频局部放电传感器
		超声波局部放电传感器
	温度	红外温度成像监控装置
	机械性能	变压器振动监测传感器
	油中溶解气体	油色谱监测装置
	铁心接地性能	铁心接地电流监测传感器
断路器（GIS）	局部放电	特高频局部放电传感器
		超声波局部放电传感器
	SF_6 微水	SF_6 气体湿度监测传感器
	开关状态	分合闸线圈电流监测传感器
	机械性能	振动监测传感器
电容型设备	介质损耗及电容量	电压监测传感器
		末屏电流监测传感器
避雷器	阻性基波电流	避雷器泄漏电流监测传感器
开关柜	温度	开关柜触头温度监测传感器
	局部放电	超声波局部放电传感器
		特高频局部放电传感器
		暂态地电压监测装置
电参量采集	电网电压、电流信号	同步向量测量装置
	电网谐波信号	宽频测量装置

下面对表 5－4 所列举的传感器进行简要的应用说明。

（1）超声波局部放电传感器。电力设备内部发生局部放电时，会同时伴随产生超声波信号。超声波信号由局部放电电源沿着绝缘介质和金属件传导到电力设备外壳，并通过介质和缝隙向周围空气传播。通过在电力设备外壳或设备附近安装超声波传感器，可以耦合到局部放电产生的超声波信号，进而判断电力设备的局部放电情况。超声波局部放电感知技术应用范围涵盖了变压器、GIS、开关柜、电力电缆终端、架空输电线路等各个电压等级的各类一次设备。其中，变压器和 GIS 采用接触式方法，开关柜可采用接触式和非接触式方法，局部放电传感器布局位置如图 5-11 所示。

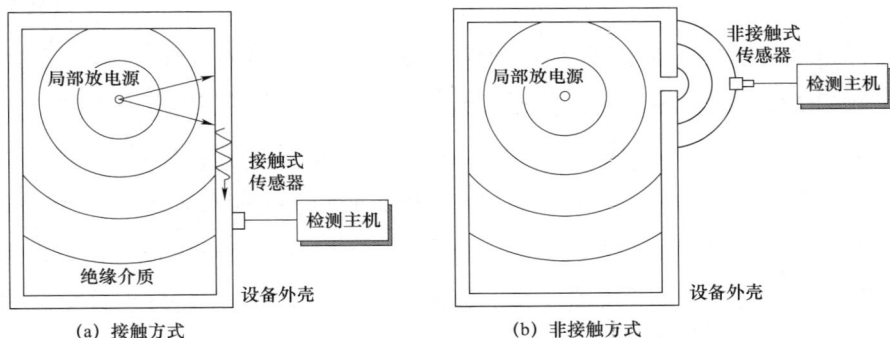

图 5-11　局部放电传感器布局位置

（2）高频局部放电传感器。局部放电是发生绝缘故障的重要征兆和表现形式，电力设备局部放电会产生脉冲电流信号，脉冲电流信号从局部放电源沿电力设备高压导体或金属外壳向外传播，并通过电力设备的接地线流向大地。通过在耦合电容侧安装检测阻抗获得视在放电量、放电相位等放电信息。该技术适用于具备接地引下线的电力设备局部放电感知，包括高压电力电缆及其附件、变压器铁心及夹件、避雷器、带末屏引下线的容性设备等。

（3）特高频局部放电传感器。由于局部放电的脉冲持续时间很短，波头时间一般不会超过几个纳秒，会产生大量的超高频、特高频信号（频率范围在为300MHz～3GHz）。特超高频法就是利用天线采集变压器内发生局部放电时产生的超高频电磁信号，再通过测量仪器和计算机对信号进行分析。采集局部放电信号的特高频天线有外置式和内置式两种，监测频带一般为 300M～1500MHz。特高频法灵敏度高，可实现局部放电源定位，同时具有较强的抗干扰能力。特高频法可应用于 GIS、变压器、电力电缆附件、开关柜等场景。

（4）变压器振动监测传感器。变压器的振动来源变压器器身的振动和冷却系统的振动两个方面。前者振动包括铁心、绕组、夹件、绝缘垫的振动等。如铁心硅钢片发生磁致伸缩现象，使得铁心振动；绕组中通过交变电流时，有交变电磁力产生，绕组通过这个力互相影响，产生振动。传感器安装在干式变压器的夹件上，也可以安装在油浸式变压器的油箱上。高压断路器振动监测传感器主要部署于灭弧室（垂直方向）、操动机构（垂直方向）及二者之间的位置。

（5）红外温度成像监控装置。该装置主要用于无人值守变电站、重点设备连续监测，可加装云台，具有覆盖范围广、灵敏度高、同时监测设备种类多等特点，适合隐患设备的后期分析监测及缺陷设备检修前的运行监测。

（6）油色谱监测装置。其检测对象为充油电气设备的油中溶解气体，主要包括对判断设备内部故障有价值的气体，即氢气（H_2）、甲烷（CH_4）、乙烷（C_2H_6）、乙烯（C_2H_4）、乙炔（C_2H_2）、一氧化碳（CO）和二氧化碳（CO_2）等。应用电压等级涵盖 6～1000kV 交直流设备，应用设备类型包括变压器、电抗器、电流互感器、电压互感器及油纸套管等充油设备。油中溶解气体监测装置需要安装于与油箱相连的管路系统中。

（7）铁心接地电流监测传感器。其测量范围一般为5mA～10A，一般基于零磁通、霍尔、罗氏线圈等电流传感技术，对形成的环流进行监测，能够及时发现铁心多点接地引起的接地电流变化，是防范铁心多点接地故障的最直接、最有效的方法。

（8）SF_6 气体湿度监测传感器。该传感器通常安装至设备 SF_6 气体管路中，常用的使用方法有电解法、冷凝露点法和阻容法，SF_6 气体湿度的检测能够有效发现设备内部是否存在水分超标及受潮、未装吸附剂等缺陷，可广泛应用于开关、变压器和输电管道等以 SF_6 作为绝缘介质的设备。

（9）分合闸线圈电流监测传感器。该传感器通过实时监测断路器分合闸线圈及储能电机的电流波形，分析计算出断路器的机械特性参数，显示高压断路器操动系统的性能状态，从而诊断出断路器潜伏性机械故障。220kV 及以上电压等级 SF_6 断路器及 GIS 可逐步配置断路器分合闸线圈电流在线监测装置。

（10）电压、末屏电流监测传感器。该传感器可广泛应用于电容型设备（如电容型电流互感器、电容式电压互感器、电容型套管、耦合电容器等）绝缘情况的带电检测，有效性较高。传感器采用穿心取样方式，就近安装在被测电容性设备的末屏（或低压端）接地引下线上。

（11）避雷器泄漏电流监测传感器。该传感器已广泛应用于电力系统，通过泄漏电流带电检测，及时发现多起避雷器内部受潮或绝缘支架性能不良等缺陷，避免了避雷器运行故障。要求对 10kV 及以上电压等级避雷器开展运行中持续电流的检测，安装在避雷器的接地端，通过全电流、阻性电流的初值差判断避雷器运行状况。

（12）开关柜触头温度监测传感器。该传感器主要针对电气设备接点部位由于材料老化、接触不良、电流过载等因素引起的温升过高的故障隐患，主要应用于高压开关柜触头及接点、隔离开关、高压电力电缆中间头等设备。

（13）宽频测量装置。该装置的应用优先考虑光伏、风电、储能等谐波监测空缺的线路间隔进行监测；其次针对直流站、换流站及附近厂站安装宽频测量装置，实现宽频振荡及高次谐波越限的监测。对于具体工程实施，所有新建变电站全部升级为宽频测量装置，不再部署 PMU 装置；在运变电站老旧的 PMU 更换时再升级为宽频测量装置；对于 PMU 仍然在运行的变电站，如果有宽频测量的需求，可部署简化配置的宽频测量装置，仅实现针对性的振荡监测功能即可。宽频测量装置的部署总体原则为既不能影响在运变电站二次设备的安全运行，也不要改变现有二次设备的体系架构。

5.2.2.3 配电侧

传感器作为物联网的神经末梢，可以感知被测量的信息。深化传感器在配电网中的应用，建立具有配电设备及环境状态感知、主动预测预警、辅助诊断决策功能的配电状态监测系统，可以提高运检业务信息化、数据分析智能化、运检管理精益化水平，从而适应配电网发展需求，为配电网智能巡检工作提供技术支撑。需要传感器采集信息的配电网重要设施包括配电室、环网箱、箱式变电站、柱上开关、柱上变压器及线路。配电网常用感知终端类型如表 5-5 所示。

表 5-5 配电网常用感知终端类型

门类	感知对象	典型感知终端类型
配电室	环境监测	温湿度传感器 集水井内部水位传感器 地面水浸传感器 门磁传感器
	高压开关柜	电力电缆接头温度传感器 局部放电传感器 冷凝除湿传感器
	变压器	接线桩头温度传感器 振动传感器
	低压开关柜	电力电缆接头温度传感器
	二次设备	温湿度传感器
环网箱	环境监测	温湿度传感器 集水井内部水位传感器 地面水浸传感器 门磁传感器
	环网柜	电力电缆接头温度传感器 局部放电传感器 冷凝除湿传感器
	二次设备	温湿度传感器
箱式变电站	环境监测	箱式变电站隔室温湿度传感器 集水井水位传感器 地面水浸传感器 门磁传感器
	高压开关柜	电力电缆接头温度传感器 局部放电传感器 冷凝除湿传感器
	变压器	接线桩头温度传感器 设备本体振动传感器
	低压开关柜	电力电缆接头温度传感器
	二次设备	温湿度传感器
柱上开关	环境监测	杆塔倾斜传感器 微气象传感器
	开关	温度传感器
	FTU	温湿度传感器
柱上变压器台区	环境监测	杆塔倾斜传感器 微气象传感器
	变压器	温度传感器 振动传感器
	JP柜	接线电缆温度传感器 温湿度传感器 门磁传感器

门类	感知对象	典型感知终端类型
线路	10kV 架空线路	关键线路接点温度传感器 杆塔倾斜传感器
	10kV 电力电缆线路	温度传感器 水位传感器 电缆井盖防盗传感器

下面对表 5-5 所列举的传感器进行简要的应用说明。

（1）温湿度传感器。该传感器用于对温度与湿度有严格要求的配电设备。传感器设计需考虑防水、防高低温、耐腐蚀，通常安装部署于开关柜、环网柜及箱式配电柜的各个隔室，以及配电二次设备的箱体内部、电力电缆线路接头位置等关键接点。

（2）局部放电传感器。该传感器用于监测配电设备是否发生绝缘故障，设备绝缘故障导致局部放电路径沿电力设备高压绝缘体或设备外壳向外传播，危害其他设备及人身安全。局部放电传感器部署于配电室、环网柜与箱式配电柜的电缆室中。

（3）冷凝除湿传感器。该传感器用于监测工作环境湿度太高引起设备温度升高烧毁绝缘，以及空气湿度过大导致设备表面凝聚水分，使电气绝缘降低的情况，通常部署于配电室、环网箱与箱式变电站的电缆室中。

（4）振动传感器。该传感器用于监测变压器电应力振动是否异常，及时发现内部铁心或外部固定装置松动的情况。通常安装部署于配电室、箱式配电柜及柱上变压器的设备上。

（5）微气象传感器。该传感器监测配电设备周围环境温湿度、风速、风向、雨量、气压、日照等，能准确采集线路、变电站的气象信息，部署于柱上开关与柱上变压器台区周围。

（6）杆塔倾斜传感器。该传感器部署于强风区、采空区、沉降区及不良地质区段，如土质松软区、淤泥区、易滑坡区、风化岩山区或丘陵等，以及大跨越、大档距、大高差区域的线路上。

（7）门磁传感器。属于安全报警装置，用来监测柜门是否存在非法打开或移动，部署于配电站房、柱上变压器 JP 柜等户外综合配电柜的柜门上。

（8）水位传感器。部署于电缆沟、电缆夹层，以及箱式配电柜、配电室隔室、环网柜的地面或者集水井中，监测积水情况，防止电力电缆长期浸泡水中导致绝缘性能下降或电缆头因进水产生爆炸等故障情况发生。

（9）电缆井盖防盗传感器。部署于电力电缆隧道的出入口，监测井盖倾斜角度、加速度及振动情况，防止不法分子侵入电力电缆隧道盗取电力设施，保障电力财产设施及行人安全。

5.2.3　典型应用

5.2.3.1　输电侧

1. 架空输电线路感知技术应用

（1）耐张线夹温度监测。在输电线路耐张塔上加装温度监测装置，具体安装部位为耐张线夹引流板，数据接入至输电边缘智能终端中。

温度监测传感器采用 433MHz/2.4GHz 低功耗通信芯片与输电边缘智能终端实现数据交互及汇聚。输电边缘智能终端通过 4G 专网/5.8G 中继等方式接入省级全景监控平台，持续远程监测导线温度变化，支撑导线弧垂监测及动态增容业务开展。线路及金具温度监测如图 5-12 所示。

（2）异常放电主动监测预警。该应用采用分布式故障监测装置，其安装于输电线路的导线上，实时监控线路故障电流及波形，进而通过 APN 专网上传到输电全景监控平台，实现故障定位和原因初级分析。同时结合气象数据、可视化数据、设备数据及历史运检数据的融合分析，智能评估设备风险等级，辅助制订检修消缺策略，并为调度部门合理安排电网运行方式提供依据。在全景平台应用侧，结合雷电定位预警系统，提供覆盖区域内雷电监测预警服务。异常放电主动监测预警如图 5-13 所示。

（3）线路外绝缘状态感知预警。该应用主要针对高污染、高粉尘特殊环境的输电线路绝缘子，安装泄漏电流传感器，监测绝缘子表面泄漏电流状态，实现外绝缘状态实时感知及异常告警。

绝缘子泄漏电流在线监测装置功能具体包括泄漏电流监测、气象监测装置。其中气象监测装置监测安装点温度、湿度、雨量等参数。泄漏电流监测

应用层

| 导线最大负荷计算 | 预测导线弧垂变化 | 合理调配输送容量 |
| 预测导线温度变化 | 有序开展动态增容 | …… |

平台层

输电全景监控平台

安全接入平台

网络层

无线专网

感知层

温度监测传感器　　温度监测传感器　　温度监测传感器　　温度监测传感器

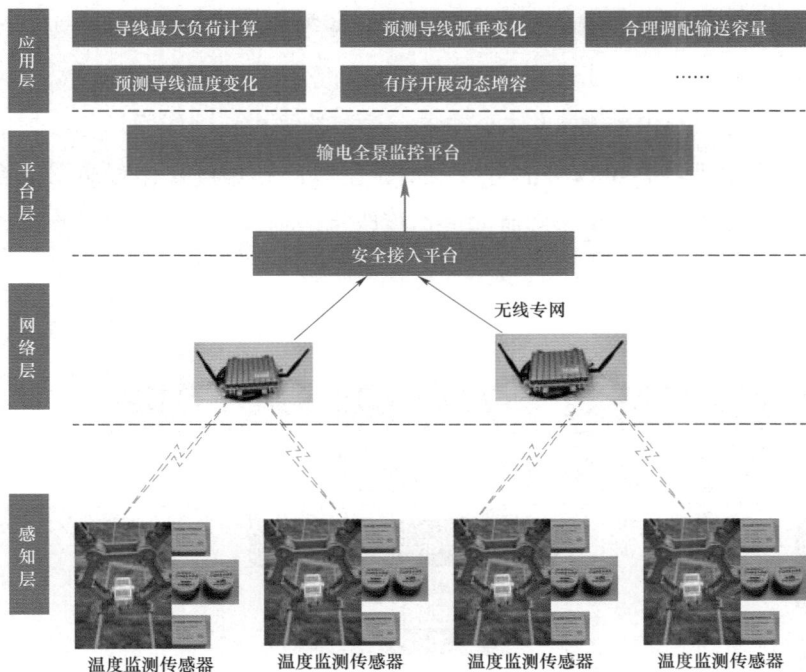

图 5-12　线路及金具温度监测

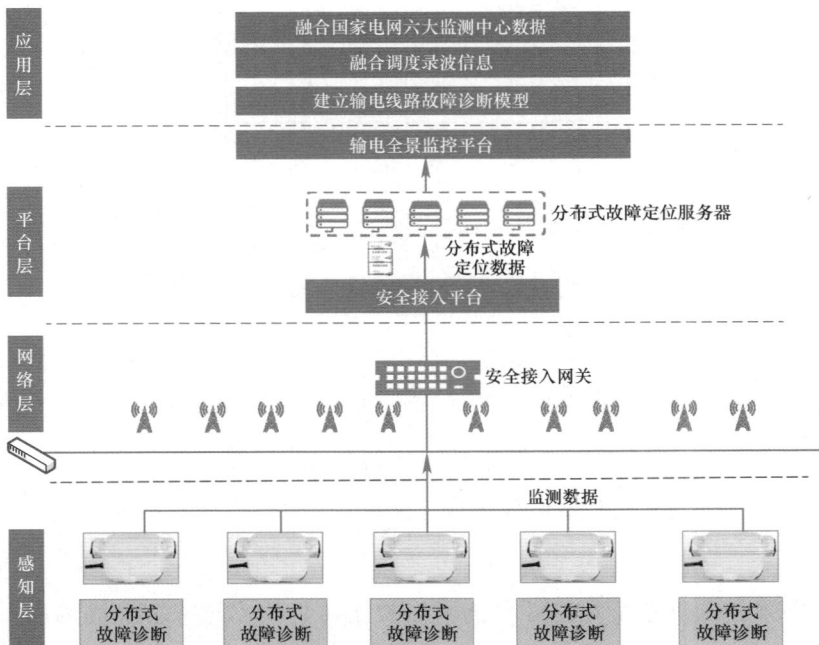

应用层

| 融合国家电网六大监测中心数据 |
| 融合调度录波信息 |
| 建立输电线路故障诊断模型 |

输电全景监控平台

平台层

分布式故障定位服务器

分布式故障
定位数据

安全接入平台

网络层

安全接入网关

感知层

监测数据

| 分布式
故障诊断 | 分布式
故障诊断 | 分布式
故障诊断 | 分布式
故障诊断 | 分布式
故障诊断 |

图 5-13　异常放电主动监测预警

装置监测绝缘子最大泄漏电流、泄漏电流脉冲等参数。结合气象数据，使后台系统能够实时判断、分析绝缘子的电气绝缘性能，并将监测数据（泄漏电流、绝缘性能）通过 APN 专网上传至输电全景监控平台，使线路运行维护部门能实时了解和掌握线路绝缘子的运行状况。同时，结合可视化智能图像监拍的图像数据，指导复合绝缘子寿命评估及检修策略制订。线路外绝缘状态感知预警如图 5−14 所示。

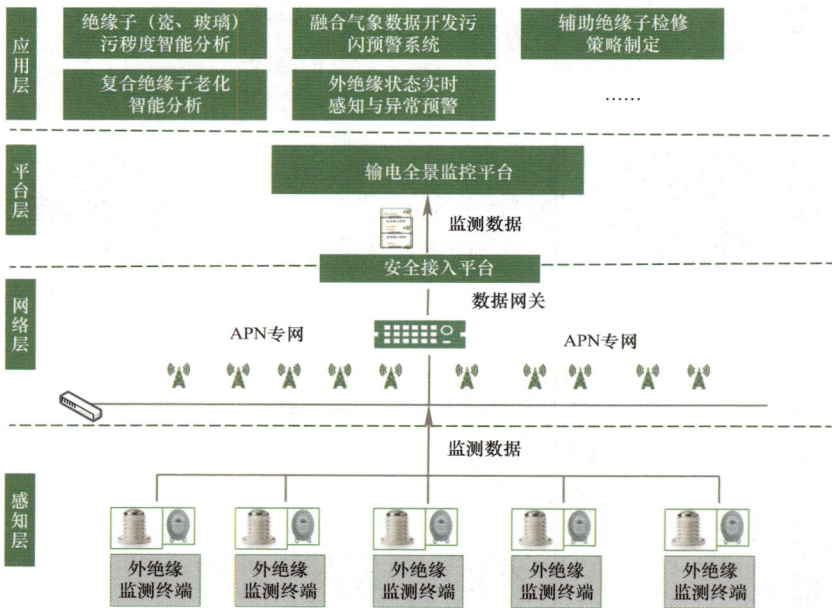

图 5−14 线路外绝缘状态感知预警

（4）杆塔安全智能监测。结合杆塔所处地形，在采空区、地质灾害区等重点区段的杆塔上针对性部署杆塔倾斜传感器、智能螺栓、可视化监控等感知设备，实时监测杆塔运行状态。杆塔监测数据、结构参数和气象数据通过输电边缘智能终端回传至输电全景监控平台，通过集中监控方式评估杆塔安全状态和风险等级。

杆塔倾斜传感器及智能螺栓等感知数据通过输电边缘智能终端后上送物联管理平台及输电全景监控平台。杆塔安全智能监测结构如图 5−15 所示。

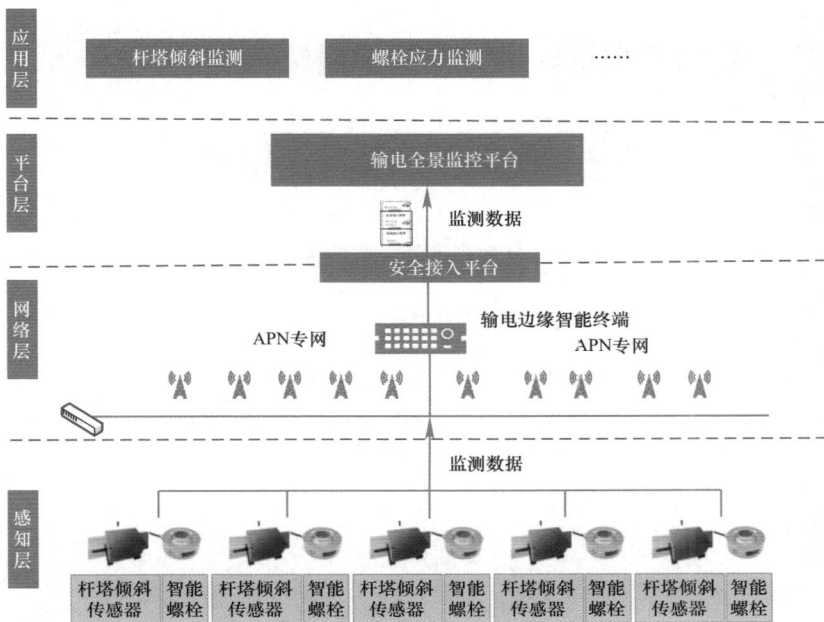

图 5-15 杆塔安全智能监测结构

（5）微气象精细化及广域融合监测。依据重要输电通道及微地形分布区域的监测需求，进一步网格化部署微型气象站等感知装置，准确采集线路附近温湿度、风速、风向、雨量等关键气象数据，结合边缘计算技术实现现场气象特征及走势的基本研判，为导线舞动、微风振动、杆塔倾斜等监测需求提供有力保障。在输电全景监控平台融合数值天气预报数据，实现对微地形、微气象区影响线路气象环境关键要素的复现及预警。

微气象监测终端数据通过有线或无线形式接入至输电边缘智能终端，气象监测系统结构如图 5-16 所示。

（6）覆冰监测预警。输电线路综合覆冰在线监测终端功能主要包括气象监测、绝缘子综合荷载监测、图像监测等。绝缘子综合荷载监测是通过拉力传感器及角度传感器监测垂直挡距内绝缘子的综合荷载（包括导线重量、绝缘子串重量、金具重量、冰荷载和风荷载）、绝缘子倾斜角度。气象监测是测量输电走廊微气象环境的温度、湿度、风速、风向等参数，为覆冰在线监测系统计算模型提供参数，校验设计气象参数。同时通过图像监测，直接观测线路覆冰程度。

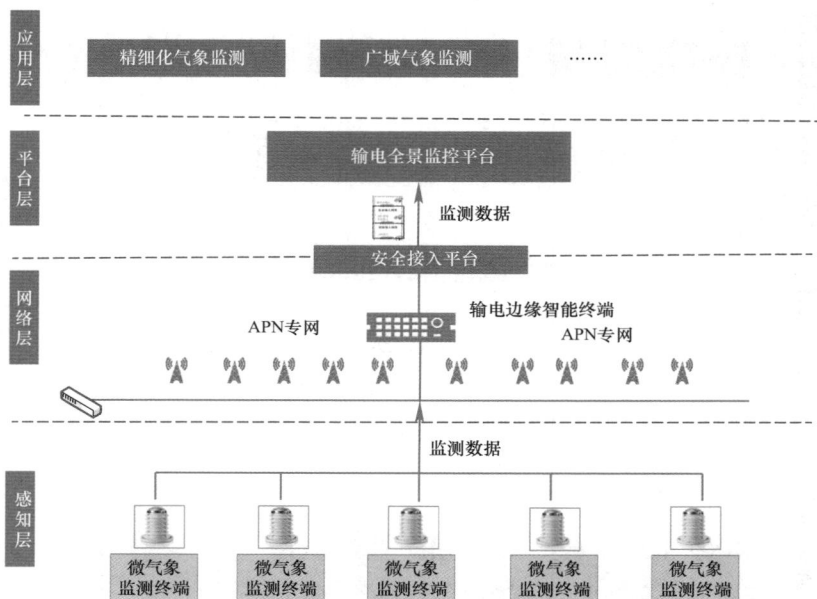

图 5-16　气象监测系统结构

　　装置主要安装于易覆冰区段线路、海拔较高区域和迎风山坡、垭口、风道、大型水面附近等微地形区、与冬季主导风向夹角大于 45°的线路易覆冰舞动区域。所有的监测数据均通过 APN 网络传输至输电全景监控平台。覆冰监测系统结构如图 5-17 所示。

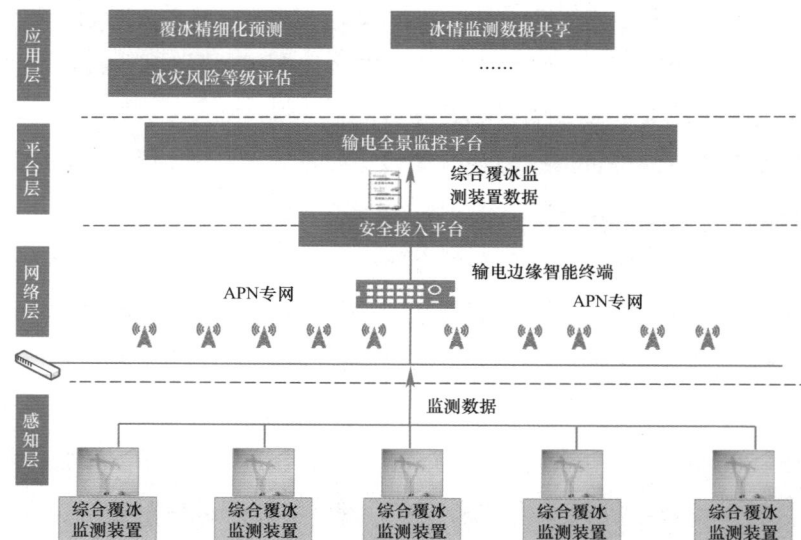

图 5-17　覆冰监测系统结构

（7）舞动监测预警。在导线上安装舞动监测终端，对导线舞动幅值、频率及舞动轨迹进行实时监测和边缘计算，获得导线工作状态和运动状态信息。将上述信息发送至杆塔上输电边缘智能终端后，通过 APN 网络发回输电全景监控平台。

舞动监测终端安装于容易引起舞动的中、重覆冰区线路、容易引起舞动事故的微地形、微气象区域线路以及舞动区或曾发生过舞动的线路区段。线路舞动监测系统结构如图 5-18 所示。

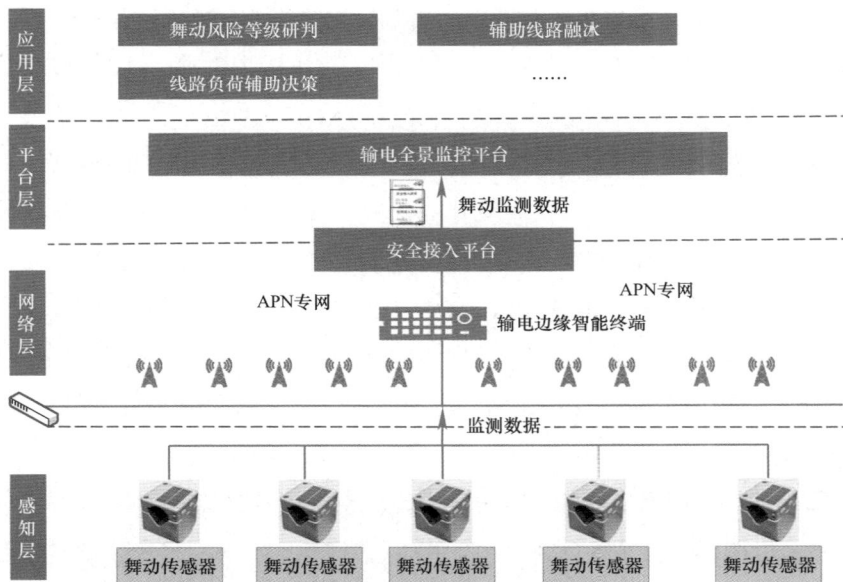

图 5-18　线路舞动监测系统结构

（8）自然灾害综合评估。通过规模化部署的雷电探测基站、避雷器在线监测、输电线路异常诊断、输电线路分布式故障诊断等装置，实现覆盖区域内雷电监测预警服务和雷击故障的分析研判；针对山火隐患，在重点区域安装具备红外功能的视频监控终端，通过红外模块探测火灾发生情况，并通过微气象、可见光视频监控等数据开展边侧数据汇聚及综合分析，将火灾情况及预警信息及时上传至平台，并由平台侧进行二次复核，建立空天地一体的山火综合预警体系；针对地质灾害及其次生灾害隐患，对部分核心区域通过安装基于北斗差分高精度定位的地质灾害北斗监测设备，并将设备数据接入地质灾害北斗监测系统，为地质灾害监测及预警提供数据支撑。最终依托雷电、覆冰、山火、地质灾害、舞动等各中心监测预警信息，融合各类智能传感信息和设备本体数字化信息，采用大数据分析、人工智能等新技术，逐步开展自然灾害态势演化路径及趋势的分析评估与可视化展示，初步形成基于多重故障的输电线路安全评估模型。

2. 电力电缆廊道感知技术应用

电力电缆通道在线监测装置用于电力电缆及通道状态量的实时监测，是提升电力电缆线路精益化管理的重要技术手段，为规范电力电缆及通道在线监测装置的先进适用、稳定可靠、促进电力电缆线路在线监测技术的应用发挥重要作用。电力电缆廊道在线监测系统总体架构如图 5-19 所示，针对电力电缆隧道内的高压电力电缆本体状态、通道环境安防两个方面进行全面感知，基于电力电缆通道全面感知数据，设计开发电力电缆隧道精益化管理平台。电力电缆本体状态监测包括电力电缆载流量在线监测、电力电缆接地环流在线监测装置、电力电缆分布式光纤测温装置、电力电缆接头测温装置。通道环境监测包括环境温湿度监测、有毒有害气体监测、火灾报警、水位监测、出入口安防报警装置、视频监控、智能井盖等装置。电力电缆隧道精益化管理平台主要包括集中监控管理平台及硬件支撑系统。集中监控管理平台包括集成基础台账、监测和运行等数据，具备数据全息互联、多源融合、深度分析、状态诊断、自主预警、智能研判及处置等功能。监控中心硬件系统包括服务器、安全网关、交换机、UPS、机柜、应急通信主机、测温主机、护套环流主机、控制主机等设备。

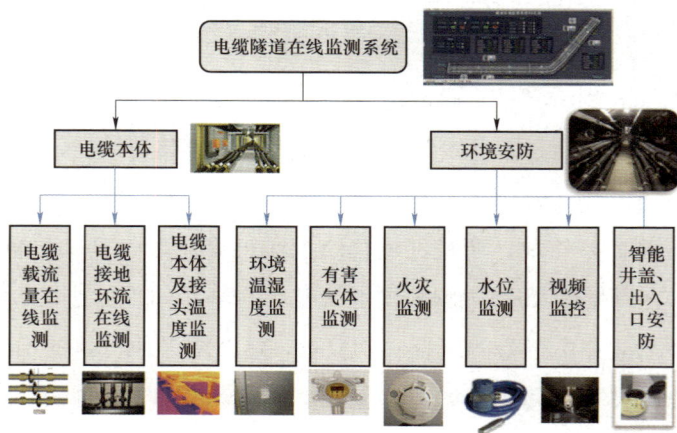

图 5-19 电力电缆廊道在线监测系统总体架构

电力电缆隧道在线监测系统依托电力电缆隧道精益化管理平台实现，平台依托各类监测传感器分模块实现系统功能，主要有载流量监测模块、接地环流监测模块、通道环境监测模块、通道消防安全监测模块、隧道视频监控模块等。

（1）电力电缆隧道精益化管理平台。针对隧道使用环境，电力电缆隧道精益化管理平台采用产品化设计开发理念，使产品具有在电力电缆隧道现场稳定性高、维护成本低、技术平台和技术工艺标准化、更易于维护人员掌握和学习、电力电缆隧道运维更加便捷的特点。电力电缆隧道精益化管理平台包括消防、应急通信、高压电力电缆载流量监测、视频监控、门禁管理、隧道环境监控等众多子模块。采用模块化设计，可根据需求裁剪、组合。内部以系统功能为导向，采用组件式模块化设计，各功能模块相互独立，拆组灵活，可最大限度地满足不同用户不同项目的需求，且便于后续升级和维护。

（2）载流监测评估模块。随着负荷需求的快速增长，隧道/沟道内电力电缆敷设回路数量也变多，城市的地下环境中可能存在各种人工热源和其他不确定性影响，确定电力电缆有效载流量的工作变得愈来愈重要。动态载流量在线监测评估模块基于国际电工委员会标准（IEC 60287-1-1—2006 电力电缆额定电流的计算）和国际大电网会议动态热路模型开发。通过对局部电力电缆导体温度的测算，配合分布式光纤测温系统，建立电力电缆沿线导体温度分布，加上电力电缆的散热系数和周围的敷设环境条件，建立电力电缆表面温度与电力电缆线芯温度或载流量之间的对应关系，电力电缆载流监测模块原理示意图如图 5-20 所示。通过合理的数学模型对电力电缆的线芯温度进行推算，并与其允许温度进行比较，同时计算出电力电缆线路的实际负载率，及早发现电力电缆早期隐患，实现电力电缆导体温度的非接触在线诊断，全面提升电网的运行水平。

（3）接地环流监测模块。高压电力电缆的金属护层是电力电缆的重要组成部分，当缆芯通过电流时，会在金属护层上产生环流，外护套的绝缘状态差、接地不良、金属护层接地方式不正确等都会引起护套环流异常现象，严重威胁电力电缆运行安全。当电力电缆金属护层环流出现异常时会产生多方面的危害，如造成电力电缆绝缘局部高温损耗发热，加速绝缘老化，降低电力电缆使用寿命，严重时导致电力电缆发生直接击穿接地故障，使电力电缆外护套破损，出现多点接地现象，直接影响载流量，产生较大的电能损耗，浪费资源。

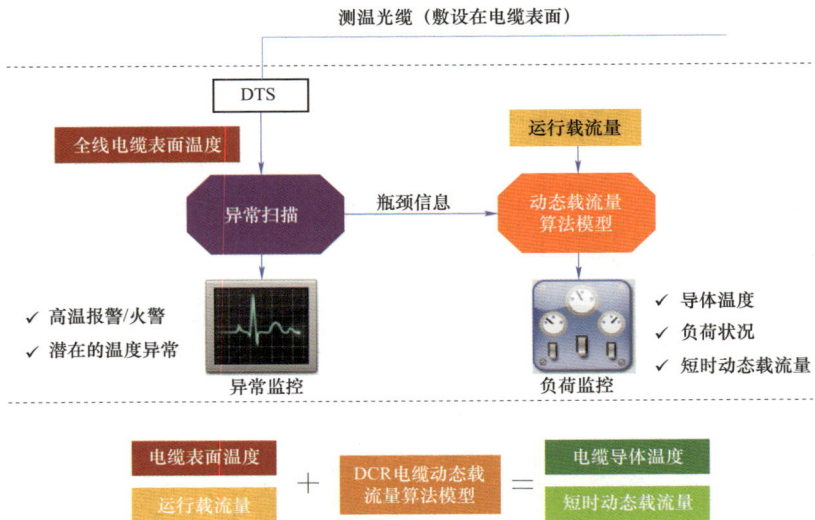

测温光缆（敷设在电缆表面）

DTS

全线电缆表面温度

运行载流量

异常扫描 → 瓶颈信息 → 动态载流量算法模型

✓ 高温报警/火警
✓ 潜在的温度异常

异常监控

✓ 导体温度
✓ 负荷状况
✓ 短时动态载流量

负荷监控

电缆表面温度		DCR电缆动态载流量算法模型		电缆导体温度
运行载流量	+		=	短时动态载流量

图 5-20 电力电缆载流监测模块原理示意图

接地环流监测模块可实时监测高压电力电缆金属护层接地电流，当接地电流有异常变化时及时发出警报，保障电力电缆安全运行。接地环流监测模块示意图如图 5-21 所示。

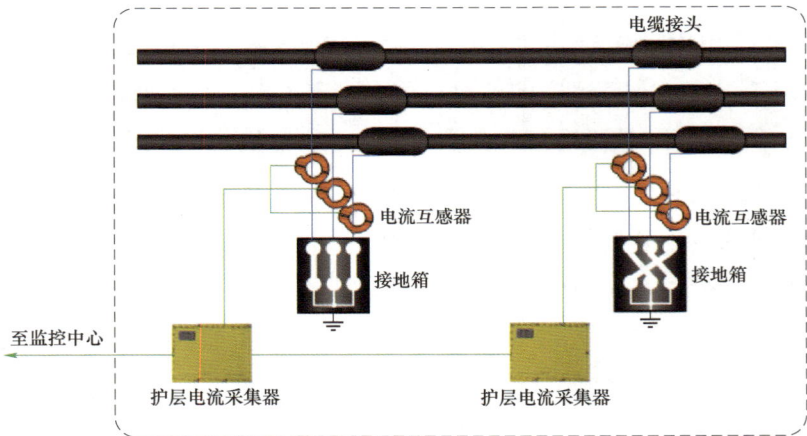

电缆接头

电流互感器

电流互感器

接地箱

接地箱

至监控中心

护层电流采集器

护层电流采集器

图 5-21 接地环流监测模块示意图

（4）通道环境监测模块。通道环境监测模块对电力电缆隧道内环境参数进行监测和报警，气体含量（含氧气、甲烷、硫化氢）、温湿度和集水井水位情况通过短距离无线通信上传至边缘智能网关，再通过光纤将环境数据上传至监控中心。

设置在监控中心的控制主机可同时连接并管理多台边缘智能网关，实时对各个网关进行在线监测，记录各传感设备状态数据，并利用诊断系统对设备的运行状态进行分析判断。当现场环境异常时，系统快速采集、处理故障数据，同时完成在线计算、存储、统计、报警、分析报表和数据远传等功能。系统对电力电缆隧道内有害气体、空气含氧量、温湿度、液位等环境参量进行监控，有效实时监测隧道内情况。隧道内的氧气、一氧化碳、甲烷、硫化氢等气体含量超过一定标准时，系统通过监控平台以图形、语音、短信等方式进行报警并通知相关人员并可在自动模式下联动相应区域风机进行强制换气。系统实时监测隧道集水井水位超限信号，并根据水位超限信息进行水泵控制操作，即当水位超过设定标准时立刻启动或者停止水泵。智能网关还可以通过摄像头监测并上报非法入侵，当工作站（集中监控平台）接收到非法入侵报警或者其他监测系统报警，需要辅助摄像头做现场确认时，可远程开启隧道现场照明设备。

1）气体监控。封闭电力电缆隧道内由于空气流通性差，常出现氧气含量过低，有害、可燃气体含量过高等情况。运维人员贸然进入容易因缺氧发生晕厥或中毒，对人员安全造成很大威胁。可燃气体含量过高还会导致火灾、爆炸事故。采用气体监测变送器实时监测隧道内可燃气体、氧气、硫化氢等气体浓度，当某气体浓度达到或低于（氧气）设定值时，系统自动发出报警，提示运维人员，避免事故发生。

2）温湿度监控。隧道内的环境温湿度对各种设备的运行有着很大影响，同时对其他监测、照明、电源等辅助设施也有影响，湿度过大、温度过高等状态都会影响设备的健康运行，采用环境温湿度传感器实时监测隧道内环境温湿度的变化，如有调节则联动风机控制单元，为电力电缆隧道营造一个健康的运行环境，有利于各种设备的安全运行，降低事故率。

3）水位监控。隧道内的电力电缆、动力箱、照明设备、监测设备等，如因隧道内有积水泡在水中，会影响设备的安全使用，有的则因为短路直接停用。因此，在隧道内集水井处安装水位传感器，将监测水位高度传输至边缘智能网关，通过光纤环网将数据传输到监控平台，如条件允许则可实现远程控制排水，以保障隧道内设备安全运行。

（5）消防安全监测模块。监测模块由分时烟雾传感器、测温系统、环境温度监测传感器、启动箱、超细干粉自动灭火装置、喷洒指示灯、紧急启停按钮等构成。当烟雾传感器、测温系统、环境温度传感器等监测到隧道内发生火灾事故时，干粉灭火器自动启动进行喷淋灭火，同时联动单元控制现场声光报警器发出报警信号。

1）温控。当环境温度上升至设定阈值时，灭火装置上的阀门自动开启，释放超细干粉灭火剂灭火。

2）热引发。在特定的环境下，需要快速启动灭火装置时，火灾信号经热敏线快速传递给灭火装置而启动释放出超细干粉灭火剂灭火。

3）电控。电控灭火装置能与边缘智能网关连接，在喷射时能输出反馈信号，由火灾探测器件探测火情信号并送至边缘智能网关连接，经控制单元确认并输出指令信号，指令信号经分时启动箱启动灭火装置，释放超细干粉灭火剂灭火。

4）灭火装置保护面积。悬挂式超细干粉灭火装置在局部应用时，它所覆盖的有效灭火面积为 $10\sim17m^2$。在同等条件下，每个单孔喷头所喷射的灭火剂保护面积相等，灭火剂量减少时，保护面积应相对缩小；反之，灭火剂量和安装高度增加，则保护面积增大。在保护物为易复燃的火灾载体或现场情况复杂时，应适当增加灭火剂的量；保护电力电缆桥架时，可选用带弯头的斜口喷头对准桥架喷射，灭火剂会沿着电力电缆桥架的走向弥散，可按适当的间距进行均匀分布。

（6）隧道视频监控模块。视频监控系统能够对电力电缆隧道内部环境、隧道出入口、电力电缆接头等重要位置处实时全方位的图像监控，使监控中心值班人员清楚了解隧道现场实际情况，并及时获得意外情况的图像信息。视频信号通过网线传输至边缘计算网关，网关可利用监控系统光纤环网将信号送至硬盘录像机。监控中心可随时调取网络摄像机的实时视频信号和历史回放图像，并投放到显示大屏上。

（7）智能井盖监测模块。电力隧道内敷设的高压电力电缆是城市的命脉，一旦发生不法分子非法入侵并实施破坏或者盗窃行为时，监控中心无法了解不法分子的具体位置，增大了快速处置的难度。智能井盖监测模块采用电子内井盖，不但可以监测外井盖是否丢失，还可以形成第二道安全防线，防止人员跌落和盗割电力电缆等事件的发生。井盖上表面的红外传感器可实时在线监测外井盖的状态，当外井盖被打开或丢失时，智能内井盖会第一时间将状态信息传送给监控中心，以让运维管理人员及时判断外井盖是否被非法开启或丢失，并做出相应的处理措施。智能内井盖内置多轴倾角传感器，可识别内井盖本身的倾角变化及周围环境振动的强度、冲击方向等信息，可对非法开启、重型机械施工、暴力破坏等行为发出报警。

5.2.3.2 变电侧

1. 变电主辅设备全面监控

采用先进传感技术对变电站环境量、状态量、电气量、行为量进行实时采集，集成变电站全面运行信息，实现无人值守变电站设备本体及变电站运行环境的深度感知、风险预警、远程监控及智能联动，提升变电站状态感知的及时性、主动性和准确性。

（1）变电主设备的状态感知。① 通过实时上传站内电流、电压等设备运行信息及设备异常告警信号，实现运维班组对所辖站设备设施运行状态准确掌握，强化运维班设备感知能力。② 利用先进在线监测传感器，如电流互感器、油压监测装置、变压器套管一体化内部状态监测装置、数字化气体继电器、声学照相机等，实现变电设备状态全方位实时感知；利用站内辅助监控主机开展边缘计算，根据阈值初步判断状态量，实现设备状态自主快速感知和预警。对于异常设备，及时向运行人员推送预警信息，调整状态监控策略，并将数据上传至平台层和应用层进行更精确的诊断和分析。③ 利用变压器实时油温、功率等运行信息和历史试验数据，结合变电站微气象参数，运用变压器热路模型算法，实现变压器过载能力动态预测和寿命安全评估。

（2）变电站运行环境的状态感知。通过站内辅助监控主机，采集分析变电站微气象、烟雾、温湿度、电力电缆沟水位、SF_6气体等传感器数据，实现变电站运行环境状态感知，并及时推送站内安全运行风险预警。① 根据烟雾传感器、感温电力电缆与设备温度监测数据，实现变电站站房火灾隐患的监测和感知，并与灭火装置智能联动，实现自动触发、及时灭火。② 利用 SF_6 气体传感器，感知变电站站房内有害气体含量，并进行实时告警。③ 通过水浸传感器，监测电力电缆沟道积水情况。

（3）变电主辅设备智能联动。如站内发生预警、异常、故障、火灾、暴雨等情况，站内辅助监控主机主动启用机器人、视频监控、灯光、环境监控、消防等设备设施，立体呈现现场的运行情况和环境数据，实现主辅设备智能联动、协同控制，为设备异常判别和指挥决策提供信息支撑。

2. 倒闸操作一键顺控

基于传感监测、边缘计算、智能判别及自动控制等手段，转变以现场操作为主的传统倒闸操作模式，实现自动顺序执行的一键顺控，减少无效劳动，降低误操作风险，提升现场运检效率效益。

倒闸操作一键顺控具体实施方案中，依托断路器与隔离开关位置接点、互感器、压力传感器、监控视频、姿态传感器等传感设备，实时采集设备位置信息，传输至站内主设备监控主机，通过边缘计算，利用阈值判断、模式识别等方法，采用"位置遥信＋遥测"双确认机制，判别设备分合闸状态。主设备监控主机根据判别结果，分析操作条件是否满足及操作是否到位，替代传统操作中的人工现场确认，最终实现倒闸操作自动顺序执行。当顺控程序执行异常时，主设备监控主机智能联动异常，设备附近的监控视频或巡检机器人会辅助判别异常原因。

3. 变电站智能巡检

在变电站配置户内、户外巡检机器人及各类视频摄像头，应用成熟的图像识别和导航技术，采用"机器人＋视频"的联合巡检方式，开展站内无人智能巡检。

变电设备自动巡检将人工智能、图像识别、声纹识别、定位导航等技术应用于变电站设备设施巡检，具备自主导航、自动记录、智能识别、远程遥控等功能，全面覆盖户内外设备，提升巡检效率，降低巡检成本。

4. 变电站智能管控

在变电站合理布设各类视频摄像头和视频监控主机（含智能分析单元），充分利用成熟的人员行为分析、缺陷检查、入侵诊断、烟火感知等视频图像识别技术，实时获取安全作业生产、站内关键设备外观及站内环境等情况，利用智能分析单元开展边缘计算，分析各类异常情况并实时告警，实现变电站安全智能管控。

变电运检人员作业行为智能管控方案中，针对变电运检人员的手机或者手持终端 App，配备具有位置信息和近场通信传感器的间隔边界设备，应用现场视频监控、移动云台等物联网技术，通过边缘计算，智能开展作业人员入场检测、分组定位、电子围栏布设、作业范围划分、区域检测、运动检测、作业监控、违规告警，实现运检人员、设备间隔、作业范围的人人互联、人物互联，避免运检人员误入带电间隔或失去工作现场监护，确保运检人员人身安全。

5. 变电设备缺陷主动预警

通过获取主辅设备监视信息，结合规程和专家经验，基于图像识别、智能推理及大数据等智能分析技术，建立多个设备状态与缺陷之间的关联规则，利用变电设备状态实时预警模型、设备缺陷自动分析模型及设备缺陷处理策略等，构建基于多物理量感知的变电设备缺陷主动预警机制。

变电设备缺陷主动预警方案中，基于主辅设备全面监视产生的变电设备状态全方位感知信息，利用阈值判断、变化趋势判断及同类同型横向比较等设备状态实时预警模型，初步判断状态量是否存在异常。当状态量异常时，自动融合边缘计算结果、带电检测、运行信息、停电试验和不良工况等运检专业多源数据，应用设备缺陷自动分析模型对设备状态进行全面诊断分析，判断设备是否存在缺陷，并诊断缺陷类型和严重程度。对于存在缺陷的设备，依据缺陷等级及设备重要程度，结合设备缺陷处理策略，及时向运行人员推送预警和运维决策信息，通过加强感知层在线监测状态量获取频次，缩短带电检测及智能巡检周期等措施，调整状态监控的运维策略。同时，在应用层对缺陷设备进行动态跟踪监视，结合设备历史负荷、温度等信息，应用大数据分析技术，预测设备缺陷的劣化发展趋势，对于劣化明显或运行风险较大的设备，建议设备停电检修，推送包括检修周期、检修等级及检修措施等内容的设备检修决策信息，指导设备的检修工作。

6. 变电设备故障智能决策

基于设备状态信息数据库、设备故障案例样本数据库及相关规程，应用智能推理及大数据等智能分析技术与专家经验进行数据联合驱动，总结设备特征状态量与故障之间的判断规则，建立变电设备故障应急决策、试验决策及检修决策分析模型，构建基于多维故障信息分析的变电设备故障智能决策体系。

变电设备故障智能决策实施方案中，当变电设备发生故障时，依据设备主动预警记录、边缘计算结果及开关变位、保护动作等各类故障特征信息，结合故障应急决策模型定位故障设备，判断故障类型，并依据故障案例库及故障处理规则库推送包括现场检查、人员组织、主辅设备应急操作、联系汇报、保障人身和设备安全注意事项在内的各种应急处理措施及顺序的典型故障应急处理参考方案，辅助工作人员进行故障应急处理，防止故障范围扩大。应急处理决策后，可形成决策建议案例入库。故障认定后，可结合故障检修决策规则，形成设备检修辅助决策建议并推送。

7. 变电设备运维成本精益管理

在国家电网公司电网资产统一身份编码（实物 ID）试点建设及推广实施成果和经验的基础上，进一步研究物料、设备类型"一对多、多对一和多对多"对应关系，扩展实物 ID 变电设备覆盖范围，开展单体设备运维期成本精益核算。

（1）变电一次设备统一身份编码建设。以"国网芯"RFID 电子标签为载体，运用状态感知、边缘计算等先进电力物联网技术，按照"整站整线"全覆盖原则，推进变电一次设备实物 ID 建设，实现变电站设备智能移动巡检、实物资产精确管理等应用。在招标采购环节，开展变电一次增量设备实物 ID 源头赋码贴签；在运维检修环节，开展变电一次存量设备赋码贴签和数据追溯，实现国家电网公司物联网数据一处录入、多处应用和综合分析。

（2）变电一次单体设备运行期成本精益核算。选择主变压器、断路器、隔离开关等 3 类变电一次设备，运用视频跟踪识别、图像智能匹配等技术，研制变电一次设备运检作业场景的实物 ID 智能感知装备，实现作业现场设备类型智能匹配与现场作业人员工作时长自动统计；制订变电一次单体设备直接成本和间接成本智能归集方法与分摊规则，实现信息自动获取、成本自动分摊。为规划方案比选、供应商绩效评价、物资招标策略制订、财务多维精益管理等业务精益化开展提供大数据支撑。

5.2.3.3 配电侧

1. 配变监测及负荷感知

配变监测及负荷感知系统以智能配变终端及末端传感器为硬件核心，构建低压配电网运行监测体系，强化低压配电网故障研判、拓扑分析等应用，让管理人员直观察看每条线路、每台设备、每个结点的动态数据变化，并对设备状态做出评估预测，对设备运行做出风险预警，为配电网络的发展规划提供系统支撑。

（1）在配电变压器上部署在线感知标签、MEMS 振动传感器、小型热成像双视传感器、桩头温度传感器、无线温湿度传感器等，实现配电变压器全景感知。

（2）在配电开关柜上安装冷凝除湿机、局部放电传感器等感知终端，环网柜试点安装非接触式测温传感器、无源无线温湿度传感器、上下触头/电力电缆接头温度传感器，实现配电开关柜全景感知。

配变监测及负荷感知系统为生产运维部门及时提供故障告警，精确显示故障位置，缩短停电时间，减少停电检修盲目性；配电线路、配电站、配电变压器、开关柜等提供智能化评估，根据智能设备的应用、实际运行状态数据、故障率等指标，给线路和设备评分，促进配电网络和相关设备的良性发展。

2. 配电室全景环境复合监测

为了实现配电室全面感知、自主分析等应用目标，在配电室部署多种监测传感器，包括温湿度、SF_6 浓度、水浸、烟感、红外微波双鉴信号、门磁等传感器，所有传感器通过无线方式汇聚到站端监测主机后，以 NB-IoT 无线方式传送到主控系统。另外通过部署摄像机，监视运行设备及各主要通道，视频画面采用 4G/5G 网络进行传输。同时，通过防误装置和智能门锁，实现区域安全防护和操作防误。配电室全景监测示意图如图 5-22 所示。

3. 非侵入式配电环网柜监测

为了对环网柜柜门状态、锁具状态、柜内环境、设备状态有全面了解，需要进行在线监测或准实时监测，在环网柜柜门上安装智能化的锁具，锁具内置微智能网关，结合多种微型化、免维护、长寿命状态量监测传感器，基于无线传输技术，可以实现远程管控。配电环网柜监测系统示意图如图 5-23 所示。

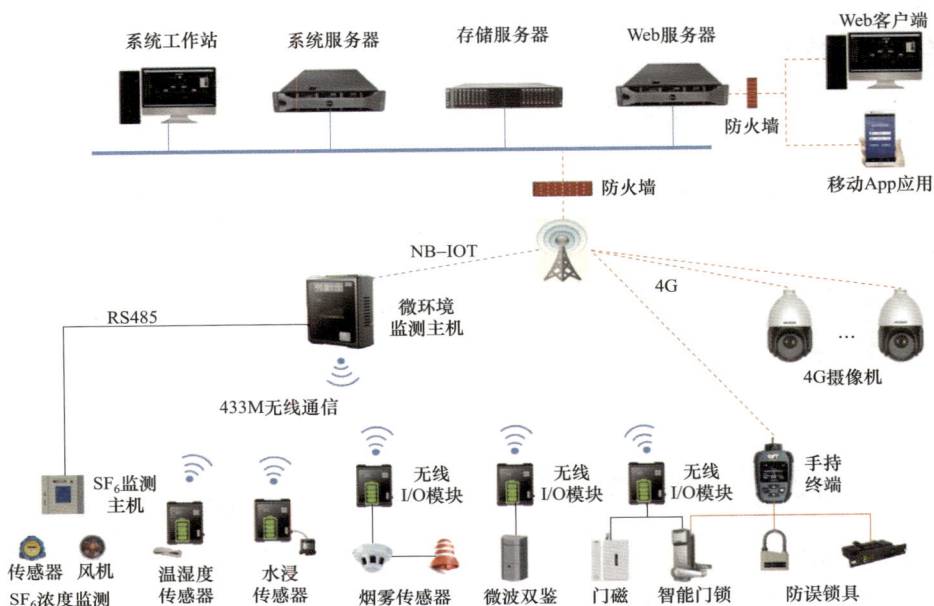

图 5-22　配电室全景监测示意图

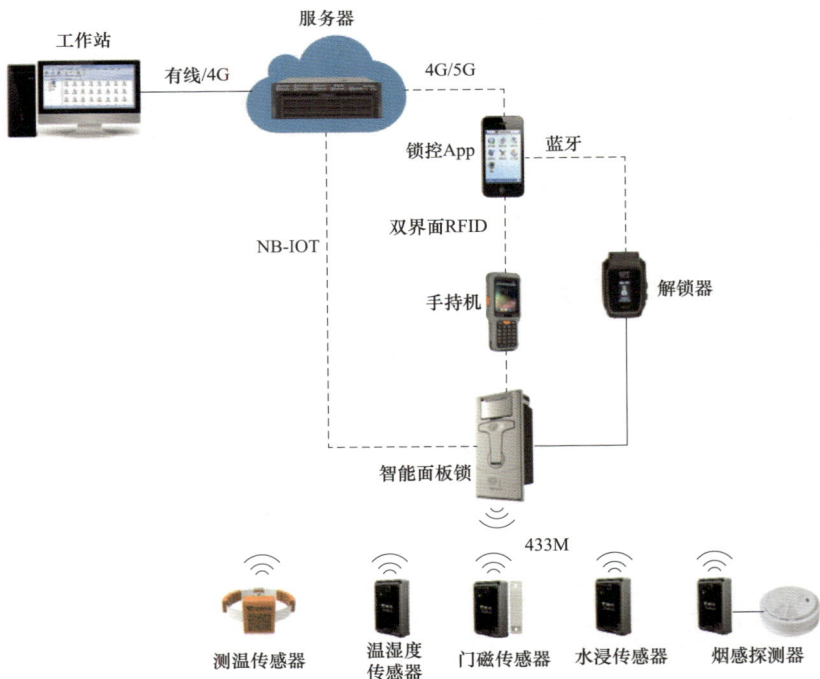

图 5-23　配电环网柜监测示意图

通过建立环网柜物联网管理系统，实现环网柜、开关柜等封闭空间的实时综合监控功能，解决环网柜健康状态不可知的问题，便于维护人员及早发现问题并及时安排检修，提高供电的可靠性，减少由于设备故障带来的不利影响。

4. 非侵入式中压柜温升监测

开关柜触头异常发热是较为常见的故障类型。通常主要采用在触头上安装温度传感器直接测量发热位置的温度变化，由于开关柜带电运行，停电维修的影响较大。这种情况给传感器的安装、维护带来很大不便。另一种温度监测方式是非侵入式安装模式，将测温传感器安装在开关柜柜体表面，通过对柜体表面温度的监测，以间接方式计算出开关设备的温度分布情况。非侵入式测温技术已获得验证并实现应用，可以通过单一的间接测温点温升数值，对高压开关设备的故障状态做出定性诊断。

5.3 负荷侧感知技术应用

5.3.1 感知范围

负荷侧感知是实现电能的计量、用电能耗统计、负荷侧用电管理等业务数据的采集途径，可借助电量感知终端，更方便地为用户提供供电服务外的信息服务和信息交换。

按照用户类型或电能用途可将用电感知行为分为电能计量、企业能效、智能家居三类。电能计量获取用电企业的用电量，数据作为收取电费的依据；能效数据可以帮助企业分析企业能耗分布、能耗效率，助力行业技术改进和升级；智能家居提供与电力用户的用电交互，支持提供定制化的用电策略等。

（1）计量设备用传感装置可分为运行环境类、计量设备工作状态类及计量设备辅助判断及防护监控类。传感装置全部安装于计量箱内部。对于计量设备用各传感装置或传感器的布置点应遵循必要性和适用性等原则。布局位置遵循相应产品的国家标准、企业标准等。同时传感器具备优良的适应能力，以保证其性能处于优良工作状态。传感器开放有统一的数据交换接口，便于快速移植、实现多功能应用等，以解决传统传感器单一、安装不便的弊端。

（2）综合能效类感知终端部署在公共建筑、大型园区、工业企业、居民用户等用能现场，安装于被测量用能设备前端，进行能耗状态感知、数据清洗、能效分析诊断、智能预警、故障定位等，实现能效数据实时量测、能效状态快速诊断、优化策略自动生成。综合能效感知终端支持多种数据传输方式。基于用户侧实际用能情况，考虑满足能源管理场景中的不同需求，应个性化定制基于物联网的数据采集与控制系统方案，部署相应的感知设备。

（3）智慧家居类感知终端部署在居民用户内部，通过在单一的感知装置中集成多种功能的传感器，对家庭环境、室内行为、用能情况、设备状态进行全景感知，并与室内灯光、家电设备等进行联动，以满足用户对家庭设备的自动运行及控制的需求。针对部分用电设备采用随器量测装置，将随器量测装置安装在用电设备中或用电设备电源连接线处。针对居民用户，可以非侵入式模块形式安装于用户电力入口处，对用户电能变化情况进行感知，分析家庭用能情况。

（4）需求响应类感知终端部署于工业、商业、居民用户用电系统/设备侧，能够感知用电系统/设备的电参数、热工参数、运行状态参数以及环境参数信息，主动评估当前和未来一段时间内的用电系统/设备需求响应能力，根据上级主站下发的电价、激励信息自动生成需求响应策略，支撑用户用电系统/设备自动参与需求响应业务。

客户侧目前使用能效监测终端设备，但体积庞大、费用昂贵，导致推广难度大，客户使用意愿低，阻碍在客户侧的延伸推广应用。需要对客户侧智能业务终端的功能、接口、安全及通信组网提出更便捷、更通用的要求，引导厂家制造小型化、低成本，同时保证安全性的客户侧用能感知智能业务终端。智能家电设备之间不兼容是目前的重要问题，因此需要规范各行业企业在智能家电领域的终端形式，提高平台接入的规范性，提高功能实现和智能互动水平，建立互利互惠的生态圈。

5.3.2 感知信息类型

与用户侧相关联的感知类别跨多个业务领域，按照业务类型可分为综合能效类、需求侧响应类及智能家居类。根据监测对象的不同，综合能效类又可分为环境监测与能耗量监测两类。需求侧响应类分为环境监测和负荷状态监测两类。智能家居类主要是针对室内环境进行监测，以实现用户舒适度及友好度提升。负荷侧感知终端传感器类型如表 5-6 所示。

表 5-6　　　　　　　　　　　负荷侧感知终端传感器类型

门类	感知对象	典型感知终端类型
综合能效采集	环境参数	温度传感器 湿度传感器 PM2.5 传感器 CO_2 传感器 光亮传感器 振动传感器 动作传感器 气压传感器
	能耗参数	电能计量装置 用水计量装置 用气计量装置 用热计量装置 压力传感器 流量传感器 温度传感器 转速传感器
需求侧响应	环境参数	温度传感器 湿度传感器 光亮传感器
	负荷参数	电流互感器 电压互感器 压力传感器 流量传感器 温度传感器
智慧家居	环境参数	温度传感器 湿度传感器 PM2.5 传感器 CO 传感器 光敏传感器 振动传感器 动作传感器 气压传感器
计量设备	电能计量	智能电能表 非侵入式负荷识别模块 能效监测终端 随器计量终端/模组 智能微型断路器 智能插座
	设备运行环境类	气象传感装置
		温湿度传感装置

门类	感知对象	典型感知终端类型
计量设备	设备工作状态类	电参量传感装置
		磁参量传感装置
		力学传感器 振动传感器 加速度传感器
	设备辅助监测及防护	光电传感器 压力传感器 RFID 传感标签
		摄像头 CMOS 图像传感器

综合能效感知终端部署在公共建筑、大型园区、工业企业、居民用户等用能现场，安装在用能设备接线开关位置测量能源消耗用量，开展能效分析、能耗诊断、故障定位、优化策略等应用。关注较多的非侵入式能效分析是采用非侵入式模块安装于用户电能表处，辅助分析用户用能情况，提供用户安全用电等服务。

智慧家居感知终端部署在居民用户内部，感知终端采集用户空间温度、热水器供水、电动汽车充电、微能源系统、空气质量等信息，通过合约用电、自动控制系统、用电设备联动等，致力于创造高效、舒适、宜居的家居环境。

计量设备传感终端分为安装环境监测、计量设备工作状态监测、计量设备安全防护监测等终端类型，传感终端全部安装于计量箱内部。对于计量设备传感终端的部署应遵循必要性、适用性原则。需要遵循计量的国家、行业、团体、企业标准；具备优良的质量，确保稳定的工作状态；具备开放、统一的交互接口，便于快速移植、安装简洁等。

5.3.3　典型应用

1. 工商业能效监测系统

工商业能效监测系统是提供能源服务的重要平台，基于该平台可实现包括数据采集、能效诊断分析和优化用能等服务，以及为政府主管部门提供能耗监管、能源交易和节能减排等信息。该系统充分应用移动互联、人工智能等现代信息技术和先进通信技术，可实现电力系统各个环节万物互联、人机交互，构建状态全息感知、数据高效处理、应用便捷灵活的电力物联网，通过数据运营实现价值共创，引领能源清洁低碳转型和电力物联网业务创新发展。

工商业企业智慧用能在线监测系统分为感知层、网络层、物联管理层和业务应用层四层，其系统示意图如图 5-24 所示。在用电设备处安装采集终端设备，采集用电量和电气参数；根据用电设备分布情况部署智能网关，采集终端通过组网将采集数据通过通信网络传输给智能网关；智能网关配置物联网卡，实现本地数据的远程传输至物联数据中心。用户端通过手机 App 和电脑客户端 Web 方式与电力物联网平台进行交互，实现服务过程的查看和交互，获取用电信息和能效分析报告。

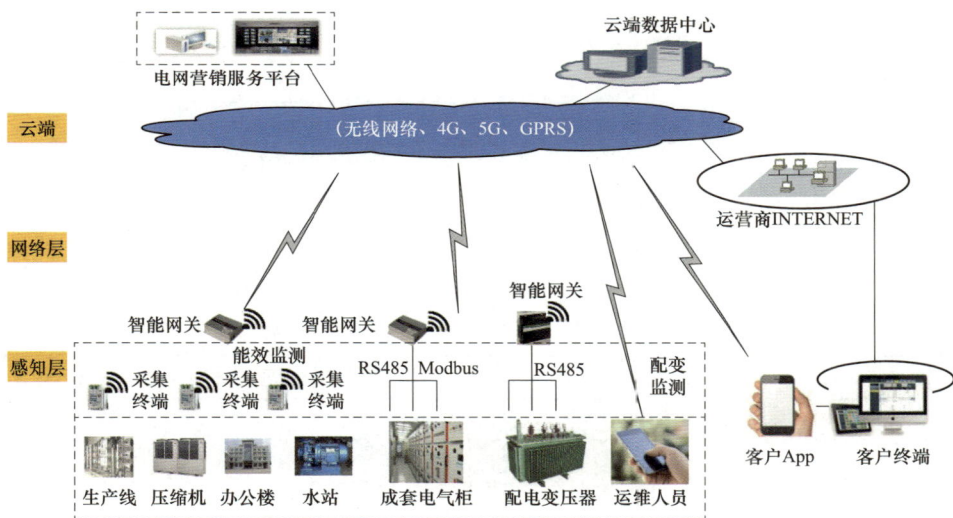

图 5-24 工商业企业智慧用能在线监测系统示意图

以典型企业为例，其监测点部署清单如表 5-7 所示。

表 5-7 典型企业监测点部署清单

序号	网关部署位置	采集终端部署位置
1	关口进线	全厂总电
2	行政区	生活区
3		办公楼

序号	网关部署位置	采集终端部署位置
4	M 线配电室	M 配电室
5		M 空压机
6		M 纯化水
7	K 线配电室	K 配电室
8		空压机 1
9		空压机 2
10		输送带电源
11		K 线塑封机
12		K 线精装机
13	水站配电室	旧反渗透
14		新反渗透
15		新蒸馏水机
16		冷冻机
17		水站新系统
18		风冷机组
19	V 线配电室	V 线配电室
20	质量部	检验室
21		留样室
22	设动部	锅炉房
23		总配电室
24	EHS 部	污水站
25	物流部	原料库
26		成品办公室
27		叉车充电

对企业的用电网络进行新增、改造，更换为能效采集终端和智能网络等采集设备，借助 RS485 通信和无线通信接口，实现全面采集、全面监测。数据上传云平台，进行数据的统计、分析和展示，并自动生成报表和诊断报告。

该系统的基本功能如下：

（1）实时监测、全面掌控。监控的数据既包含电流、电压、有功功率、无功功率、功率因素、电量等电力运行数据，也包含偏差、谐波、畸变的电能质量数据；系统既可实现整体分析，也可实现分项分析的全面监测；全面掌握企业能耗健康状况；通过电量、负荷平衡图等多种图表方式，清晰直观展示数据信息。

（2）越限告警、需量预警。当企业用电数据超过预设阈值时，产生越限告警，如电压偏差越限、谐波畸变越限、三相不平衡越限等。通过越限告警，避免企业用电事故。平台实时监测系统负荷，当负荷超过需量阈值时产生需量预警，避免出现惩罚性电费。

（3）综合评价、能效评估。平台可实现企业用电的经济性指标和安全性指标的综合分析，包括偏差、谐波等供电能效分析，以及单位能耗、负荷趋势等用电能效分析。可实现综合评价、能效评估。每月自动生成诊断报告，并给出合理的优化建议。

（4）电费估算、电量分析。包括基本电费、电度电费、力调电费，并通过模拟上报，预估用电费用。通过需量分析、用电量分析、峰谷用电分析，让企业节能降耗变得有的放矢，简单易行。

（5）增值服务。依据采集的数据，开展安全性指标分析，提供用电安全咨询服务；开展经济性指标分析，提供用电节能、电费账单优化咨询服务；开展供电电能质量的监测，提供电能质量的治理方案，并提供电能质量治理改造服务，如无功补偿、三相不平衡治理、谐波治理。

在采集终端方面，研究的重点是优化感知层采集终端技术、安全连接技术，重点解决感知层建设经济性、可靠性、便捷性等问题，实现采集终端安装简单、可靠性高和一体化自动采集与传输的功能。

2. 用电信息采集系统

用电信息采集系统是国家电网公司开展用户电能计量的最成熟、最大的网络，在各个电力公司进行推广应用。用电信息采集系统中，采集系统的物理结构由主站层、采集设备层、通信信道层（远程通信信道层、本地通信信道层）、电能表层构成，用电信息采集系统架构如图 5-25 所示。

远程通信信道大多通过无线公网通信方式传输到采集主站。本地通信信道主要解决用户购电交互、分时电价参数下发与查询、用电信息日冻结数据采集、所属台区变压器状态采集等。本地通信信道的主要技术手段有电力线载波、

RS485、微功率无线、ZigBee 等。用电信息采集系统集抄成功率为 90%～98%，抄取成功时间在 2min 以内。集抄出现问题的主要原因是终端采集部分因为无线信号较差、容易受到干扰等问题，而出现抄收失败。

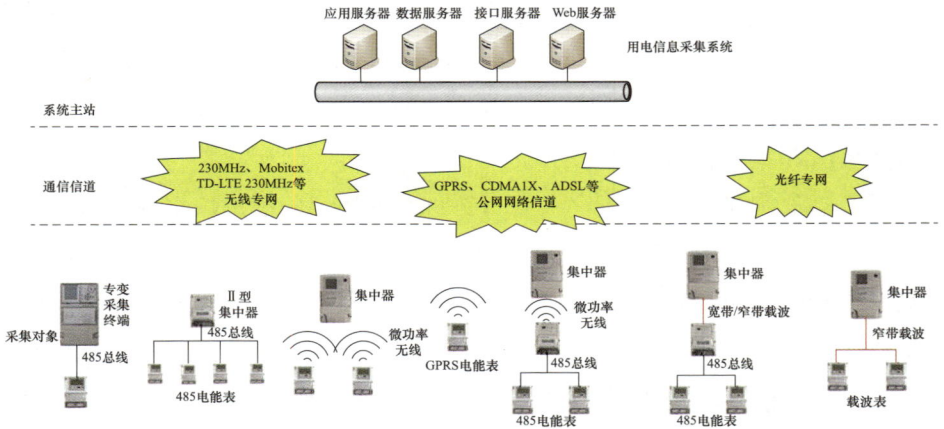

图 5-25　用电信息采集系统架构

用电信息采集系统采用较高的标准化模式，建立了完善的计量检测系统，由国网计量中心为首、各省电科院计量所组成的检测机构，保障了电量采集终端的质量和技术标准。

电能表分为单相和三相型式，常用电能计量表计如图 5-26 所示。电能表可采集电压、电流、有功/无功/视在功率、功率因数、频率、有功/无功电能、零序电流、电压不平衡度、电压/电流 K 值、电压/电流 0～31 次谐波分量、四象限功率、正/反向有功电能、感/容性无功电能等 40 多种电参量信息。电能表的技术参数如表 5-8 所示。

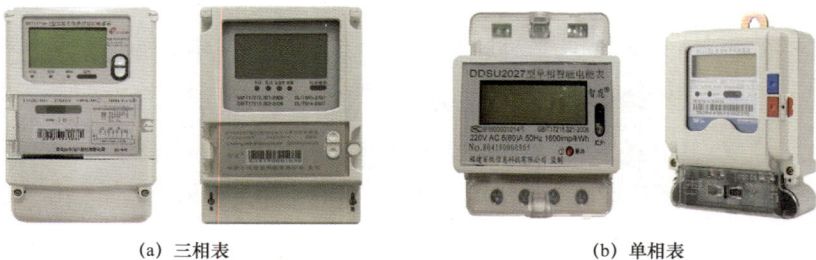

(a) 三相表　　　　　　　　　　　(b) 单相表

图 5-26　常用电能计量表计

表 5-8　　　　　　　　　　　　电 能 表 的 技 术 参 数

项目		技术指标
接线形式		三相三线、三相四线、单相
测量	电压	参比电压 U_n：AC380V、AC220V、AC100V、AC57.7V； 测量范围：45～420V； 功耗：<0.05VA（单相）； 精度：RMS 0.2%； 分辨率：0.01V
	电流	电流规格：0.3（1.2）A、1（6）A、1.5（6）A、5（6）A、5（60）A、10（80）A、20（80）A； 测量范围：$0.001I_n$～I_{max}； 功耗：<0.05VA（单路额定电流）； 精度：RMS 0.2%； 分辨率：0.001A
	功率（有功/无功/视在）	精度：RMS0.5%； 分辨率：0.001kW/kvar/kVA
	电网频率	测量范围：45～65Hz； 精度：0.2%； 分辨率：0.01Hz
	谐波	次数：2～21 次； 精度：A 级； 分辨率：0.01%
计量	有功电能	准确度等级：0.5S； 分辨率：0.01 kWh
	无功电能	准确度等级：2 级； 分辨率：0.01kvarh
	四象限有功、无功电能	有功电能准确度等级：0.5S； 分辨率：0.01 kWh 无功电能准确度等级：2 级； 分辨率：0.01kvarh
通信	RS-485 通信口	接口类型：两线半双工； 通信速率：600～38400bps； 规约：Modbus-RTU 和 DL/T 645《多功能电能表通信协议》
工作环境	工作温度	-25～+60℃
	极限工作温度	-35～+70℃
	相对湿度	≤95%（无凝露）
其他	工作电源	输入最大范围：45～420V； 功耗：≤1W，2VA

3. 智能家居用电管理系统

智能家居用电管理系统以信息采集、网络通信、高速控制、数据分析、数据存储、物联网等技术为手段，通过和电力公司等外部环境的信息交互，对接入用户的电能进行合理的调度分配，在不影响舒适度的前提下，实现节省用电成本、提高电能利用效率、缓解电网压力等功能。

智能家居用电管理系统由传统用电设备、智能用电设备、电动汽车充电桩、智能开关/插座、智能交互终端、计算机、智能手机、智能电能表、小型分布式能源，以及家庭内部网络和远程通信网络组成，用户用能全景感知如图5-27所示。远程通信网主要用于智能终端与用户及电网公司的远程信息交互，使智能终端能够实时获取电价等信息，并使用户能通过智能手机获取家庭用电设备的状态。家庭内部网络可采用电力线载波、现场总线和无线通信等多种局域网通信技术；远程通信网络可采用广域以太网、GPRS、4G等通信技术。

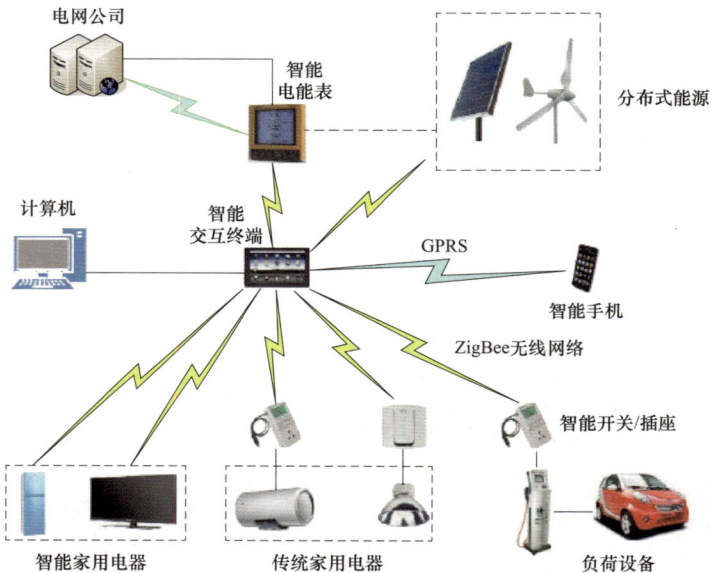

图5-27 用户用能全景感知

智能交互终端是整个系统的核心，负责家庭局域网（home area net，HAN）的建立与维护，是用户对用电设备进行统一管理的主要途径。智能开关/插座是智能交互终端和用电设备通信的桥梁，可实时采集用电设备的用电信息并上传给智能交互终端，还能接收智能交互终端发送的控制命令控制用电设备的运行。智能手机是用户远程监控的工具，能为用户提供用电设备的用电信息和工作状态，还能发送控制命令控制用电设备的运行。智能电能表是和电网公司交互的桥梁，可将用户用电参数、用电费用等信息上传给电网公司，实现无线抄表功能，还能接收电网公司发布的供电信息，并将信息发送给智能交互终端。

智能家居用电管理系统主要功能如下：

（1）组建用户户内网络。利用 ZigBee 无线通信技术，构建包括智能交互终端、智能开关/插座、智能家用电器等用电设备的家庭局域网。

（2）用户能耗信息监测。通过智能开关/插座实时采集用电设备的用电数据（电流、电压），并计算出能耗信息，将数据上传智能交互终端。

（3）对用电设备统一管理和控制。通过智能交互终端可查看每种用电设备的用电信息，还能给用电设备发送控制命令。

（4）远程监控。通过智能手机 App 可查询各种用电设备的用电信息、工作状态、工作时间、用户用电管理方案；也能通过智能手机 App 远程控制用电设备的运行，还能给空调和热水器设置工作参数。

（5）异常报警。对智能开关/插座采集的数据进行分析，当用电设备短路或者漏电时，能够及时切断电源并报警。

（6）智能用电优化策略的制订。基于各地区分时/阶梯电价或实时电价，用户可根据自身用电习惯设定每种用电设备的工作时间段，在不影响用户正常舒适度的基础上，智能交互终端以节省电费为目的，通过运行智能用电优化算法，指导用户进行合理用电。

（7）结合分布式能源、储能装置和电动汽车，建立各种用电设备和家庭的能耗模型，并进行家庭能效分析；基于智能用电优化算法，指导用户合理调度电能。

5.4 储能侧感知技术应用

5.4.1 感知范围

储能是未来提升电力系统灵活性、经济性和安全性，解决调峰调频、新能源消纳的重要手段，也是促进能源生产消费开放共享、灵活交易，实现能源互联、多能协同的核心要素。储能与新能源相融合，可解决高比例新能源并网导致的送端电网稳定性问题，构建主动支撑型新能源电源体系。以储能作为互联纽带，可解决分布式光伏与电动汽车用户快速增长导致用电负荷的不确定性问题，构建现代综合能源服务、需求响应、虚拟电厂等新业态，实现新能源的有效消纳和终端能源的高效利用。

除传统的抽水蓄能外，还有电化学储能、压缩（液化）空气储能、超导储能、飞轮储能、蓄冷储热、储氢等新兴储能方式。目前，电化学储能循环寿命、能量密度等关键技术指标得到大幅度提升，应用成本快速下降，等效度电成本已达 0.50 元/（kWh·次），突破盈亏平衡点，且实现了百兆瓦级储能电站系统集成。压缩空气、超导磁体、飞轮等新型储能技术实现了 10MW（J）级示范应用，蓄冷储热、储氢技术不断突破，大功率固体重力势能存储技术在国外开始试验。不同类型的储能技术都在自我发展、自我完善、自我成熟，在电力物联网建设与发展中发挥出重要作用。

储能是电力物联网的重要组成部分。储能装置的运行稳定可靠性，直接影响到整个电力物联网的运行稳定可靠性。因此，需要通过部署传感器实时感知储能装置的运行状态，以便实时监控、适时调控。储能类型多、系统部件多、感知部署需求大，状态数据采集、汇聚、计算、传输、反馈难度大。

5.4.2 感知信息类型

典型储能方式对传感器的需求，如表 5-9 所示。

表 5-9 典型储能方式对传感器的需求

储能方式	信息类型	感知对象	典型传感器类型
电化学储能	电气量	充放电、变流器电流	电流监测传感器
		充放电、变流器电压	电压监测传感器
		接地电流	接地电流监测传感器
	状态量	电池本体鼓包挤压	压力监测传感器
		电池内部结构形貌	超声监测探测器
		电池本体发热	温度监测传感器
		电池本体形状变化	形变监测传感器
		电池本体相对位移	位移监测传感器

储能方式	信息类型	感知对象	典型传感器类型
电化学储能	环境量	预制舱内环境温度	温度监测传感器
		预制舱内环境湿度	湿度监测传感器
		预制舱内风速	速度监测传感器
		预制舱内风向	角速度监测传感器
		预制舱内噪声	噪声监测传感器
		预制舱内燃爆	烟雾监测传感器
		预制舱内气体成分	化学气体监测传感器
压缩（液化）空气储能	电气量	充放电电流	电流监测传感器
		充放电电压	电压监测传感器
		接地电流	接地电流监测传感器
	状态量	内部气液压力	压力监测传感器
		内部气液温度	温度监测传感器
		内部气液流量	流量监测传感器
		存储液体位置	液位监测传感器
		发电机转动速度	转速监测传感器
	环境量	环境温度	温度监测传感器
		环境湿度	湿度监测传感器
		装置噪声	噪声监测传感器
		环境气体成分	化学气体传感器
抽水蓄能	电气量	充放电电流	电流监测传感器
		充放电电压	电压监测传感器
	状态量	泵送出入口压力	压力监测传感器
		泵送出入口温度	温度监测传感器
		泵送水流量	流量监测传感器
		库存水位	液位监测传感器
		库区沉降	位移监测传感器
		发电机转动速度	转速监测传感器
	环境量	库区环境温度	温度监测传感器
		库区环境气压	压力监测传感器
	行为量	库区人行为	视频监测
	空间量	库区微气象	气象卫星

续表

储能方式	信息类型	感知对象	典型传感器类型
超导储能	电气量	充放电电流	电流监测传感器
		充放电电压	电压监测传感器
		超导磁体磁场强度	磁场强度监测传感器
		接地电流	接地电流监测传感器
	状态量	内部气液压力	压力监测传感器
		内部气液温度	温度监测传感器
		内部气液流量	流量监测传感器
		存储液体位置	液位监测传感器
	环境量	环境温度	温度监测传感器
		环境湿度	湿度监测传感器
		环境气体成分	化学气体传感器
飞轮储能	电气量	充放电电流	电流监测传感器
		充放电电压	电压监测传感器
		接地电流	接地电流监测传感器
	状态量	飞轮转动速度	转速监测传感器
		飞轮水平度	倾角监测传感器
	环境量	环境温度	温度监测传感器
		环境湿度	湿度监测传感器

5.4.3 典型应用

感知技术在储能场景的典型应用是对锂离子储能电池的原位监测。

由于锂离子电池内部复杂的反应和性能衰退机制,外特性参数很难直接反映电池的安全状态及其所处的寿命阶段。一般只能根据电池制造商提供的阈值对电池的电压、温度等外特性参数进行监控和管理,无法对电池内部参数进行分析。为此,试图选用光纤光栅传感器、柔性力敏传感器及超声探测传感器,实现储能电池的内部温度、表面形变及内部结构的原位监测。

传统的多功能光纤传感器不能直接植入锂离子电池内部酸性环境,先经过电镀金属改性后经过玻璃套管封装，试制了三种光纤光栅传感器（测温精度为0.1℃，响应时间均为 1s），经电镀改性玻璃封装的光纤光栅传感器如图 5-28所示。

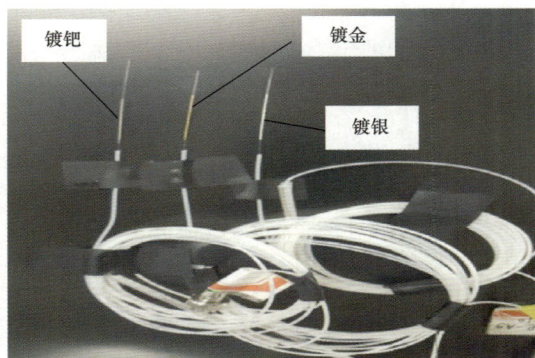

图 5-28　经电镀改性玻璃封装的光纤光栅传感器

将传感器光栅区植入电池最易发热的正负极片焊点位置，锂离子电池整体封装后如图 5-29 所示。

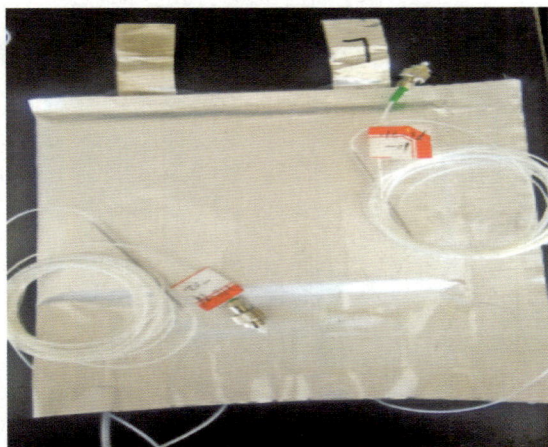

图 5-29　植入传感器的锂离子电池

试验证明，电池内部与外部的温度均随充放电电压呈周期性变化，内外温度曲线变化趋势基本一致，电池外部温度低于内部温度，且外部温度变化略滞后于内部温度的变化，电池内外部温度随充放电电压变化如图 5-30 所示。通过光纤光栅传感器实现了锂离子电池内部温度的原位检测。

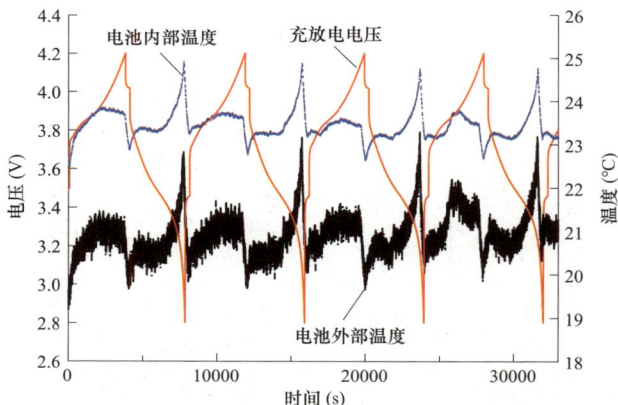

图 5-30　电池内外部温度随充放电电压变化

　　将柔性力敏传感器直接植入锂离子电池单体间缝隙内，测得应力峰值出现的时间点与充放电过程切换的时间点基本吻合，应力与充放电电压的变化趋势如图 5-31 所示。同时，电池内部温度的峰值也出现在充放电过程切换的时间点附近。这是因为电池在充放电切换时产生了较高的能量，其中一部分转化为热量导致电池温度升高，另一部分转化为应力导致电池发生形变。通过柔性力敏传感器，实现了锂离子电池表面应力的原位监测。

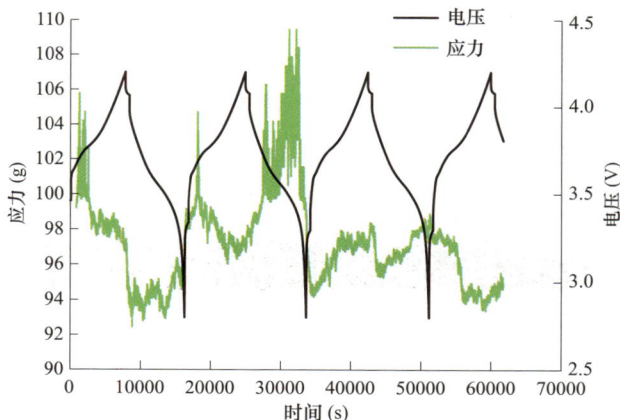

图 5-31　应力与充放电电压的变化趋势

将频率为 10M～30MHz 超声探头作为超声脉冲发射器，取一定量的耦合剂分别涂在电池的正极或负极表面，最后将探头放在电池的正极或负极表面上，打开示波器和脉冲反射器，调整脉冲发射信号频率、能量等参数，信号会根据样品厚度进行周期性反射并通过接收器接收，同时在示波器上显示相对应的特定波形。样品的沉积会导致波的传递距离和速度发生改变，肿胀和压实会导致波的传递距离改变，所述波形变化包括峰强、峰宽及峰位移的变化。根据峰强的变化先确定沉积物类别，再确定超声波在沉积层的传递速度，从而根据峰宽变化确定沉积层厚度和表面形貌的变化。

利用超声波监测锂离子电池内部电极和隔膜的试验图谱，如图 5-32 所示。锂离子电池内部电极、隔膜的厚度变化和组分的变化包括材料的分解、沉积、裂纹和缺陷及固体电解质界面（solid electrolyte interface，SEI）膜。由于每个界面都会存在不同时域下的特定反射信号，当电极和隔膜的厚度发生变化（超声波传播介质宽度变化）或组分变化（超声波传播介质变化），都会在波形信号中通过时域差显现出来。因此，通过信号波形的形态和尺度变化，获得电池内部不同层级的变化（包括厚度、形态、裂纹和缺陷等变化），实现在无损状态下对锂离子电池电极与隔膜的原位监测。

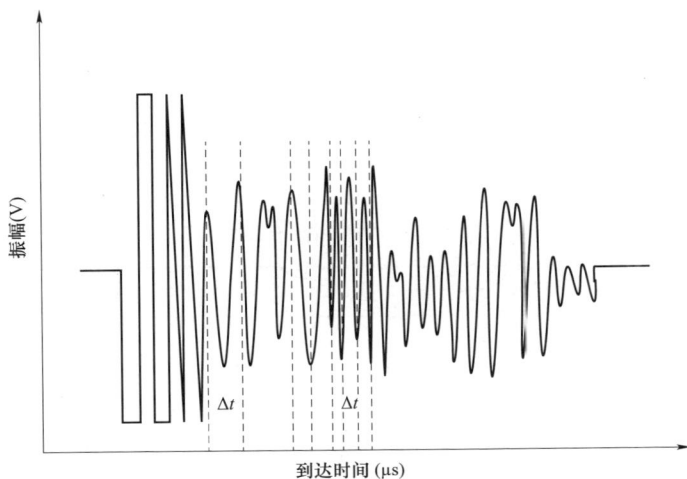

图 5-32 利用超声波监测锂离子电池内部电极和隔膜的试验图谱

5.5 资产类感知技术应用

5.5.1 感知范围

资产作为企业的基本生产基础,在企业的生产经营活动中占有绝对重要的位置,尤其是电网经营企业具有资金密集型、高技术集成的特点,设备资产在电网企业总资产中的占比达 80%以上,因此资产投入、运营的管理,对于电网企业整体经营管理、经济效益的提升具有举足轻重的作用。

随着电网基建、大修、技改等工程项目的开展,以及自然灾害、外力破坏、设备老化等引起的运维工作量的不断增加,目前的维修管理模式在提高设备健康水平,降低电网安全风险,保证电网设备在寿命期的安全经济运行方面已显得力不从心。此外,电网企业面临的资产保值增值日益成为企业经营考虑的重点,利用先进的信息技术、科学的管理理念,开展资产的全寿命周期管理,是加强电网企业资产管理、降低经营风险的重要举措。

5.5.2 感知信息类型

资产侧感知可实现资产设备的基本信息存储,让用户了解设备制造、参数、运输、安装、检修、销毁等过程,实现全寿命周期的管理。在某些情况下,可以配置辅助的状态传感器感知设备状态,如位置、温度、振动等,自动实现过程感知,监测资产设备的运行状态等信息。资产侧应用感知信息类型如表 5-10 所示。

表 5-10　　　　　　资产侧应用感知信息类型

门类	感知对象	典型感知终端类型
资产信息	资产设备	电子标签
		二维码、一维码等
		位置传感器
		设备运行状态传感器

在每个电力设备上贴有 RFID 标签，作为每个设备的唯一标识，并存储该设备的基本信息。标签与读写器进行信息交互传递信息，读写器通过有线或无线的传输方式与设备监测或资产管理系统连接，读取标签上的设备信息并传输到监控系统，从而实现设备资产的实时监控。

一种新的多参量资产感知标签（eRFID）技术已投入应用。该标签具有离线读取和在线感知双重功能，具备标识、定位、位移、倾斜、振动、温度等多参量感传一体化特征，可基于场—端—云同步数据源构建广域资产物联网。多参量感知标签应用流程如图 5-33 所示。多参量资产感知标签携带的多种传感器可发挥资产设备状态感知的功能，具体携带传感器如下：

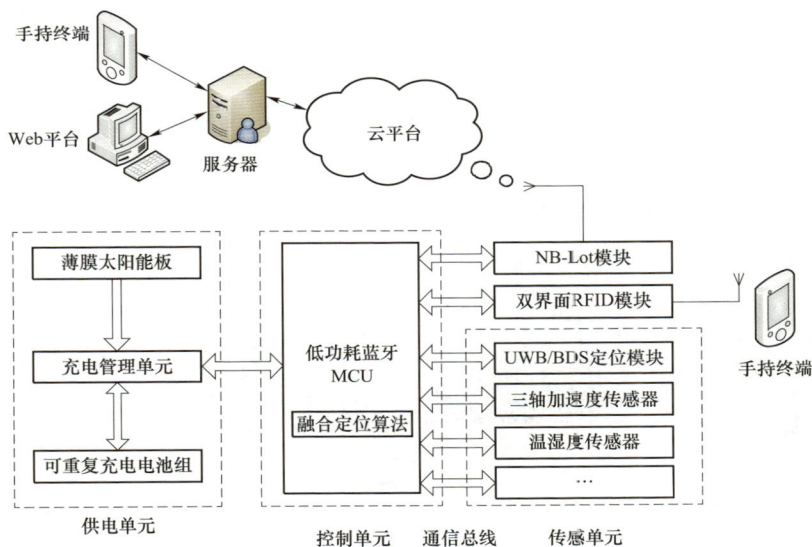

图 5-33　多参量感知标签应用流程

（1）温湿度传感器。该传感器用于测量电力资产所处环境的温湿度。当温湿度参数异常时，发出告警通知维护人员进行处理，使电力资产设备处于适宜的位置环境中，避免电力资产受潮或者过热老化、绝缘降低。

（2）设备温度传感器。该传感器用于测量设备主体部位温度，监测设备异常温升，防止设备出现过热或者过负荷运行，基于对设备敏感特征点温度数据的大数据分析，可以实现设备状态智能感知。

（3）加速度传感器。该传感器用于监视特高压变压器运输途中的撞击状况，监测危及设备安全的运输、安装、调试等过程。加速度传感器可准确测量 x、y、z 三轴加速度，实时监测运输状况，确保电力资产安全运输。

（4）倾角传感器。该传感器用于监测电力资产的放置姿态。大型电力设备对运输、安装、拆卸过程要求严格，为了确保大型电力设备安全运输、安装等，需要对设备倾斜角度进行监控。

（5）定位传感器。该传感器用于实时测量电力资产设备的位置信息，基于精确的静态位置信息，运维人员可以准确寻找到电力资产，减少资产管理工作量；基于动态位置信息，自动生成资产移动轨迹及移动速度，方便进行运输导航、资产监控和资产追踪。

（6）氮气压力传感器。110kV 及以上的大型变压器在运输阶段无法充油，通常在变压器内部加注氮气，使内部器件不与空气接触，避免受潮生锈。要求变压器油箱内气压保持在 0.01～0.03MPa，因此需要对变压器的氮气压力进行监测。

基于上述内嵌传感器，可实现各类电力设备的物理量、空间量、状态量、电气量及环境量等参数的有效感知。多参量感知应用场景如图 5-34 所示。

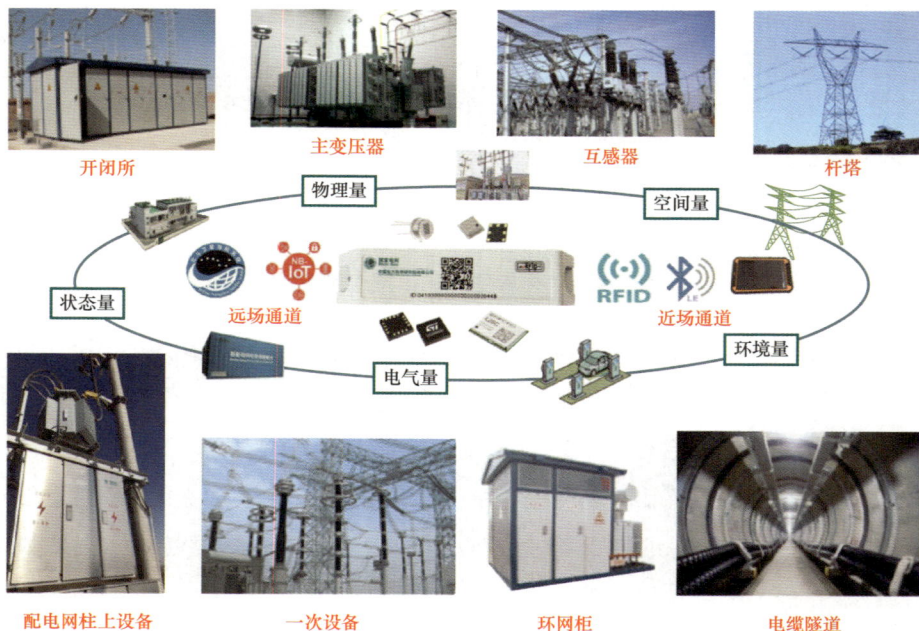

图 5-34 多参量感知应用场景

5.5.3　典型应用

（1）基于 RFID 标签的电网资产管理。国家电网公司等电力企业为资产分散型企业，资产种类较多（输配电线路、变电设备等一次设备和通信设施等二次设备等），资产设备分散（电网覆盖面广），且电力资产还具有数量多、金额大、更新快等特点。因 RFID 技术能够实现非接触和实时的智能识别，且具有抗干扰能力强、使用寿命长等优点，因此在电网电力设备的管理中得到了较好的应用。RFID 系统能够实时传送巡检数据，能够有效监督巡检人员。该系统采用无源超高频（915MHz）的 RFID 系统，通信距离在 10m 左右，将传感标签安装在电力设备上，巡检人员带着手持阅读器设备就可对正常运行的电力设备进行巡检，减少人工带电检测的危险。巡检管理 RFID 系统原理图如图 5-35所示。

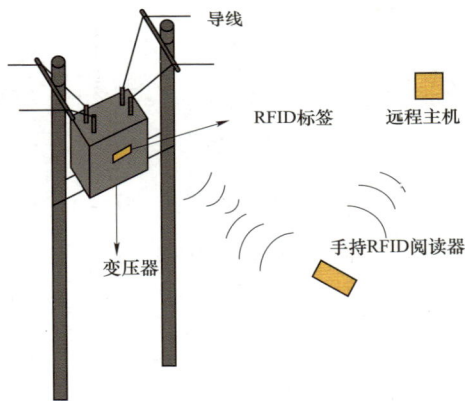

图 5-35　巡检管理 RFID 系统原理图

北京智芯微电子科技有限公司（简称智芯公司）研发应用了高频和超高频两款带有国密 SM7 算法的高安全 RFID 芯片。基于自主研发的 RFID 系列芯片，形成系列化 RFID 电子标签，应用于陕西、北京、重庆等各大网省和地市公司，已在变电站、配电台区等一次设备上实现了广泛应用，大幅提高了巡检效率。目前，在输电杆塔及电力电缆隧道中推广应用的 RFID 标签，进一步拓展电子标签的应用范围。

（2）基于多参量感知标签的重要电网资产管理。对于大型设备、贵重设备、高价值便携式仪表等重要资产，需要进行资产全寿命周期管理。利用在线电子标签的资产标识、定位、NB-IoT/RFID 双通道、双界面通信功能，在线电子标签系统可以告警并通知管理人员，实现资产在役期的监控及防盗，实现电力资产的在线物联。变压器敷设的电子标签应用如图 5-36 所示。

图 5-36　变压器敷设的电子标签应用

（3）设备交互巡检。在线感知标签将采集到的设备相关监测数据、台账信息等通过蓝牙传递给手持终端，实现设备数据实时显示，同时基于标签内的大容量存储单元，可将设备图纸、生产资料等设备信息与手持终端保持动态更新，从而达到开放式操作行为模式的设备检修作业，拓展实物 ID 的应用深度，设备交互巡检应用如图 5-37 所示。

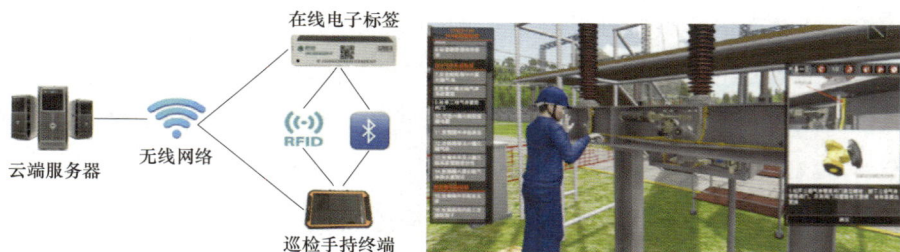

图 5-37　设备交互巡检应用

（4）智慧仓储。在备品备件管理中，物资仓储管理部门需要及时并且精确地掌握各类电力物资的供需情况，尽量保持"零库存"的状态；同时优化电网物资供应链各个环节，从而满足需求和降低仓储成本。

基于在线感知标签的高精度定位功能，可实现对仓库内外的物、人、车厘米级精确定位，实时感知物资的温度、湿度、振动等环境参量，支持物资异常报警，并可实现仓库视觉化管理，支持货物实时、定时盘点。电力物资智慧仓储应用如图 5-38 所示。

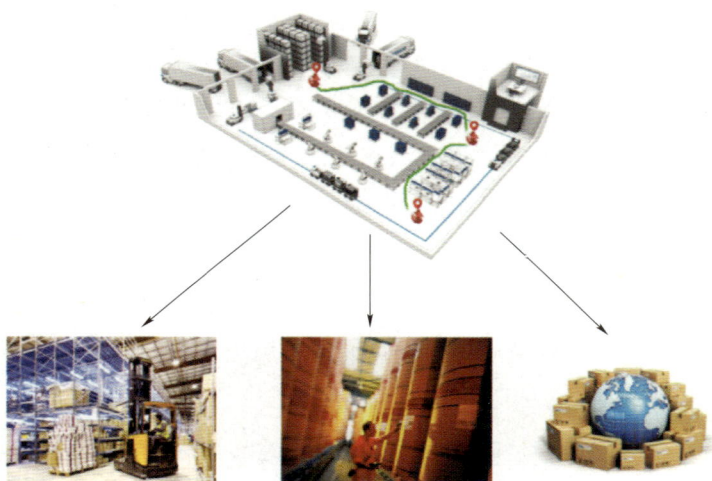

图 5-38　电力物资智慧仓储应用

（5）资产设备运输监测。某些大型电力设备的运输条件要求严格，如 220kV 以上的变压器、电抗器、组合电器等，在运输过程中需要监测各种不良因素影响情况，如路况颠簸、行驶加速度、充氮设备漏气等。DL/T 1071—2014《电力大件运输规范》规定，根据路况等级，运输车辆的车速应严格限制在 10～40km/h；路况颠簸和牵引力在三轴（x，y，z）方向上产生的加速度不能超过 $3g$，避免设备受到撞击；油箱内压力应保持在 0.01～0.03MPa；变压器装车、运输、卸载、吊装等，双轴倾斜角不能超过 15°。如果以上技术要求无法满足，极易造成设备损坏或产生潜在安全隐患。因此，电力设备的运输过程是一个高风险的过程，需要对这一过程进行严格的运输质量管控。

基于多参量感知标签的资产运输监控，可实现多种高级典型应用，如实时地理位置信息展示、实时监测信息显示、历史轨迹地图展示、周围环境监测、运输关键路径到达提醒和偏差预警、传感终端设备采集的数据超过阈值时在运输监控系统中生成预警信息、运输任务进度跟踪等。

1）位置轨迹。基于北斗卫星导航系统（（beidou navigation satellite system，BDS）传感器感知数据，在电子地图中实时展示所有在途运输任务当前所在的地理位置信息。可在系统中查询筛选并在地图中展示运输任务位置。通过不同的颜色、图标标注运输载体的状态，如运动、静止、完成、停止。

2）实时状态监测。可实时监测电力资产的运动信息（速度）、位置信息（海拔、倾斜角 X、倾斜角 Y）、工况信息（温度、湿度、电池电量、氮气），以及运输任务信息（名称、编号、物资、合同）等。支持多种数据展示方式，如温度、湿度、x 轴、y 轴、z 轴、综合等相关的曲线，方便进行数据比对分析。

3）环境监测。运输监控可远程启动、关闭视频设备终端，实时查看视频监控信息；出现应急事件时，可调取实时视频，用于决策支持。

4）历史轨迹展示。运输监控专责可按工程类型、工程名称、子工程名称、物资种类、发货时间和到货时间段，查询筛选历史监控的运输任务，在地图中展示运输任务行驶轨迹。

5）运输路径规划。系统可以生成运输关键路径规划方案，在地图上展示剩余路程轨迹，根据目前的速度判断预计到达时间。

在确定运输的关键路径后，系统根据运输任务的实时位置信息、关键路径进行分析，自动提供运输到达位置、预计到达时间等信息给相关人员；当运输任务当前位置偏离关键路径规划时，生成运输偏差预警信息，通知到相关人员。

6）预警及通知。在运输监控系统中，当资产设备运输的状态超过设定的阈值时，系统自动生成预警信息（超速预警、超时预警），预警信息通过移动 App 等方式通知相关人员，并在运输监控系统上实时提示。

7）运输任务进度跟踪。针对运输过程中的关键阶段、关键节点，记录转运、换装等运输记录信息，并记录当时的监测数据、图片、说明等信息，形成过程跟踪记录。

6 电力物联网智能感知技术标准

电力物联网对信息感知提出更高要求，需要实现电气量、物理量、状态量、行为量、环境量、成分量、空间量的广泛采集，实现感知信息接入、管理与智能分析。电力物联网感知技术标准体系包括基础通用标准、传感器标准、感知终端标准、边缘物联代理标准、本地网络通信标准等方向，每个方向以"自左而右"信息模型、技术要求、布局设计、测试规范、部署导则、验收要求等标准类别顺序，形成具体感知标准，电力物联网感知技术标准体系架构如图 6-1 所示。

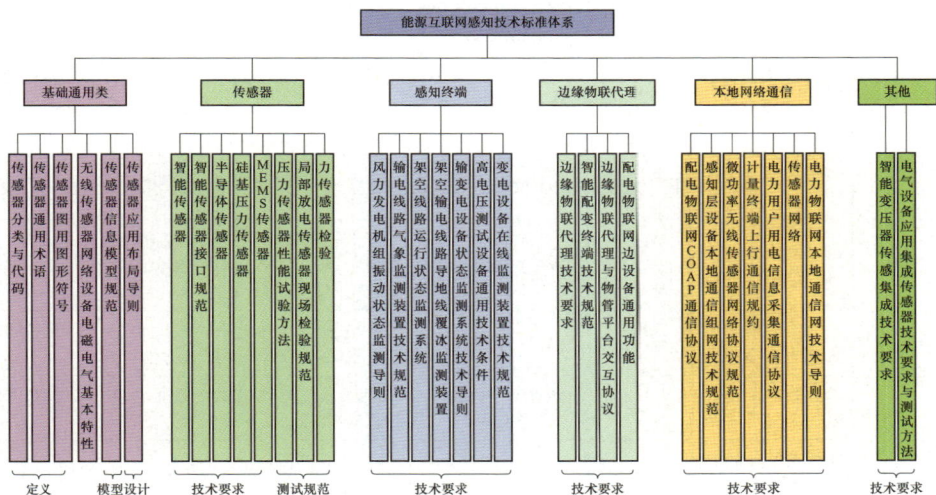

图 6-1 电力物联网感知技术标准体系架构

6.1 基础共性技术标准

我国从 20 世纪 60 年代开始开展传感技术的研究与开发，已经在传感器机理、用材、设计、制造、检测及推广应用方面获得长足的进步，制定的传感器标准和检测能力已基本形成体系，很多机构、专业团队、高校、研究院所都建立了实验室，能够开展电子产品通用性能、专业性能试验。电力传感器基础共性标准及分析如表 6-1 所示，基础性标准指感知层相关概念的规范，包括技术架构、模型、传感器分类、术语等；通用标准包括功能、性能、布局、安全、可靠性、建设管理等方面标准。

表 6-1 　　　　　　　　　　电力传感器基础共性标准及分析

技术类型	标准名称	标准类别	标准号	内容概述
术语定义	敏感元器件术语	国家标准	GB/T 4475—1995	规定了敏感元器件的术语及定义，包括热（温）敏、光敏、压敏、湿敏、气敏、磁敏、力敏、离子敏、生物敏、放射线敏和纤维光学敏感元器件 11 个部分
	传感器通用术语	国家标准	GB/T 7665—2005	规范了传感器的产品名称和性能特性
	传感器命名法及代号	国家标准	GB/T 7666—2005	规定了传感器的命名方法、代号标记方法、代号
	传感器图用图形符号	国家标准	GB/T 14479—1993	规范了传感器的图形符号
	传感器分类与代码	国家标准	GB/T 36378—2018	分为三部分：第 1 部分：物理量传感器；第 2 部分：化学量传感器；第 3 部分：生物量传感器。规范给出传感器的分类方法、编码方法及具体的代码和说明
	传感数据分类与代码	国家标准	GB/T 36962—2018	规定了传感数据的分类、编码方法和代码表
传感器模型	物联网感知对象信息融合模型		GB/T 37686—2019	提出物联网感知对象信息融合的概念模型，描述了感知对象在信息融合的物联网参考体系结构中的位置
	电力物联网传感器信息模型规范	行业标准	DL/T 1732—2017	规范了电力系统中物联网传感器信息模型的建模要求、服务及配置方法
	电力物联网传感器信息模型规范	企业标准	Q/GDW 11214—2014	规范了电力系统中物联网传感器信息模型的建模要求、服务及配置方法
	物联终端统一建模规范	企业标准	Q/GDW 12107—2021	规定了电力物联网物联终端统一建模方法
编码标识	电力物联网标识规范	企业标准	Q/GDW 12099.1—2021	第 1 部分 总则：规定了电力物联网标识的总体要求，包括标识解析体系、标识编码、存储、注册及相关技术要求
			Q/GDW 12099.2—2021	第 2 部分 标识编码、存储与解析：规定了电力物联网标识编码、存储与解析等方面的技术要求
			Q/GDW 12099.3—2021	第 3 部分 标识注册管理与技术要求：规定了电力物联网标识注册管理的技术要求、接入要求和业务流程

续表

技术类型	标准名称	标准类别	标准号	内容概述
技术导则	光纤传感器 第1部分：总规范	国家标准	GB/T 18901.1—2002	规定了光传感应用的光纤、光纤元件和光纤组件的总规范，给出了定义、分类及架构
	无线传感器网络设备电磁电气基本特性规范	行业标准	DL/T 2065—2019	规范了电力系统无线传感器网络设备的电磁兼容性指标、电气特性指标及测试方法等内容
	电力物联网传感应用布局导则	团体标准	T/CEC 644—2022	规定了电力生产各环节（包括发电、输电、变电、配电、用电等）中电力物联网传感器的应用范围、传感器种类、部署原则、部署要求
	电力物联网感知层技术导则	企业标准	Q/GDW 12100—2021	规定了电力物联网感知层总体技术要求、体系结构，以及感知层终端和本地通信网络的功能、安全及调试导则
	电力物联网感知层设备接入安全技术规范	企业标准	Q/GDW 12109—2021	规定了电力物联网感知层设备本体安全、通信安全和本地通信网络安全的技术要求
	电网智能业务终端接入规范 第5部分：电网智能业务终端	企业标准	Q/GDW 12147—2021	规定了电网智能业务终端接入电力物联网的技术要求、通信接口、通信规范等方面的要求，暂不涉及生产控制大区业务。电网智能业务终端覆盖输电、变电、配电、用采等业务类型，电动汽车、家庭用能、工商业综合能源等其他业务形态可参照执行
试验与检测	电工电子产品环境试验	国家标准	GB/T 2421/2423/2424	该系列标准提供环境试验、严酷程度的基础信息，评价产品在实际使用、运输和储存过程中的性能
	电磁兼容 试验和测量技术	国家标准	GB/T 17626	规范了电气和电子设备（装置和系统）在其电磁环境中的试验和测量技术

6.2 传感终端技术标准

6.2.1 传感器技术标准

传感器标准规范了传感器功能、性能要求、技术要求、检验测试、应用场景、校准方法、安装设置，以及标识、外观、运输等内容。如智能传感器、MEMS 传感器、半导体传感器、压力等物理量传感器技术要求、交互与互操作、试验与检测等规范。

（1）电力传感器基础通用标准及分析如表 6-2 所示。

表 6-2　　　　　　　　　　电力传感器基础通用标准及分析

技术类型	标准名称	标准类别	标准号	内容概述
电参量	MEMS 电场传感器通用技术条件	国家标准	GB/T 35086—2018	MEMS 电场传感器通用技术条件规定了传感器原材料、结构组成、技术要求、试验项目和方法、检验规则、包装、存储和运输。适用于 MEMS 电场传感器的研制、生产和采购，其他类型的电场传感器可参照使用
	气体绝缘金属封闭开关设备局部放电传感器现场检验规范	企业标准	Q/GDW 11282—2014	规定了气体绝缘金属封闭开关设备特高频局部放电传感器现场检验的通用技术要求、检验用设备、检验项目、检验方法、检验结果处理及检验周期等内容
智能传感器	物联网总体技术智能传感器接口规范	国家标准	GB/T 34068—2017	规范了智能传感器接口方面的术语、定义、系统构成、数据格式和通信接口
	物联网总体技术智能传感器特性与分类	国家标准	GB/T 34069—2017	规范了物联网领域中涉及的智能传感器特性，并给出了智能传感器分类指南
	物联网总体技术智能传感器可靠性设计方法与评审	国家标准	GB/T 34071—2017	规定了智能传感器设计过程中的可靠性设计及对可靠性设计进行评审的方法和要求
	智能传感器	国家标准	GB/T 33905	规定了总则、术语、传感器性能评定方法、检查项目和例行试验方法等，提出了智能传感器设计、测试原则性的要求
压力测量	硅电容式压力传感器	国家标准	GB/T 28854—2012	规定了硅电容式压力传感器的术语和定义、分类与命名、基本参数、要求、试验方法、检验规则及标识、包装、运输及贮存
	硅基压力传感器	国家标准	GB/T 28855—2012	规定了硅基压力传感器的术语和定义、分类与命名、基本参数、要求、试验方法、检验规则和标识、包装、运输及贮存
	硅压阻式压力敏感芯片	国家标准	GB/T 28856—2012	规定了硅压阻式压力传感器的分类与命名、基本参数、要求、检验方法、检验规则及标识、包装、运输和贮存
	电阻应变式压力传感器总规范	国家标准	GB/T 18806—2002	规定了电阻应变式压力传感器的分类与型号命名、要求、试验方法、检验规则、包装和贮存
	压力传感器性能试验方法	国家标准	GB/T 15478—2015	规定了压力传感器性能的试验条件、试验项目及试验方法
湿度传感	电容式湿敏元件与湿度传感器总规范	国家标准	GB/T 15768—1995	规定了电容式湿敏元件与湿度传感器的分类与型号命名、要求、试验方法、检验规则、包装和贮存
力传感	称重传感器	国家标准	GB/T 7551—2008	规定了称重传感器的分类与命名、基本参数、要求、检验方法、检验规则及标识、包装、运输和贮存

续表

技术类型	标准名称	标准类别	标准号	内容概述
力传感	力传感器的检验	国家标准	GB/T 33010—2016	规定了力传感器性能的试验条件、试验项目及试验方法
光传感	光纤传感器 第1部分：总规范	国家标准	GB/T 18901.1—2002	涉及传感应用的光纤、光纤件和光纤组件的规范
光传感	光电式日照传感器	国家标准	GB/T 33702—2017	规定了光电式日照传感器的产品组成、技术要求、试验方法、检验规则、校准/测试周期、标识、包装、运输和贮存
位移测量	直流差动变压器式位移传感器	国家标准	GB/T 28857—2012	规定了直流差动变压器式位移传感器的术语和定义、产品分类、基本参数、要求、试验方法、检验规则、标识、使用说明书、包装和贮存
速度与加速度	磁电式速度传感器通用技术条件	国家标准	GB/T 30242—2013	规定了磁电式速度传感器的分类与型号命名、要求、试验方法、检验规则、包装和贮存
速度与加速度	MEMS高g值加速度传感器性能试验方法	国家标准	GB/T 33929—2017	规定了MEMS高g值加速度传感器的电气性能和基本性能的术语和定义、试验条件、试验项目和方法

（2）传感器国际标准情况。开展国际传感器标准制定的组织主要有IEC/ISO协会组织成立的传感器相关标准化机构、IEC TC47/SC47E半导体分技术委员会、IEC TC47/SC47F MEMS分技术委员会、IEC TC124可穿戴器件和技术标准化委员会、IEC TC49频率控制、选择和探测用压电、介电与静电器件及相关材料标准化技术委员会、ISO TC108工作组等。部分国际传感器标准梳理及分析如表6-3所示。

表6-3　　　　　　　　部分国际传感器标准梳理及分析

技术类型	标准号	标准类别	标准名称
术语定义	IEC 62047—1	国际标准	半导体器件 MEMS 第1部分：术语和定义
技术规范	ISO/IEC 30101	国际标准	信息技术 传感器网络 传感器网络与智能电网的接口
技术规范	ISO/IEC 30128	国际标准	信息技术 传感器网络 通用传感器网络应用接口
技术规范	ISO/IEC 30144	国际标准	物联网 无线传感器网络系统
技术规范	ISO/IEC 30164	国际标准	物联网—边缘计算
技术规范	IEC 61757—1	国际标准	纤维光学传感器 第1部分：总规范
技术规范	IEC 62047—4	国际标准	半导体器件 MEMS 第4部分：通用规范

技术类型	标准号	标准类别	标准名称
试验测试	ISO 16063	国际标准	振动与冲击传感器的校准方法
	IEC 60747—14—11	国际标准	半导体器件 第14-11部分：半导体传感器 用于测量紫外线、光线和温度的基于声表面波的集成传感器测量方法
	IEC 62047—29	国际标准	半导体器件 MEMS 第29部分：室温下的导电薄膜的机电弛豫试验方法
	IEC 62047—30	国际标准	半导体器件 MEMS 第30部分：MEMS 压电薄膜电子机械转换特性测量方法
	IEC 62047—31	国际标准	半导体器件 MEMS 第31部分：MEMS 分层材料界面粘附能测试方法 四点弯曲测试法
	IEC 62047—32	国际标准	半导体器件 MEMS 第32部分：MEMS 谐振器振动非线性测试方法
	IEC 62047—33	国际标准	半导体器件 MEMS 第33部分：MEMS 压阻式压力敏感器件
	IEC 62047—34	国际标准	半导体器件 MEMS 第34部分：圆片级 MEMS 压阻式压力敏感器件测试方法
	IEC 62047—35	国际标准	半导体器件 MEMS 第35部分：可弯曲变形的柔性或可折叠的 MEMS 的抗破坏稳定性的标准试验程序
	IEC 62047—36	国际标准	半导体器件 MEMS 第36部分：MEMS 压电薄膜环境和电气强度试验方法

国际上电力方向的传感器标准：ISO 17800—2017 *Facility Smart Grid Information Model*（智能电网信息模型）对智能电网设备信息模型进行了规范，涉及需求响应、负荷监测、负载控制等；IEEE 1379—2000 *Recommended Practice Data Communications between Remote Terminal Units and Intelligent Electronic Devices in a Substation*（变电站中远程终端设备和智能电子设备之间的数据通信规程）对变电站中远程终端设备和智能电子设备之间数据通信进行了建议规范；2019年，IEEE成立P2815工作组，组织编制智能配变终端技术规范国际标准。

6.2.2 感知终端技术标准

6.2.2.1 发电侧感知终端技术标准

发电侧包括传统发电厂、风电场、光伏电站、抽水蓄能电站等。电源领域的传感器已有大量应用，包括环境量监测终端、气象卫星数据资源终端、中低压电气量采集终端，电源侧传感终端常用标准如表 6-4 所示。电源侧传感器的标准相对较少，如新能源的场站传感器应用并未形成体系，缺乏支撑电站感知层建设的技术导则和专用传感器技术标准。

表 6-4   电源侧传感终端常用标准

技术类型	标准名称	标准类别	标准号	内容概述
通用技术要求	智能水电厂智能测控装置技术规范	国家标准	GB/T 39627—2020	规定了智能水电厂智能测控装置的功能、性能和试验等基本技术要求
	水轮发电机组振动监测装置设置导则	行业标准	DL/T 556—2016	规定了水轮发电机组振动监测装置配置过程、参数设置和试验等基本技术要求
	发电厂热工仪表及控制系统技术监督导则	行业标准	DL/T 1056—2017	规定了发电厂热控技术监督的范围、内容、技术管理及监督职责，提出了监控的技术参量、量值传递等内容
	直流电源系统绝缘监测装置技术条件	行业标准	DL/T 1392—2014	规定了直流电源系统绝缘监测装置的功能、性能和试验等基本技术要求
	水电厂转速监测装置技术条件	行业标准	DL/T 1859—2018	规定了水电厂转速监测装置的功能、性能和试验等基本技术要求
	风力发电机组振动状态监测导则	行业标准	NB/T 31004—2011	规定了风电机组振动状态监测系统类型、传感器安装原则、测量类型和测量值、振动状态监测系统技术条件、振动值评定以及信号处理和分析

6.2.2.2　输电侧感知终端技术标准

输电线路传感终端标准已形成体系，已制定形成了传感器国家标准、电力行业标准和国家电网企业标准。输电侧传感终端常用标准主要分为传感器通用技术规范、输电线路 11 大类状态监测装置企业标准、传感装置设计安装和检测标准等，如表 6-5 所示。已规范化的装置类别有气象、导线温度、微风振动、风偏、杆塔倾斜、污秽、图像视频等，标准类型包含通用技术规范、装置技术规范、设计、安装、验收等，提出了组成、功能要求、技术要求、试验方法、检验规则、标志、包装、运输与贮存等详细的要求。随着传感器技术发展，输电线路方面标准仍存在一些薄弱的地方，如传感器的数据传输、传感器的自供电、新型的传感器技术等，这些方面标准将是今后标准化的重点。

表6-5   输电侧传感终端常用标准

技术类型	标准名称	标准类别	标准号	内容概述
通用技术规范	±800kV 高压直流输电用传感器通用技术规范	企业标准	Q/GDW 259—2009	规定了 ±800kV 高压直流输电用传感器的组成、功能要求、技术要求、试验方法、检验规则、标识、包装、运输与贮存等
输电线路状态监测装置	架空输电线路运行状态监测系统	国家标准	GB/T 25095—2010	规定了架空输电线路运行状态监测系统的技术要求、试验方法、检验规则及产品的标识、包装、运输和贮存
	架空输电线路在线监测装置通用技术规范	国家标准	GB/T 35697—2017	规定了架空输电线路在线监测装置的组成、功能要求、技术要求、试验方法、检验规则、标识、包装、运输与贮存等
	架空输电线路导地线覆冰监测装置	行业标准	DL/T 1508—2016	规定了架空输电线路导地线覆冰监测装置的组成、技术要求、试验方法、检验规则、标识、包装、运输与贮存等
	输变电设备状态监测系统技术导则	企业标准	Q/GDW 561—2010	规定了输变电设备在线监测系统的总体要求、功能要求、配置原则、数据传输、供电电源及安装要求等内容
	架空输电线路在线监测系统通用技术条件	企业标准	Q/GDW 245—2008	规定了架空输电线路状态监测装置的组成、功能要求、技术要求、试验方法、检验规则、标识、包装、运输与贮存等
	输电线路状态监测装置通用技术规范	企业标准	Q/GDW 1242—2015	规定了输电线路状态监测装置的组成、功能要求、技术要求、试验方法、检验规则、标识、包装、运输与贮存等
	输电线路气象监测装置技术规范	企业标准	Q/GDW 1243—2015	规定了输电线路气象监测装置的组成、功能要求、技术要求、试验方法、检验规则、标识、包装、运输与贮存等
	输电线路导线温度监测装置技术规范	企业标准	Q/GDW 1244—2015	规定了输电线路导线温度监测装置的组成、功能要求、技术要求、试验方法、检验规则、标识、包装、运输与贮存等
	输电线路等值覆冰厚度监测装置技术规范	企业标准	Q/GDW 1554—2015	规定了输电线路等值覆冰厚度装置的组成、功能要求、技术要求、试验方法、检验规则、标识、包装、运输与贮存等
	输电线路图像/视频监控装置技术规范 第1部分：图像监控装置	企业标准	Q/GDW 1560.1—2014	规定了输电线路图像/视频监控装置的组成、功能要求、技术要求、试验方法、检验规则、标识、包装、运输与贮存等
	输电线路图像/视频监控装置技术规范 第2部分：视频监控装置	企业标准	Q/GDW 1560.2—2014	规定了输电线路图像/视频监控装置的组成、功能要求、技术要求、试验方法、检验规则、标识、包装、运输与贮存等
	输电线路分布式故障监测装置技术规范	企业标准	Q/GDW 11660—2016	规定了输电线路分布式故障监测装置的组成、功能要求、技术要求、试验方法、检验规则、标识、包装、运输与贮存等
	输电线路山火卫星监测系统通用技术规范	企业标准	Q/GDW 11315—2014	规定了架空输电线路山火卫星监测术语、系统组成和功能、数据要求、功能要求及信息验证

续表

技术类型	标准名称	标准类别	标准号	内容概述
输电线路状态监测装置	输电线路舞动监测装置技术规范	企业标准	Q/GDW 10555—2016	规定了输电线路舞动监测装置的组成、功能要求、技术要求、试验方法、检验规则、标识、包装、运输与贮存等
	输电线路导线弧垂监测装置技术规范	企业标准	Q/GDW 10556—2017	规定了输电线路导线弧垂监测装置的组成、功能要求、技术要求、试验方法、检验规则、标识、包装、运输与贮存等
	输电线路风偏监测装置技术规范	企业标准	Q/GDW 10557—2017	规定了输电线路风偏监测装置的组成、功能要求、技术要求、试验方法、检验规则、标识、包装、运输与贮存等
	输电线路现场污秽度监测装置技术规范	企业标准	Q/GDW 10558—2017	规定了输电线路现场污秽度监测装置的组成、功能要求、技术要求、试验方法、检验规则、标识、包装、运输与贮存等
	输电线路杆塔倾斜监测装置技术规范	企业标准	Q/GDW 10559—2016	规定了输电线路杆塔倾斜监测装置的组成、功能要求、技术要求、试验方法、检验规则、标识、包装、运输与贮存等
	输电线路微风振动监测装置技术规范	企业标准	Q/GDW 10245—2016	规定了输电线路微风振动监测装置的组成、功能要求、技术要求、试验方法、检验规则、标识、包装、运输与贮存等
	输电线路在线监测装置通用技术规范	企业标准	Q/CSG 1203020—2016	规定了输电线路在线监测装置的基本功能、技术要求、试验方法、检验规则及包装储运等要求等。适用于110kV及以上架空输电线路在线监测装置
监测装置设计、安装与检测	架空输电线路在线监测设计技术导则	企业标准	Q/GDW 11526—2016	规定了架空输电线路在线监测设计的总体要求、功能要求、配置原则、数据传输、供电电源及安装要求等
	架空输电线路状态监测装置安装调试与验收规范	企业标准	Q/GDW 11448—2015	规定了架空输电线路工程中的气象、导线温度、微风振动、等值覆冰厚度、导线舞动、导线弧垂、风偏、现场污秽、杆塔倾斜、图像视频监控等状态监测装置安装调试与验收项目及规范
	输电线路状态监测装置试验方法	企业标准	Q/GDW 11449—2015	规定了架空输电线路状态监测装置试验项目、试验方法、判定准则等

6.2.2.3 变电侧感知终端技术标准

变电侧传感终端标准已形成体系，已制定形成传感器国家标准、电力行业标准和国家电网企业标准，变电侧传感终端常用标准主要分为高电压测试设备技术规范、变电设备监测装置技术规范、带电检测仪表技术规范、互感器技术规范、继保及安稳装置技术规范、同步向量测量技术规范、电力电缆局部放电测量技术规范、终端安全测评技术规范、远动设备通信等，如表6-6所示。

已规范化的装置类别包括高压开关、分压器、变压器、电容型设备、避雷器、互感器、继保及安稳装置、电力电缆、PMU 等。已规范的测量对象包括冲击电压、局部放电、水分、绝缘油绝缘强度、真空度、电力电容、接地电流、SF_6 气体等。测试仪表类技术规范包括术语和定义、技术要求、测试方法、检验规则、铭牌、包装、运输和贮存等要求；变电设备如变压器、电容器、高压开关等规范规定了变电设备进行状态试验的技术条件、试验方法及试验项目等内容；远动设备通信技术标准规定了数据命名、数据定义、设备行为、设备的自描述特征和通用的配置语言等内容。

表 6-6　　　　　　　　　　变电侧传感终端常用标准

技术类型	标准名称	标准类别	标准号	内容概述
测试设备技术条件	高电压测试设备通用技术条件　第 1 部分：高电压分压器测量系统	行业标准	DL/T 846.1	规定了交流、直流及交直流两用的高电压测试系统的产品分类、技术要求、测试方法、检验规则、标识、包装、运输和贮存等要求
	高电压测试设备通用技术条件　第 2 部分：冲击电压测试系统	行业标准	DL/T 846.2	规定了冲击测量系统应满足的要求、冲击测量系统及其组件的认可与校核方法，以及系统被证实满足本部分要求的程序
	高电压测试设备通用技术条件　第 3 部分：高压开关综合特征测试仪	行业标准	DL/T 846.3	规定了高压开关综合测试仪的术语和定义、技术要求、测试方法、检验规则、铭牌、包装、运输和贮存等要求
	高电压测试设备通用技术条件　第 4 部分：脉冲电流法局部放电测量仪	行业标准	DL/T 846.4	规定了脉冲电流法局部放电测量仪的术语和定义、技术要求、测试方法、检验规则、铭牌、包装、运输和贮存等要求
	高电压测试设备通用技术条件　第 5 部分：六氟化硫气体湿度仪	行业标准	DL/T 846.5	本部分规定了六氟化硫气体湿度仪的技术要求、试验方法、检验规则、包装标识、运输和贮存等要求
	高电压测试设备通用技术条件　第 6 部分：六氟化硫气体检漏仪	行业标准	DL/T 846.6	规定了六氟化硫气体检漏仪的术语和定义、技术要求、测试方法、检验规则、铭牌、包装、运输和贮存等要求
	高电压测试设备通用技术条件　第 7 部分：绝缘油介电强度测试仪	行业标准	DL/T 846.7	规定了绝缘油介电强度测试仪的术语和定义、技术要求、测试方法、检验规则、铭牌、包装、运输和贮存等要求
	高电压测试设备通用技术条件　第 8 部分：有载分接开关测试仪	行业标准	DL/T 846.8	规定了有载分接开关测试仪的术语和定义、技术要求、测试方法、检验规则、铭牌、包装、运输和贮存等要求

技术类型	标准名称	标准类别	标准号	内容概述
测试设备技术条件	高电压测试设备通用技术条件　第9部分：真空开关真空度测试仪	行业标准	DL/T 846.9	规定了真空开关真空度测试仪的术语和定义、技术要求、测试方法、检验规则、铭牌、包装、运输和贮存等要求
	高电压测试设备通用技术条件　第10部分：暂态地电压局部放电测试仪	行业标准	DL/T 846.10	规定了暂态地电压局部放电测试仪的术语和定义、技术要求、测试方法、检验规则、铭牌、包装、运输和贮存等要求
	高电压测试设备通用技术条件　第11部分：特高频局部放电检测仪	行业标准	DL/T 846.11	规定了特高频局部放电检测仪的术语和定义、技术要求、测试方法、检验规则、铭牌、包装、运输和贮存等要求
	高电压测试设备通用技术条件　第12部分：电力电容测试仪	行业标准	DL/T 846.12	规定了电力电容测试仪的术语和定义、技术要求、测试方法、检验规则、铭牌、包装、运输和贮存等要求
监测装置技术规范	变电设备在线监测装置技术规范　第1部分：通则	行业标准	DL/T 1498.1—2016	该系列标准包括5部分，变电设备在线监测装置用于变电设备如变压器、电容器、高压开关、铁心接地电流等的状态监测，该系列标准规定了变电设备在线监测装置的技术条件、试验方法以及试验项目等内容
	变电设备在线监测装置技术规范　第2部分：变压器油中溶解气体在线监测装置	行业标准	DL/T 1498.2—2016	
	变电设备在线监测装置技术规范　第3部分：电容型设备及金属氧化物避雷器绝缘在线监测装置	行业标准	DL/T 1498.3—2016	
	变电设备在线监测装置技术规范　第4部分：气体绝缘金属封闭开关设备局部放电特高频在线监测装置	行业标准	DL/T 1498.4—2017	
	变电设备在线监测装置技术规范　第5部分：变压器铁心接地电流在线监测装置	行业标准	DL/T 1498.5—2017	
	变电站测控装置技术规范	行业标准	DL/T 1512—2016	规定了变电站测控装置的工作条件、技术要求、试验、检验规则、标识、包装、运输、贮存等内容
	变电设备在线监测系统技术导则	企业标准	Q/GDW 534—2010	规定了变电设备在线监测系统的总体要求、功能要求、配置原则、数据传输、供电电源及安装要求等内容
	变电设备在线监测装置通用技术规范	企业标准	Q/GDW 1535—2015	规定了变电设备在线监测装置的工作条件、技术要求、试验、检验规则、标识、包装、运输、贮存等内容

技术类型	标准名称	标准类别	标准号	内容概述
监测装置技术规范	智能变电站110kV合并单元智能终端集成装置技术规范	企业标准	Q/GDW 1902—2013	规定了智能变电站110（66）kV合并单元智能终端集成装置的硬件配置、功能要求、技术指标、安装要求以及技术服务等内容
	变电设备光纤温度在线监测装置技术规范	企业标准	Q/GDW 11478—2015	规定了光纤温度在线监测装置的系统组成、技术要求、试验项目及要求、检验规则、标识、包装、运输、贮存等内容
带电检测仪表规范	电力设备带电检测仪器技术规范 第1部分：带电检测仪器通用技术规范	企业标准	Q/GDW 11304.1—2015	该系列规范共计21部分，规定了电力设备带电检测技术规范，包括成像、油中气体、高频法局部放电、特高频法局部放电、接地电流、设备绝缘、超声波法、瓷绝缘子、SF_6气体、暂态地电压法、开关设备、变压器、电抗器等检测方法
	电力设备带电检测仪器技术规范 第3部分：紫外成像仪技术规范	企业标准	Q/GDW 11304.3—2015	
	电力设备带电检测仪器技术规范 第5部分：高频法局部放电带电检测仪器技术规范	企业标准	Q/GDW 11304.5—2015	
	电力设备带电检测仪器技术规范 第7部分：电容型设备绝缘带电检测仪器技术规范	企业标准	Q/GDW 11304.7—2015	
	电力设备带电检测仪器技术规范 第8部分：特高频法局部放电带电检测仪器技术规范	企业标准	Q/GDW 11304.8—2015	
	电力设备带电检测仪器技术规范 第11部分：SF_6气体湿度带电检测仪器技术规范	企业标准	Q/GDW 11304.11—2014	
	电力设备带电检测仪器技术规范 第15部分：SF_6气体泄漏红外成像法带电检测仪器技术规范	企业标准	Q/GDW 11304.15—2015	
	电力设备带电检测仪器技术规范 第17部分：高压开关机械特性检测仪器技术规范	企业标准	Q/GDW 11304.17—2014	
	电力设备带电检测仪器技术规范 第18部分：开关设备分合闸线圈电流波形带电检测仪器技术规范	企业标准	Q/GDW 11304.18—2015	

技术类型	标准名称	标准类别	标准号	内容概述
带电检测仪表规范	电力设备带电检测仪器技术规范 第4-1部分：油中溶解气体分析带电检测仪器技术规范（气相色谱法）	企业标准	Q/GDW 11304.41—2015	该系列规范共计21部分，规定了电力设备带电检测技术规范，包括成像、油中气体、高频法局部放电、特高频法局部放电、接地电流、设备绝缘、超声波法、瓷绝缘子、SF_6气体、暂态地电压法、开关设备、变压器、电抗器等检测方法
	电力设备带电检测仪器技术规范 第4-2部分：油中溶解气体分析带电检测仪器技术规范（光声光谱法）	企业标准	Q/GDW 11304.42—2015	
监测装置技术规范	断路器和气体绝缘金属封闭开关设备六氟化硫气体压力及水分在线监测装置技术规范	企业标准	Q/GDW 11557—2016	规定了断路器和气体绝缘金属封闭开关设备SF_6气体压力及水分在线监测装置的技术要求、试验项目及要求、检验规则、安装、验收、标识、包装、运输、贮存等要求，用以规范断路器和气体绝缘金属封闭开关设备SF_6气体压力及水分在线监测装置的接入安全性，保障装置可靠运行，装置的技术性能
测控终端安全测评技术规范	嵌入式电力测控终端设备的信息安全测评技术指标框架	企业标准	Q/GDW/Z 1938—2013	确立了电力系统中嵌入式测控终端设备的信息安全技术指标。该指导性技术文件适用于指导本地或远程嵌入式测控设备的信息安全测评。典型的电力测控终端设备包括远程传输单元（RTU）、测控智能电子装置、保护智能电子装置、可编程逻辑控制器（PLC）、配网自动化终端（DTU）、集中器、综合监测单元、状态监测代理（CMA）
监测装置检验规范	变电设备在线监测装置检验规范 第1部分：通用检验规范	行业标准	DL/T 1432.1—2015	该系列标准包括6部分，变电设备在线监测装置用于变电设备，如变压器、电容器、高压开关等的状态监测，该系列标准规定了变电设备在线监测装置检测的技术条件、试验方法以及试验项目等内容
	变电设备在线监测装置检验规范 第2部分：变压器油中溶解气体在线监测装置	行业标准	DL/T 1432.2—2016	
	变电设备在线监测装置检验规范 第3部分：电容型设备及金属氧化物避雷器绝缘在线监测装置	行业标准	DL/T 1432.3—2016	
	变电设备在线监测装置检验规范 第4部分：气体绝缘金属封闭开关设备局部放电特高频在线监测装置	行业标准	DL/T 1432.4—2017	
	变电设备在线监测装置检验规范 第6部分：变压器特高频局部放电在线监测装置	企业标准	Q/GDW 1540.6—2015	

技术类型	标准名称	标准类别	标准号	内容概述
现场终端单元技术规范	远程终端单元（RTU）技术规范	国家标准	GB/T 34039—2017	规定了远程终端单元（RTU）的术语和定义、工业环境适应性及安全要求、功能要求、使用条件、基本分类、技术要求、结构与选型要求、试验、标识、使用期限、包装、运输、贮存等内容
	电力系统同步相量测量装置通用技术条件	行业标准	DL/T 280—2012	规定了电力系统同步相量测量装置的技术要求及对标志、包装、运输、贮存的要求
局部放电测量技术规范	6kV～35kV 电缆振荡波局部放电测量系统	行业标准	DL/T 1575—2016	规定了 6～35kV 电缆振荡波局部放电测量系统的组成、使用条件、性能要求、检验方法、检验规则，以及标识、包装、运输、贮存

6.2.2.4　配电侧感知终端技术标准

随着城市的快速发展，城市框架日益扩大，配电网规模不断扩大，配电网终端设备已远远超过配电自动化终端的范畴，无人值守变电站、开闭站、配电房、环网柜，以及 DTU、RTU、TTU 等终端设备和微环境传感器等大量应用在配电网。配电侧的标准化程度仍然比较低，大多数标准是配电自动化方面的，缺乏现场设备传感、微环境检测、场站测控类技术的标准规范，配电侧传感终端常用标准如表 6-7 所示。针对配电侧传感终端存在的功能和性能参差不齐、形态各异、通信方式和通信协议类型繁多、不能有效支撑精益化运维的业务需求，亟须建立支撑配电设备全面感知、即插即用、安全可靠和智能高效的配电侧标准体系。

表 6-7　　　　　　　　　　　配电侧传感终端常用标准

技术类型	标准名称	标准类别	标准号	内容概述
技术要求	信息技术　用于物品管理的射频识别　实现指南　第 1 部分：无源超高频 RFID 标签	国家标准	GB/T 36442.1—2018	规定了无源超高频 RFID 标签的选择及媒介、黏合剂、表面层、油墨选择的指南，描述了减轻静电放电保护 RFID 标签损伤的技术，给出了在搬运箱子和集装箱、托盘/单元物品及不可搬运的物品和不能用托盘装运的物品上安置和附着 RFID 标签的指南
	配电自动化智能终端技术规范	国家标准	GB/T 35732—2017	规定了配电自动化智能终端的结构要求、技术指标、性能指标等主要技术要求。该标准适用于配电自动化智能终端的规划、设计、采购、安装调试（改造）、检测、验收、运维工作

技术类型	标准名称	标准类别	标准号	内容概述
技术要求	配电自动化远方终端	行业标准	DL/T 721—2013	规定了配电网自动化系统远方终端的技术要求、功能规范、试验方法和检验规则等。该标准适用于配电网 10 kV 及以上各种馈线回路的远方终端和中压监控单元以及配电变压器远方终端
	配电线路故障指示器技术规范	企业标准	Q/GDW 436—2010	规定了额定电压 3~35kV、额定频率 50Hz 的三相交流配电线路故障指示器的分类、使用条件、技术要求、试验方法、试验分类等要求。该标准适用于配电线路中指示短路故障或接地故障线路区段的位置
	配电自动化终端设备检测规程	行业标准	DL/T 1529—2016	规定了配电自动化终端设备(馈线终端、站所终端、配变终端)实验室和现场检测的检测条件、检测方法、检测项目,并给出了相关技术指标
	配电自动化终端技术规范	企业标准	Q/GDW 11815—2018	规定了配电自动化终端的总体要求、技术要求和性能要求。该标准用于配电自动化终端的规划、设计、采购、建设(改造)、运维、验收和检测工作
	配电自动化站所终端技术规范	企业标准	Q/CSG 1203017—2016	规范了配电自动化站所终端的结构要求、技术指标、性能指标等主要技术要求,适用于南方电网公司范围内配电自动化站所终端的规划、设计、采购、建设、运维、验收和检测工作

6.2.2.5 用电侧感知终端技术标准

用电侧传感终端技术标准分为电能量测终端、电力能效终端、智能家居等内容的技术标准,用电侧传感终端常用标准如表 6-8 所示。

表 6-8　　　　　　　　用电侧传感终端常用标准

技术类型	标准名称	标准类别	标准号	内容概述
能效规范	电力能效监测系统技术规范	国家标准	GB/T 31960—2015	该系列标准分为 13 项,规定了企业能效采集终端、集中器、主站等设备和网络的技术要求、通信协议等
	负荷管理终端技术规范	企业标准	Q/CSG 11109002—2013	该标准适用于南方电网公司负荷管理终端的技术指标、功能要求、机械性能、电气性能、适应环境、抗干扰及可靠性等方面的技术要求
智能家居规范	智能家居自动控制设备通用技术要求	国家标准	GB/T 35136—2017	规定了家庭自动化系统中家用电子设备自主协同工作所涉及的术语和定义、缩略语、通信要求、设备要求、控制要求和安全要求等

技术类型	标准名称	标准类别	标准号	内容概述
智能家居规范	物联网智能家居设备描述方法	国家标准	GB/T 35134—2017	规定了物联网智能家居设备的描述方法、描述文件的格式要求、功能对象类型、描述文件元素的定义域和编码、描述文件的使用流程和功能对象数据结构
	物联网智能家居图形符号	国家标准	GB/T 34043—2017	规定了物联网智能家居系统图形符号分类及系统中智能家用电器类、安防监控类、环境监控类、网络设备类、影音娱乐类、通信协议类的图形符号
	智能家居系统	行业标准	DL/T 1398	该系列标准规定了智能家居系统架构和智能家居系统标准构成。适用于智能家居系统的设计、使用和检验
	智能家居设备与电网间的信息交互接口规范	企业标准	Q/GDW 722—2012	规定了智能家居设备与电网连接间信息交互参考模型与分层结构、信息交互内容、应用层接口协议及安全等，用以指导智能家居设备与电网间的信息交互接口的设计及开发

6.3 边缘设备技术标准

电力物联网"智—云—管—边—端"体系架构，以边缘计算节点为局部汇聚点，促进多源异构数据融合共享，支撑以数据驱动为特征的电力物联网多业务智能化应用。智能家居领域获得了社会的广泛认同，智能家居客户侧智能网关的技术方案得到了推广应用。智能网关常用技术标准如表 6-9 所示，涵盖边缘物联代理参考架构、性能/功能、边缘计算、物理接口、南向/北向通信接口与协议、供电电源/功耗、部署要求、检验测试等要求，以及外观、包装和装配等方面。

表 6-9　　　　　　　　智能网关常用技术标准

技术类型	标准名称	标准类别	标准号	内容描述
技术要求	工业企业能源计量数据集中采集终端通用技术条件	国家标准	GB 29872—2013	规定了工业企业能源计量数据集中采集终端的技术要求、验收方法和验收规则。适用于安装在工业企业，获取各种能源的计量数据，并与能源计量数据中心进行数据交换的数据集中采集终端

续表

技术类型	标准名称	标准类别	标准号	内容描述
技术要求	物联网 网关 第1部分：面向感知设备接入的网关技术要求	国家标准	GB/T 38624.1—2020	规定了面向感知设备接入的物联网网关功能要求和通用数据配置要求
	智能家居系统 第3-1部分 家庭能源网关技术规范	行业标准	DL/T 1398.31	规定了家庭能源网关的功能要求、电气性能、通信性能、电磁兼容要求、机械性能、适应环境、可靠性要求、检验规则。适用于家庭能源网关的研发、应用与检测
	电力物联网边缘物联代理接口协议	团体标准	T/CEC 599—2022	规定了电力物联网边缘物联代理与物联管理平台之间交互协议的功能、主题、报文格式等技术要求
	电力物联网边缘物联代理技术要求	团体标准	T/CEC 614—2022	规定了电力物联网感知层边缘物联代理功能、性能、接口及安全等技术要求
	统一边缘计算框架技术规范	企业标准	Q/GDW 12120—2021	规定了电力物联网统一边缘计算框架总体架构、功能性要求及非功能性要求

6.4 通信组网技术标准

感知层接入解决的是通信领域的"最后一公里"问题，涉及通信技术、通信组网等。国外已经有 IEEE 802.15.4（ZigBee）、LoRa、BLE 等无线通信协议标准，国内制定了国家标准 GB/T 26790《工业无线网络 WIA 规范》。智能家居领域制定了行业标准 DL/T 1398《智能家居系统》等。本地接入及无线通信常用标准如表 6-10 所示。

表 6-10　　　　　　　　本地接入及无线通信常用标准

技术类型	标准名称	标准类别	标准号	内容概述
用电信息采集技术要求	电力用户用电信息采集系统通信协议	企业标准	Q/GDW 1376	该系列标准分为三部分，第1部分：主站与采集终端通信协议，第2部分：集中器本地通信模块接口协议，第3部分：采集终端远程通信模块接口协议
	电力能效监测系统技术规范	国家标准	GB/T 31960—2015	规定了电力能效监测系统的主站与电力能效信息集中与交互终端之间、电力能效信息集中与交互终端与电力能效监测终端之间的数据传输帧格式、数据编码及传输规则

技术类型	标准名称	标准类别	标准号	内容概述
智能家居通信技术要求	智能家居系统	行业标准	DL/T 1398	规定了服务中心主站与家庭能源网关之间、家庭能源网关与智能用电设备之间进行数据传输时所使用的帧格式、数据结构及传输规则
	智能家居设备与电网间的信息交互接口规范	企业标准	Q/GDW 722—2012	规定了智能家居设备与电网连接间信息交互参考模型与分层结构、信息交互内容、应用层接口协议及安全等，指导智能家居设备与电网间的信息交互接口的设计及开发
无线网络规范	工业无线网络WIA规范	国家标准	GB/T 26790	该系列规范分为8部分，规定了WIA系统结构与通信、协议一致性测试、互操作测试、产品通用条件和规范
	电力物联网本地通信网技术导则	企业标准	Q/GDW 12101—2021	规定了电力物联网本地通信网的总体架构、设计要求、能力要求和接口要求
传感器网络技术规范	信息技术 传感器网络	国家标准	GB/T 30269	该系列标准共分10部分，传感器网络涉及传感器、通信与网络、信号处理、电子电路、嵌入式系统、信息安全等多种技术
	电力无线传感器网络信息安全指南	企业标准	Q/GDW1939—2013	该技术指导文件描述了电力系统的无线传感器网络感知层和网关设备应用具备的安全机制和实施措施
变电站通信规约	变电站的通信网络与系统	国际标准	IEC 61850	规范了数据命名、数据定义、设备行为、设备的自描述特征和通用的配置语言
	远动通信规约	国际标准	IEC 60870－5	协议包含 IEC 60870－5－101、IEC 60870－5－102、IEC 60870－5－103、IEC 60870－5－04 远动通信规约

7 电力物联网智能感知发展路径

电力物联网的感知侧能够对各种感知参量进行深度融合，在更加丰富、立体及多样的应用场景中发挥良好的功效。传感器作为电力物联网中数据与信息的关键来源，其在经济社会发展中具有广阔的应用前景和极大的应用需求。因此，本章结合感知技术当前应用现状，针对电力物联网感知建设的内容进行介绍，以电力系统各环节所涉及的感知终端为例提供可供参考的建设和部署方案。面向电力物联网感知深度的需求，梳理当前电力物联网建设的布局和实施路径，并对其未来发展提供一些建议和参考。

7.1 感知技术发展路径

7.1.1 感知技术发展趋势

电力物联网中的智能感知技术本征在于促进能量流和信息流的深度融合，它是以计量、测量、传感、标识、定位等为手段，将物理世界的可认知状态量值变化反映出来变成数字的基本过程，其载体包括微型传感器、表计、电子标签、量测装置、采集终端、边缘网关等，在结构上分为前端传感与信号处理、中间计算与加密、后端通信及输出、底层电源与取能，在功能上可实现电力物联网的状态感知、量值传递、环境监测、行为追踪，以海量感知数据驱动业务融合与智能应用。

随着传感技术与集成电路技术、通信技术的融合，与传统传感技术相比，先进的智能感知技术呈现多样化的发展趋势，主要表现在以下几个方面：

（1）新机理、新材料与新技术的发展与应用。基于各种物理、化学与生物现象的新机理逐渐被应用于传感器理论中，成为新型传感器研发的一项重要基础，在提升传感器灵敏度、抗干扰性能及应用于特殊工作条件中发挥着重要作用。随着材料科学、半导体技术、微加工技术等高新技术的发展，传感器的高科技化发展已成为其发展的重要特征，也是传感产业发展的重要方向。

（2）传感器的在线化与网络化。传感器的网络化基于通信传输体系，将传感器测量数据就近通过网络与网络上具有通信能力的节点直接进行信息交换，实现数据的实时发布与共享，传感器的模块化结构可将传感器与网络技术有机结合，实现实时信息交互。近年来，随着传感器自动化、智能化水平的提高，传感技术由分布式多传感器系统逐渐发展至传感网络、广域物联网系统，逐渐由局域量测升级为感传一体、全网互联，并以实时在线的方式获得更高的响应与决策速度。随着低功耗广域网、5G 工业物联网、卫星空天地一体化网络技术的迅猛发展，良好的数据传输基础设施也将为感知的在线化与网络化提供条件。

（3）传感器的微型化与模块化。随着传感器的探测功能越来越精细化和多样化，传感器自身体积的减小成为必然趋势，这就对传感器的微型化与模块化提出了较高要求。当前，越来越多的 MEMS 与集成电路融合，传感器也在向以 MEMS 为基础的微型化发展，其敏感元件尺寸可达微米级，大大减小了传感器核心元器件的体积。同时，微纳加工工艺的发展也为传感器的模块化设计提供了可能性，电路调理单元、计算单元、连接单元、供电单元等均可以标准接口进行快速组装与适配，能够有效降低研发与生产成本。

（4）传感器的多参量化与数字化。随着特种光纤、石墨烯、液态金属、高分子聚合物等新型材料获得长足发展，传感器的功能也得到拓展，推动了多参量复合传感器的研发与并行感知技术的实现，传感器的多参量化能够大大减小传感器的体积。当前，传感器的输出不仅仅局限于模拟信号的输出，也具有经过微处理器处理后的数字信号输出，有的还具备控制与决策功能，使得传感器向数字化发展，这种传感器具有较强的抗干扰能力，适用于电磁干扰强、信号传输距离较远的工作现场，且可以通过软件对传感器进行线性修正与补偿，降低系统误差，一致性与互换性较好。

（5）传感器的集成化与低功耗。随着半导体技术与微加工工艺的发展，也使得信息的提取、放大、变换、传输、处理与存储等功能都可以在同一个芯片上实现,即功能的集成化。与分立功能元件组合的传感器相比,集成化传感器具有体积小、反应快、抗干扰性强、稳定性好、成本低的优势。同时,低功耗设计及电磁场、振动、摩擦、温差、光照等环境自取能技术可促进传感器功耗及续航能力达到更优水平,不仅节约了取电成本,还可以提高传感系统的工作寿命,为传感器的规模应用提供有力支撑。

(6)感知终端的智能化及软件定义。当前,传感器技术与计算机和微处理技术结合逐步向智能化发展,不仅具有信息提取、转换功能,还具有数据处理、双向通信、信息记忆存储、自动补偿与数字输出的功能,同时还具备自校准、自诊断、自补偿等智能化功能。随着人工智能技术的进一步发展,智能传感器将具有更加智能化的学习本领,能够以更科学的分析、决策能力实现更复杂、更精准的探测与控制能力。此外,传感与"数据""软件定义"相结合,将轻量级人工智能算法下沉至传感终端进行就地加速与计算,可以满足实时业务需求,降低系统资源成本,提高终端智能化水平,赋予感知终端"边缘计算""在网计算""嵌入式计算"能力。

(7)协议接口的标准化与统一化。电力物联网的传感器网络涉及较多分布式测控领域,因此各软硬件资源的互联对开放性与互操作性提出了更高要求,这就要求其具有标准与统一的接口与协议。以往采集系统多以分立小系统为主,采集、传输、通信接口遵循内部协议定义,数据共享与业务融合存在严重壁垒。各个国家和相关标准组织都在积极推进传感器网络接口标准化工作,未来感知的全程布局也要求一次采集、云端处理,因而大连接、大平台、大数据成为必然的发展趋势,协议接口的标准化、统一化成为内在技术需求。

7.1.2 电力物联网感知终端部署

为构建全面感知的电力物联网感知层,本书将电力系统各环节所需的134种感知终端,根据感知终端在感知单元、数据传输及信息处理的功能侧重不同,通过配置不同量级的边缘计算能力,划分为传感器、感知装置及智能终端三类,各类型感知终端层级划分如表7-1所示。

表 7－1 　　　　　　　　　各类型感知终端层级划分

领域	传感器	感知装置	智能终端
发电领域	电流互感器 电压互感器 局部放电传感器 风速风向传感器 环境温湿度传感器 光辐射传感器 环境气压传感器 定子本体各部件温度传感器 集电环温度传感器 定子绕组端部振动传感器 转子振动传感器 发电机及齿轮箱振动传感器 绝缘过热传感器 风机塔筒位移传感器 风机塔筒压力传感器 风机叶片应变传感器 风机发电机转速编码器 风机叶片扭转传感器 光伏板倾角传感器 风机叶片位置编码器	转子匝间短路监测装置 功率变送器 合闸监测保护装置	（电力）气象卫星
输电领域	导线电流传感器 电力电缆局部放电传感器 电力电缆护层接地环流传感器 电力电缆接头测温传感器 电力电缆分布式光纤测温传感器 电力电缆接头内置测温传感器	接地电阻监测装置 线路分布式故障监测装置 电力电缆分布式故障定位监测装置 微气象监测装置 输电线路雷电监测装置 防山火红外监测装置 电力电缆通道水位监测装置 电力电缆通道温湿度监测装置 电力电缆通道气体监测装置 电力电缆通道火灾监测装置 杆塔倾斜监测装置 导线温度监测装置 北斗形变监测装置 金具温度监测装置 拉线张力监测装置 电力电缆通道光纤振动监测装置 电力电缆通道机械振动监测装置 电力电缆通道外破监测装置 覆冰监测装置 导线弧垂监测装置 风偏监测装置 污秽度监测装置 舞动监测装置 微风振动监测装置 电力电缆介质损耗监测装置 电力电缆通道沉降监测装置 电力电缆油压监测装置 输电通道图像视频监控装置 线路广域气象监测 台风监测 图像遥感监测	输电线路北斗定位终端

续表

领域	传感器	感知装置	智能终端
变电领域	变压器局部放电传感器 变压器铁心接地电流传感器 断路器局部放电传感器 断路器分合闸线圈电流传感器 避雷器泄漏电流传感器 电容型设备末屏电流传感器 电容型设备电压传感器 开关柜局部放电传感器 开关柜触头温度传感器 变压设备振动—声纹传感器 变压器绕组变形传感器 变压器绕组光纤测温传感器 断路器机械操动故障传感器	开关柜暂态地电压监测装置 变电站微气象监测装置 断路器 SF_6 气体监测装置 变压器红外温度成像监控装置 变压器油色谱监测装置 变压器套管介质损耗监测装置 多光谱设备缺陷识别装置 变电站图像视频监控装置	同步相量 测量装置 变电站北斗 授时终端
配电领域	配电变压器电流互感器 配电变压器电压互感器 配电网故障指示器 开关柜局部放电传感器 集水井水位传感器 地面水浸传感器 门磁传感器/智能门锁 配电房烟雾传感器 配电房温湿度传感器 配电变压器接线桩头温度传感器 配电变压器油压传感器 配电变压器油温传感器 配电变压器油位传感器 配电变压器氢气传感器 开关柜/母线槽温升传感器 配电变压器振动传感器 配电变压器噪声传感器 电缆井盖防盗传感器	资产标识与感知标签 配电房视频监控装置	配电网北斗 授时终端
用电领域	非侵入式负荷识别模块 充电桩直流监测传感器 PM2.5 传感器 CO_2 传感器 光敏传感器 温度传感器 湿度传感器 辐照度传感器 流量传感器 偏角传感器 位移传感器 计量箱磁场传感器 计量箱振动传感器 计量箱压力传感器 计量箱微型摄像头 计量箱红外传感器 计量箱智能门锁 人体红外传感器	用水计量装置 用气计量装置 用热计量装置 RFID 电子标签 物联网感知标签	智能电能表 能效监测终端 随器计量终端 智能微型断路器 智能插座
数量合计	75	49	10

7.1.3　电力物联网感知应用布局

在感知技术应用布局的实施过程中，应从全局考虑，提前谋划、有序实施，确保在电力物联网的建设中发挥作用。感知技术的布局将遵循补短板、优存量、探前沿的实施路径，使其在电网应用中实现状态感知更全面、量测性能更精准、决策控制更智能。

（1）聚焦紧缺感知终端，逐步推进全面布局。当前，电网中各类终端的应用仍不全面。面向电力系统状态感知不够全面和不充分领域，根据需求迫切程度优先部署已具备规模化应用条件的终端，主要聚焦于各类设备的温度监测、环境监测及可视化技术改造等，急需部署的感知终端如表 7-2 所示。

表 7-2　　　　　　　　　　　急需部署的感知终端

领域	传感器	感知装置	智能终端
发电领域	电流互感器 电压互感器 风速风向传感器 环境温湿度传感器 光辐射传感器 环境气压传感器 定子本体各部件温度传感器 集电环温度传感器 绝缘过热传感器 风机塔筒位移传感器 风机塔筒压力传感器 风机叶片应变传感器 风机发电机转速编码器 风机叶片扭转传感器 光伏板倾角传感器 风机叶片位置编码器	转子匝间短路监测装置 功率变送器	—
输电领域	电力电缆分布式光纤测温传感器 电力电缆接头内置测温传感器 电力电缆通道水位监测装置 电力电缆通道温湿度监测装置 电力电缆通道气体监测装置 电力电缆通道火灾监测装置 电力电缆接头测温传感器 金具温度监测装置	接地电阻监测装置 微气象监测装置 杆塔倾斜监测装置 导线温度监测装置 拉线张力监测装置 风偏监测装置 污秽度监测装置 电力电缆油压监测装置	防山火红外监测装置 北斗形变监测装置 输电线路北斗定位终端 电力电缆通道外破监测装置 输电通道图像视频监控装置
变电领域	开关柜触头温度传感器 变压器绕组光纤测温传感器	变电站微气象监测装置 断路器 SF_6 气体监测装置 变压器红外温度成像监控装置	同步相量测量装置 变电站图像视频监控装置 变电站北斗授时终端

续表

领域	传感器	感知装置	智能终端
配电领域	配变电流互感器 配变电压互感器 集水井水位传感器 地面水浸传感器 门磁传感器/智能门锁 配电房烟雾传感器 配电房温湿度传感器 配变接线桩头温度传感器 配变油压传感器 配变油温传感器 配变油位传感器 配变氢气传感器 开关柜/母线槽温升传感器 电缆井盖防盗传感器	配电网故障指示器 资产标识与感知标签	配电房视频监控装置 配电网北斗授时终端
用电领域	充电桩直流监测传感器 PM2.5 传感器 CO_2 传感器 光敏传感器 温度传感器 湿度传感器 辐照度传感器 流量传感器 偏角传感器 计量箱磁场/振动/压力传感器 计量箱微型摄像头 计量箱红外传感器 计量箱智能门锁 人体红外传感器	用水计量装置 用气计量装置 用热计量装置 RFID 电子标签 物联网感知标签	智能电能表
数量合计	56	20	11

（2）面向实际需求，推动终端迭代优化。目前在电网中所应用的感知终端其精度、灵敏度、测量范围、可靠性、安全性、低功耗仍不能满足要求，同时，电力设备的运行特征仍需要进一步研究。为更好满足电力物联网感知层建设的需求，针对还不具备成熟应用条件的感知终端进行进一步迭代优化，使其具备规模部署条件，主要包括新型电流电压传感器、振动—声纹联合监测终端及基于光纤的多参量感知终端等。需提升性能的感知终端如表 7-3 所示。

表 7-3　　　　　　　　需提升性能的感知终端

领域	传感器	感知装置	智能终端
发电领域	定子绕组端部振动传感器 转子振动传感器 发电机及齿轮箱振动传感器	合闸监测保护装置	—

续表

领域	传感器	感知装置	智能终端
输电领域	导线电流传感器 电力电缆护层接地环流传感器	线路分布式故障监测装置 电力电缆分布式故障定位监测装置 输电线路雷电监测装置 电力电缆通道光纤振动监测装置 电力电缆通道机械振动监测装置 导线弧垂监测装置 舞动监测装置 微风振动监测装置 电力电缆介质损耗监测装置 电力电缆通道沉降监测装置	—
变电领域	变压器铁心接地电流传感器 断路器分合闸线圈电流传感器 避雷器泄漏电流传感器 电容型设备末屏电流传感器 电容型设备电压传感器 变压设备振动—声纹传感器 变压器绕组变形传感器 断路器机械操动故障传感器	变压器套管介质损耗监测装置	多光谱设备缺陷识别装置
配电领域	配电变压器振动传感器 配电变压器噪声传感器	—	—
用电领域	—	—	能效监测终端 随器计量终端 智能微型断路器 智能插座
数量合计	15	12	5

（3）聚焦前沿技术，突破卡脖子难题。在电力智能传感研究领域，MEMS 传感器芯片设计、智能传感器自诊断、自校准、自补偿等技术主要依赖国外技术引进，复杂电磁环境下传感器高可靠长寿命设计、微型传感器与电力一次设备集成耦合等技术，国内外尚未实现突破，传感器高效能轻量化嵌入式边缘计算、超微功耗无线传感器自组网、高能量密度空间取能等技术，在国内外均处于起步阶段。感知技术的布局需瞄准世界前沿，快速突破"卡脖子"难题，实现从集成创新到原始创新，占领技术制高点，大幅提升电力智能感知技术自主设计、研发和融合应用的国际影响力，实现国际引领。需继续技术攻关的感知终端如表 7—4 所示。

表 7-4   需继续技术攻关的感知终端

领域	传感器	感知装置	智能终端
发电领域	局部放电传感器	—	—
输电领域	电力电缆局部放电传感器	覆冰监测装置	—
变电领域	变压器局部放电传感器 断路器局部放电传感器 开关柜局部放电传感器	开关柜暂态地电压监测装置	变压器油色谱监测装置
配电领域	开关柜局部放电传感器	—	—
用电领域	—	—	非侵入式负荷识别模块
数量合计	6	2	2

面对电力物联网建设的实际需求，应合理安排布局进度，快速、同步开展感知技术布局工作。

（1）在发—输—变—配—用各个环节，具备规模化应用条件的感知终端完成全面部署，实现电网状态全感知，传感技术全覆盖。

（2）基于各环节电力设备运行特征的研究成果，指导各类型感知终端优化研发，完成感知终端的迭代工作，进一步实现一、二次设备的有效融合。

（3）通过前沿技术的针对性研究，从材料、器件、电路等各个层面突破"卡脖子"难题，实现新型传感终端的产业化应用，完成感知技术应用布局工作。

感知技术涉及材料、通信、微电子、机械、精密仪器等多个专业领域，覆盖芯片设计、先进工艺、器件封装、标准模组、终端集成、软件开发等环节。通过感知技术的全面布局，不仅可实现电网状态全面感知，还可支撑电动汽车车联网、电能替代、综合能源服务、智能家居等新兴业务发展，进而形成产学研多方参与、合作共赢、开放共享的产业生态，实现以电网为枢纽，引领和带动产业链上下游发展，为电力物联网的建设提供全面支撑。

7.1.4 感知技术助力新型电力系统构建

具有中国特色国际领先的电力物联网以电网为枢纽，充分利用电网的网络属性，打造新业态、新模式，以坚强智能电网为基础，深度融合电力物联网，实现能量流、数据流和业务流三流合一。

随着电力物联网的深入建设，感知终端作为感知层的基础设施和数据源，通过感知连接万物，以全面实现电力物联网中发—输—变—配—用、源—网—荷—储—人的状态感知、量值传递、环境监测、行为追踪，以海量数据驱动业务融合、服务提升、模式创新。因此，感知技术的深入研究及其应用的全面布局是支撑电力物联网建设的重要基础和首要抓手。

通过深入研究感知终端的应用布局，可从以下四方面加速电力物联网建设。

（1）全面感知支撑解决大电网稳定问题。泛在感知可实现基于完全信息的大电网稳定响应控制，即数据驱动的稳定控制技术。传统电网系统基于策略和运行方式保证稳定运行，属于不完全信息的稳定控制。通过对源、网、荷各级电网逐级部署泛在感知装置，并基于光纤、5G、北斗、窄带物联网等多种传输接入方式构建空天地一体化网络，可形成充分信息下的电网决策控制。未来基于电力物联网，在PMU/WAMS量测数据的基础上，建立源、网、荷广泛互联的全网广域完全信息系统，实现电网的全景全域感知及基于数据的优化决策，实现响应驱动、暂态稳定的在线量化评估及快速协同控制，提升系统运行的安全性和经济性。

借助广泛的PMU、宽频测量装置、发电机组运行状态等监测手段，可在源端将计算和分析的"已知条件"拓展到机组动力系统；在网端故障后快速确定故障点和故障类型，开展故障后实时/超实时仿真和紧急控制；在负荷侧在线精确辨识负荷类型，突破制约大电网仿真精度"瓶颈"，进一步提高电网稳定性和运行效率。

（2）全面感知支撑解决源荷双侧随机波动问题。电力物联网可以解决源荷双侧的随机波动问题。电源侧中新能源发电具备随机性；在负荷侧，以电动汽车为代表的各类用户行为同样具有随机性。源荷双侧的随机特性对于电网的供需实时平衡产生较强的影响。基于全面的状态感知，可开展新能源发电和负荷的精准预测，结合实时控制与自主行为技术，统筹考虑传统能源、电网、传统负荷，以及储能等电网元素，实现电力供需平衡。

通过对新能源场站设备及环境、负荷侧大用户直购、电动汽车换电站、电价需求响应等全面感知，建立新能源电力系统能量平衡，由"被动适应"到"主动控制"的角色转变，有效提升电力系统运行稳定性和经济性、提高源荷资源联合规划水平。具体而言，通过场站内风速和光照传感器的短时功率预测，结合精确数字天气预报云平台的构建，实现场站终端功率预测模型的在线训练及新能源的短、中、长期功率和能量预测。同时，新能源与储能的协同运行可有效降低新能源功率的短时波动性和能量的周期波动性。在负荷侧，通过综合能效监测、需求响应监测及智慧家居监测，针对大用户直购、电动汽车换电站、电价需求响应等各类用能设备及环境的全面监控，实现对随机负荷的精准感知。

（3）全面感知支撑解决电网运行精益生产问题。在电网运行的输电、变电、配电各个环节，存在着大量设备运维需求。在输电线路上，构建"空—天—地"立体化监测传感网络，面向塔—线体系及线路走廊部署低功耗、小型化、高可靠性的新型感知终端，建立线路在线监测装置信息互联互通技术标准，实现线路全方位、全息化感知，建设国际一流水平智慧线路；针对变电设备，通过广泛部署视频感知、电量及非电量传感终端，在不停电状态下获取设备的运行特性，深入挖掘设备在不同运行工况和缺陷下的状态特征，有效解决电网主设备在潜伏性缺陷预识别和状态预警技术方面的难题；在配电侧，全面部署配电物联网用传感监测终端及配电微型相量测量装置，同步测量安装点的三相电压和三相电流，实现配电网动态监测、准确感知与协调控制。最终通过电网各环节感知技术广泛布局，提高运检业务信息化、数据分析智能化、运检管理精益化水平。

（4）全面感知支撑解决用户意愿和行为理解问题。电力物联网的开放性使得社会网络的影响越来越明显，通过全面感知用户用能行为，并结合社会网络数据对用户的价值获取意愿和行为进行理解，可提升负荷预测的精准度、更好地满足用户用能意愿、实现节能降耗。通过将家电与电网联接和互动，促进更省电、更舒适和更环保家电的普及。

各类用能用户可实现省钱节能，针对家电厂商，可以促进更省电、更舒适、更环保家电的销售。基于各类感知终端的部署，实现各方互动，在节能降耗的同时能源消费者感受更加舒适，能源提供者可提供更多的价值共享与增值服务。

具体而言，通过温湿度、光敏、电器能效监测等传感终端及 App 等进行全面感知，将用户侧能源管理由粗放式管理转向全面精细化管理。打通能源感知"最后一公里"，使全面能源感知成为可能，为用户提供更舒适的用能感受及更优的用能价格，推动各方与电网互动，促进产业链快速发展。

通过全面的感知，可促进新能源和综合能源的利用，带来能源结构的变革；同时促进电动汽车、智慧用能的发展，提升用户参与度，带来用能方式的变革；进而通过参与者的广泛互联，实现共享、互惠，带来能源生态的变革。

最终通过感知技术应用的全面布局，加速构建电力物联网，实现能源结构、能源消费及能源生态的全面变革。

7.2　总结与未来展望

电力物联网是以坚强智能电网为基础，将先进的信息通信技术、控制技术与能源技术深度融合应用，具有清洁低碳、安全可靠、泛在互联、高效互动、智能开放特征的智慧电力系统，是当前学术界与产业界共同关注的焦点。由于具有多源融合、多能互补与梯级利用的特点，其综合能源利用效率较高。其高度渗透的可再生能源规模有助于实现能源的清洁低碳转型，并可提高能源生产、传输与消费等各个环节的灵活性与便捷性。此外，电力物联网改变了传统能源的运营与管理体制，对能源体制改革具有积极的促进作用，并在此基础上提供创新动力与就业发展空间。因此，电力物联网的组建对经济社会的发展具有重要意义，具有极大的发展潜力。

电力物联网智能感知技术的发展是电力物联网基础设施建设中最为重要的环节之一。未来，智能感知技术具有极大的发展空间及潜力。面向当前电力物联网的战略发展目标，智能感知技术领域仍需大量的技术创新，如基于新原理与新机制、新材料与新工艺的智能感知技术创新等。这些技术创新将在智能感知的关键性、基础性、前瞻性技术研发中发挥重大作用，使得传感器进一步实现高性能、高可靠性、低功耗、低成本、微型化与多参量集成，并带动整个传感产业发展，使其向高度智能、开放架构、多形态化、多层次化方向发展。电力物联网感知技术将以信息流和数据流融合的方式促进高效、可靠、经济的能量获取、传输与使用。

与此同时，电力物联网智能感知技术的发展也面临诸多挑战，如微型化、集成化、多参量等智能感知技术难题，导致重要核心知识产权支撑薄弱，芯片级传感等"卡脖子"技术难题仍然存在；面向新应用场景的交直流电流、弱磁场、空间电场、射频标识等智能传感器技术标准不明确，核心技术研发滞后；先进传感研发试验基地、个性化测试等实验研究平台共享机制等有待进一步开发应用；同时，基于数据驱动的设备状态智能感知理论与评价方法研究有待加强，从而有助于形成智能感知应用闭环，助力电力物联网数字化转型、智能化升级。

电力物联网智能感知技术的发展将带动新兴市场发展，如无人驾驶、储能、智能家居、微能量管理、环保装备等，并带动相关产业发展，包括设备制造、汽车工业、半导体、软件、通信等。在国家产业政策的支持主导下，智能感知技术的产业发展将为电力物联网提供更好的基础支撑，更好地助力电力物联网产业化技术落地，并呈现出产业跨国交流合作的发展趋势，进一步提升传感技术与应用的深层融合与发展。

未来，在整个电力物联网架构下，智能感知技术的发展与应用也将间接推动我国能源转型、促进能源体系可持续发展、推动能源技术进步，实现能源经济高效发展，进而对整个经济社会产生深远影响。

参 考 文 献

［1］ SHI W, CAO J, ZHANG Q, et al. Edge computing: vision and challenges ［J］. Internet Of Things Journal, IEEE, 2016, 3(5): 637－646.

［2］ GOKHALE, VINAYAK A, NN X. A hardware accelerator for convolutional neural networks ［J］. Dissertations & Theses-Gradworks, 2014: 628－633.

［3］ CHEN Z, PENG L, GUANGYU S, et al. Optimizing FPGA-based accelerator design for deep convolutional neural networks ［C］. Proceedings of the 2015 ACM/SIGDA International Symposium on Field-Programmable Gate Arrays, California USA, 2015.

［4］ 胡江溢，祝恩国，杜新纲，等. 用电信息采集系统应用现状及发展趋势 ［J］. 电力系统自动化，2014（2）：131－135.

［5］ 赵永良. 用电信息采集系统本地通信方式对比研究 ［J］. 电力系统通信，2010（10）：51－54.

［6］ 李斌，李兆华. 电能计量技术问答 ［M］. 北京：中国电力出版社，2004.

［7］ 周梦公. 工厂系统节电与节电工程 ［M］. 北京：冶金工业出版社，2008.

［8］ 许占显，李佩春. 原位检测技术 ［J］. 无损检测，2002，24（5）：203－204.

［9］ 杜志泉，倪锋. 光纤传感器技术的发展与应用 ［J］. 光电技术与应用，2014，29（6）：8－12.

［10］ 周琦，乐坚浩，刘佳诞. 分布式光纤测温技术的发展现状及其在电力领域中的应用［J］. 科协论坛，2012（11）：20－22.

［11］ 隋红丽. 分布式光纤温度传感器机理及其应用技术研究 ［D］. 秦皇岛：燕山大学，2003.

［12］ 贾振安，周晓波，乔学光，等. 分布式光纤温度传感器发展状况及趋势 ［J］. 光通信技术，2008，32（11）：36－39.

［13］ 罗沙. 分布式光纤拉曼测温系统解调方法及可靠性研究［D］. 济南：山东大学，2015.

［14］ 李秀琦. 基于拉曼散射分布式光纤测温系统的研究与设计 ［D］. 河北：华北电力大学，2009.

［15］ SUH K, LEE C. Auto-correction method for differential attenuation in a fiber-optic distributed-temperature sensor ［J］. OPTICS LETTERS, 2008, 33(16): 1845－1847.

［16］ HWANG D, YOON D J, KWON I B, et al. Novel auto-correction method in a fiber-optic distributed-temperature sensor using reflected anti-Stokes Raman scattering ［J］. OPTICS EXPRESS, 2010, 18(10): 9747－9750.

［17］ PANDIAN C, KASINATHAN M, SOSAMMA S, et al. Single-fiber grid for improved spatial resolution in distributed fiber optic sensor ［J］. OPTICS LETTERS, 2010, 35(10): 1677－1679.

［18］ QIN Z, TAO Z, LIANG C, et al. High sensitivity distributed vibration sensor based on polarization-maintaining configurations of phase-OTDR ［J］. IEEE Photonics Technology Letters, 2011, 23(15): 1091－1093.

［19］ QIN Z, CHEN L, BAO X. Continuous wavelet transform for non-stationary vibration detection with phase-OTDR ［J］. OPTICS EXPRESS, 2012, 20(18): 20459－20461.

［20］ Zhu T, Xiao X, He Q, et al. Enhancement of SNR and spatial resolution in varphi-OTDR system by using two-dimensional edge detection method ［J］. Journal of Lightwave Technology, 2013, 31(17): 2851－2856.

［21］ SOTO M A, SIGNORINI A, NANNIPIERI T, et al. High-performance raman-based distributed fiber-optic sensing under a loop scheme using anti-stokes light only ［J］. IEEE Photonics Technology Letters, 2011, 23(9): 534－536.

［22］ PENG F, WU H, JIA X H, et al. Ultra-long high-sensitivity φ-OTDR for high spatial resolution intrusion detection of pipelines ［J］. OPTICS EXPRESS, 2014, 22(11): 13804.

［23］ SHIMIZU K, HORIGUCHI T, KOYAMADA Y, et al. Coherent self-heterodyne brillouin OTDR for measurement of Brillouin frequency shift distribution in optical fibers ［J］. Journal of Lightwave Technology, 1994, 12(5): 730－736.

［24］ IZUMITA H, SATO T, TATEDA M, et al. Brillouin OTDR employing optical frequency shifter using side-band generation technique with high-speed LN phase-modulator ［J］. IEEE Photonics Technology Letters, 1996, 8(12): 1674－1676.

［25］ LECOEUCHE V. 16km distributed temperature sensor based on coherent detection of spontaneous Brillouin scattering using a Brillouin laser ［J］. Proceedings of SPIE － The

International Society for Optical Engineering, 1999, 119(16): 349 – 352.

[26] MAUGHAN S M, KEE H H, NEWSON T P. Simultaneous distributed fibre temperature and strain sensor using microwave coherent detection of spontaneous Brillouin backscatter [J]. Measurement Science And Technology, 2001, 12(7): 834.

[27] CHANG T, LI D Y, KOSCICA T E, et al. Fiber optic distributed temperature and strain sensing system based on Brillouin light scattering [J]. APPLIED OPTICS, 2008, 47(33): 6202 – 6206.

[28] LI Y Q, LI X J, AN Q, et al. Detrimental effect elimination of laser frequency instability in Brillouin optical time domain reflectometer by using self-heterodyne detection [J]. SENSORS, 2017, 17(3): 634.

[29] BAO X Y, BROWN A, DEMERCHANT M, et al. Characterization of the Brillouin-loss spectrum of single-mode fibers by use of very short(<10 – ns) pulses [J]. OPTICS LETTERS, 1999, 24(8): 510 – 512.

[30] KOYAMADA Y, SAKAIRI Y, TAKEUCHI N, et al. Novel technique to improve spatial resolution in Brillouin optical time-domain reflectometry [J]. IEEE Photonics Technology Letters, 2007, 19(23): 1910 – 1912.

[31] NISHIGUCHI K, LI C H, GUZIK A, et al. Synthetic spectrum approach for Brillouin optical time-domain reflectometry [J]. SENSORS, 2014, 14(3): 4731 – 4754.

[32] ARII M, AZUMA Y, ENOMOTO Y, et al. Optical fiber network operation technologies for expanding optical access network services [J]. NTT Technical Review, 2007, 5(2): 32 – 38.

[33] ENOMOTO Y, IZUMITA H, MINE K, et al. Design and performance of novel optical fiber distribution and management system with testing functions in central office [J]. Journal of Lightwave Technology, 2011, 29(12): 1818 – 1834.

[34] RERCHMANN K C, FRIGO N J, ZHOU X. In-service OTDR limitations in CWDM systems caused by spontaneous stokes and anti-stokes raman scattering [J]. IEEE Photonics Technology Letters, 2004, 16(7): 1787 – 1789.

[35] FURUKAWA S, TANAKA K, KOYAMADA Y, et al. Enhanced coherent OTDR for long span optical transmission lines containing optical fiber amplifiers [J]. IEEE Photonics

Technology Letters, 1995, 7(5): 540 – 542.

［36］ 谢孔利. 基于φ-OTDR 的分布式光纤传感系统［D］. 成都：电子科技大学，2008.

［37］ 张博. 基于φ-OTDR 的高灵敏光纤振动传感器的研究［D］. 成都：电子科技大学，
2015.

［38］ TAYLOR H F，LEE C E. Apparatus and method for fiber optic intrusion sensing：US，
5194847［P］. 1993 – 03 – 16.

［39］ 梁可桢，潘政清，周俊，等. 一种基于相位敏感光时域反射计的多参量振动传感器［J］.
中国激光，2012，39（8）：119 – 123.

［40］ MARTINS H F, MARTIN-LOPEZ S, CORREDERA P, et al. High visibility phase-
sensitive optical time domain reflectometer for distributed sensing of ultrasonic waves［J］.
Proceedings of SPIE, 2013, (8794): 87943F, 1 – 4.

［41］ 饶云江. 长距离分布式光纤传感技术研究进展［J］. 物理学报，2017，66（7）：139 – 157.

［42］ MARTINS H F, MARTIN-LOPEZ S, CORREDERA P, et al. Phase-sensitive optical time
domain reflectometer assisted by first-order raman amplification for distributed vibration
sensing over＞100 km［J］. Journal of Lightwave Technology, 2014, 32(8): 1510 – 1518.

［43］ TU G, YU B, ZHEN S, et al. Enhancement of signal identification and extraction in a
φ-OTDR vibration sensor［J］. IEEE Photonics Journal, 2017, 9(1): 1 – 10.

［44］ ZHANG X, SUN Z, SHAN Y, et al. A high performance distributed optical fiber sensor
based on φ-OTDR for dynamic strain measurement［J］. IEEE Photonics Journal, 2017,
9(3): 1 – 12.

［45］ LEICHLE T C, YE W J, ALLEN M G. A sub-μW micrcmachined magnetic compass［C］.
IEEE Sixteenth International Conference On Micro Electro Mechanical Systems. KYOTO,
2003.

［46］ SUNIER R, VANCURA T, LI Y, et al. Resonant magnetic field sensor with frequency
output［J］. Journal Of Microelectromechanical Systems, 2006, 15: 1098 – 1107.

［47］ EYRE B, PISTER K S J, KAISER W. Resonant mechanical magnetic sensor in standard
CMOS［J］. IEEE Electron Device Letters, 2002, 19(12): 496 – 498.

［48］ AKSYUK V, Balakirev F F, Boebinger G S, et al. Micromechanical "trampoline"
magnetometers for use in large pulsed magnetic fields［J］. SCIENCE, 1998, 280(5364):

720 − 722.

［49］ 陈栖洲，汪学锋，张怀武，等. 平面霍尔效应传感器的原理与研究进展［J］. 磁性材料及器件，2011（3）：4 − 8.

［50］ KNEMEYER J P, MARMÉ, NICOLE, SAUER M. Probes for detection of specific DNA sequences at the single-molecule level［J］. ANALYTICAL CHEMISTRY, 2000, 72(16): 3717 − 3724.

［51］ ZHANG C Y, JOHNSON L W. Single quantum-dot-based aptameric nanosensor for cocaine［J］. ANALYTICAL CHEMISTRY, 2009, 81(8): 3051 − 3055.

［52］ IIJIMA S. Helical microtubules of graphitic carbon［J］. Nature, 1991, 354(6348): 56 − 58.

［53］ KIM T H, SWAGER T M. A fluorescent self-amplifying wavelength-responsive sensory polymer for fluoride ions［J］. ANGEWANDTE CHEMIE, 2010, 42(39): 4803 − 4806.

［54］ MATTOUSSI H, MEDINTZ I L, CLAPP A R, et al. Luminescent quantum dot-bioconjugates in immunoassays, fret, biosensing, and imaging applications［J］. Journal of the association for laboratory automation, 2004, 9(1): 28 − 32.

［55］ DEY R S, RAJ C R. Redox functionalized graphene oxide architecture for the development of amperometric biosensing platform［J］. ACS APPLIED MATERIALS & INTERFACES, 2013, 5(11): 4791 − 4798.

［56］ WANG Y, LUO J, LIU J, et al. Electrochemical integrated paper-based immunosensor modified with multi-walled carbon nanotubes nanocomposites for point-of-care testing of 17β-estradiol［J］. BIOSENSORS & BIOELECTRONICS, 2018, 107: 47 − 53.

［57］ WANG Y, ZHAO G, WANG H, et al. Sandwich-type electrochemical immunoassay based on Co_3O_4@MnO_2-thionine and pseudo-ELISA method toward sensitive detection of alpha fetoprotein［J］. BIOSENSORS & BIOELECTRONICS, 2018, 106: 179 − 185.

［58］ SANCHEZ-IBORRA R, SKARMETA A F. TinyML-Enabled frugal smart objects: challenges and opportunities［J］. IEEE Circuits and Systems Magazine, 2020.

［59］ 赵东生，戴栋，李立涅，等. 变压器的阻抗变换特性在交流输电线路杆塔侧电场能采集中的应用［J］. 高电压技术，2015，41（12）：3967 − 3972.

［60］ KANG S, YANG S, KIM H. Non-intrusive voltage measurement of AC power lines for smart grid system based on electric field energy harvesting［J］. ELECTRONICS

LETTERS, 2017, 53(3): 181-183.

[61] MOGHE R, IYER A R, LAMBERT F C, DIVAN D. A low-cost electric field energy harvester for an MV/HV asset-monitoring smart sensor [J]. IEEE transactions on industry applications, 2015, 51(2): 1828-1836.

[62] CETINKAYA O, AKAN O B. Electric-field energy harvesting in wireless networks [J]. IEEE wireless communications, 2017, 24(2): 34-41

[63] CETINKAYA O, AKAN O B. Electric-field energy harvesting from lighting elements for battery-less internet of things [J]. IEEE ACCESS, 2017, 5: 7423-7434.

[64] ZHANG J, LI P, WEN Y, et al. A management circuit with upconversion oscillation technology for electric-field energy harvesting [J]. IEEE transactions on power electronics, 2016, 31(8): 5515-5523.

[65] KANG S, KIM J, YANG S, et al. Electric field energy harvesting under actual three-phase 765kV power transmission lines for wireless sensor node [J]. ELECTRONICS LETTERS, 2017, 53(16): 1135-1136.

[66] ZANGL H, BRETTERKLIEBER T, BRASSEUR G. A feasibility study on autonomous online condition monitoring of high-voltage overhead power lines [J]. IEEE transactions on instrumentation & measurement, 2009, 58(5): 1789-1796.

[67] 黄金鑫, 张黎, 于春辉, 等. 圆环坐标系下自供能转换器球冠型拓扑的建模与优化 [J]. 中国电机工程学报, 2012 (24): 181-186.

[68] VASQUEZ-ARNEZ R L, MASUDA M, JARDINI J A, et al. Tap-off power from a transmission line shield wires to feed small loads [A]. 2010 IEEE/PES Transmission and Distribution Conference and Exposition[C]: Latin America(T&D-LA), Sao Paulo, Brazil, 2010: 116-121.

[69] VASQUEZ-ARNEZ R L, MASUDA M, JARDINI J A. Tap-off power from the overhead shield wires of an HV transmission line [J]. IEEE transactions on power delivery, 2012: 261-265.

[70] 彭向阳, 胡卫, 毛先胤, 等. 输电线路架空地线接地方式对线路零序参数的影响 [J]. 电网技术, 2014, (5): 181-188.

[71] 蒋兴良, 谢彦斌, 胡建林, 等. 典型架空输电线路地线电磁取能等效电路的分析 [J].

电网技术，2015，（7）：307－312.

［72］ 谢彦斌，蒋兴良，胡建林，等. 典型架空输电线路分段绝缘地线取能研究［J］. 中国电机工程学报，2018，38（3）：947－955.

［73］ 李澎，蔡志斌，罗承沐. 光电电流互感器的供能电路的研究［J］. 电工电能新技术，2003，22（4）：44－47.

［74］ 郭琳云，尹项根，严新荣，等. 配电网智能设备自取能电源的效率提升研究［J］. 中国电机工程学报，2009（S1）：217－221.

［75］ BEEBY S P, O'DONNELL T. Energy harvesting technologies［M］. Boston, MA: Springer US, 2009.

［76］ WILLIAMS C B, YATES R B. Analysis of a micro-electric generator for microsystems［J］. SENSORS & ACTUATORS A, 1996, 52(1－3): 8－11.

［77］ TSUTSUMINO T, SUZUKI Y, KASAGI N. Electromechanical modeling of micro electret generator for energy harvesting［A］. TRANSDUCERS 2007－2007 International Solid-State Sensors, Actuators and Microsystems Conference［C］. Lyon, France, 2007: 863－866.

［78］ STARNER T, PARADISO J. Human generated power for mobile electronics［A］. In Piquet C(ed.). Low-Power Electronics Design［M］. Boca Raton, FL: CRC Press, 2004, pp. 1－35.

［79］ MIYAZAKI M, TANAKA H, ONO G, et al. Electric-energy generation through variable-capacitive resonator for power-free LSI［J］. Ieice Transactions on Electronics, 2004, E87－C(4): 549－555.

［80］ YARALIOGLU G G, ERGUN A S, BAYRAM B, et al. Calculation and measurement of electromechanical coupling coefficient of capacitive micromachined ultrasonic transducers［J］. IEEE Transactions on ultrasonics, ferroelectrics, and frequency control, 2003, 50(4): 449－456.

［81］ BURKE A. Ultracapacitors: Why, how, and where is the technology［J］. Journal of power sources, 2000, 91(1): 37－50.

［82］ STOLLER M D, PARK S, ZHU Y, et al. Graphene-based ultra capacitors［J］. NANO LETTERS, 2008, 8(10): 3498－3502.

［83］ LIU C, YU Z, NEFF D, et al. Graphene-based supercapacitor with an ultrahigh energy density ［J］. NANO LETTERS, 2010, 10(12): 4863－4868.

［84］ PANG S, ANDERSON M, CHAPMAN T. Novel electrode materials for thin-film ultracapacitors: Comparison of electrochemical properties of Sol-Gel-derived and electrodeposited manganese dioxide ［J］. Journal of the Electrochemical Society, 2000, 147(2): 444－450.

［85］ ROUNDY S, WRIGHT P K. A piezoelectric vibration-based generator for wireless electronics ［J］. SMART MATERIALS AND STRUCTURES, 2004, 13(5): 1131－1142.

［86］ SCHNEIDER M H, EVANS J W, WRIGHT P K, et al. Designing a thermoelectrically powered wireless sensor network for monitoring aluminium smelters ［J］. ARCHIVE Proceedings of the Institution of Mechanical Engineers Part E Journal of Process Mechanical Engineering 1989－1996, 2006, 220(3): 181－190.

［87］ BOTTNER H, NURNUS J, GAVRIKOV A, et al. New thermoelectric components using microsystem technologies ［J］. Journal of Microelectromechanical Systems, 2004, 13(3): 414－420.

［88］ LAL A, DUGGIRALA R, LI H. Pervasive power: A radioisotope-powered piezoelectric generator ［J］. IEEE Pervasive Computing, 2005, 4(1): 53－61.

［89］ 许嘉璐. 中国中学教学百科全书：物理卷 ［M］. 沈阳：沈阳出版社，1990.

［90］ ROUNDY S, OTIS B P, CHEE Y, et al. 1. 9GHz RF transmit beacon using environmentally scavenged energy ［R］. ACM International Symposium on Low Power Electronics and Design, Seoul, Korea, Aug. 2003.

［91］ JIANG X, POLASTRE J, CULLER D. Perpetual environmentally powered sensor networks ［A］. 2005 4th International Symposium on Information Processing in Sensor Networks ［C］: Boise, ID, USA, 2005: 463－468.

［92］ POLASTRE J, ROBERT S, CULLER D. Telos: Enabling ultra-low power wireless research ［A］. 2005 4th International Symposium on Information Processing in Sensor Networks ［C］: IPSN 2005: 364－369.

［93］ DUTTA P, HUI J, JEONG J, et al. Trio: Enabling sustainable and scalable outdoor wireless sensor network deployments ［A］. 2006 5th International Conference on

Information Processing in Sensor Networks［C］: Nashville, TN, USA, 2006: 407 - 415.

［94］ HOPPE H, SARICIFTCI N S. Organic solar cells: An overview［J］. Journal of materials research, 2004, 19(7): 1924 - 1945.

［95］ SCHOCK H W. Thin film photo voltaics［J］. Applied Surface Science, 1996, 92: 606 - 616.

［96］ DUARTE M F, DAVENPORT M A, TAKHAR D, et al. Single-pixel imaging via compressive sampling［J］. IEEE Signal Processing Magazine, 2008, 25(2): 83 - 91.

［97］ Zelinski A C, Wald L L, Setsompop K, et al. Sparsity-enforced slice-selective MRI RF excitation pulse design［J］. IEEE Transaction on Medical Imaging, 2008, 27(9): 1213 - 1229.

［98］ 余慧敏, 方广有. 压缩感知理论在探地雷达三维成像中的应用［J］. 电子与信息学报, 2010, 32（1）: 12 - 16.

［99］ 宋其岩, 马晓川, 张舒皓, 等. 字典奇异值分解加权压缩感知多径信号参数估计［J］. 声学学报, 2020, 45（4）: 515 - 526.

［100］ 焦叙明, 杜启振, 赵强. 基于最大相关熵准则的压缩感知地震道重建方法［J］. 中国石油大学学报（自然科学版）, 2020, 44（3）: 38 - 46.

［101］ 刘春燕, 李川, 齐静. 基于扰动 BOMP 算法的块稀疏信号重构［J］. 西南师范大学学报（自然科学版）, 2020, 45（7）: 144 - 149.

［102］ 于洋, 桑国明. 基于深度学习的多尺度分块压缩感知算法［J］. 小型微型计算机系统, 2020, 41（6）: 1263 - 1268.

［103］ 赵金龙, 刘祎, 桂志国, 等. 基于先验图像约束压缩感知多能 CT 重建算法［J］. 中北大学学报（自然科学版）, 2020, 41（4）: 331 - 336.

［104］ 高畅, 李海峰, 马琳. 面向内容的语音信号压缩感知研究［J］. 信号处理, 2012, 28（6）: 851 - 858.

［105］ 石翠萍, 王立国, 那与晶, 等. 基于自适应采样及平滑投影的分块压缩感知方法［J］. 哈尔滨工程大学学报, 2020, 41（6）: 877 - 883.

［106］ 邹伟, 李元祥, 杨俊杰, 等. 基于压缩感知的人脸识别方法［J］. 计算机工程, 2012, 38（24）: 133 - 136.

索　引